utb 8593

W0189866

Eine Arbeitsgemeinschaft der Verlage

Böhlau Verlag · Wien · Köln · Weimar
Verlag Barbara Budrich · Opladen · Toronto
facultas · Wien
Wilhelm Fink · Paderborn
A. Francke Verlag · Tübingen
Haupt Verlag · Bern
Verlag Julius Klinkhardt · Bad Heilbrunn
Mohr Siebeck · Tübingen
Nomos Verlagsgesellschaft · Baden-Baden
Ernst Reinhardt Verlag · München · Basel
Ferdinand Schöningh · Paderborn
Eugen Ulmer Verlag · Stuttgart
UVK Verlagsgesellschaft · Konstanz, mit UVK/Lucius · München
Vandenhoeck & Ruprecht · Göttingen · Bristol
Waxmann · Münster · New York

Jörg Wöltje

Buchführung
Schritt für Schritt

2., überarbeitete und erweiterte Auflage

UVK Verlagsgesellschaft mbH · Konstanz
mit UVK/Lucius · München

Prof. Dr. Jörg Wöltje lehrt an der Hochschule Karlsruhe – Technik und Wirtschaft – und ist Verfasser einer Vielzahl von Wirtschaftsbüchern.

Online-Angebote oder elektronische Ausgaben sind erhältlich unter www.utb-shop.de.

Bibliografische Information der Deutschen Bibliothek

Die Deutsche Bibliothek verzeichnet diese Publikation in der Deutschen Nationalbibliografie; detaillierte bibliografische Daten sind im Internet über <http://dnb.ddb.de> abrufbar.

© UVK Verlagsgesellschaft mbH, Konstanz und München 2015
Einbandgestaltung: Atelier Reichert, Stuttgart
Cover-Illustration: © branchecarica – Fotolia.com
Druck und Bindung: Pustet, Regensburg

UVK Verlagsgesellschaft mbH
Schützenstr. 24 · 78462 Konstanz
Tel. 07531-9053-0 · Fax 07531-9053-98
www.uvk.de

UTB-Nr. 8593
ISBN 978-3-8252-8650-7

Vorwort

Vorwort zur 2. Auflage

Liebe Leserinnen und Leser,

erfreulicherweise hat sich das didaktische Konzept des Buches bewährt, sodass nach kurzer Zeit eine Neuauflage herausgebracht werden konnte.

Das vorliegende Lehr- und Übungsbuch bietet Ihnen einen einfachen, aber fundierten Einstieg in die Welt der Buchführung. Es wendet sich vor allem an Studierende im Grundstudium an Universitäten, Hochschulen und Akademien. Zahlreiche Übersichten, Merksätze, Beispiele und Übungen mit Lösungen online unter www.uvk-lucius.de/schritt-fuer-schritt erläutern den Stoff und zeigen die praktischen Anwendungsmöglichkeiten auf. Das Buch kann begleitend zu den Vorlesungen, aber auch zum Selbststudium eingesetzt werden. Vorkenntnisse sind nicht notwendig.

In dieser zweiten Auflage wurden die Änderungen, die sich durch das BilRuG (Bilanzrichtlinie-Umsetzungsgesetz) ergeben, berücksichtigt.

Ferner wurden in dem vorliegenden Buch einige Verbesserungen und Ergänzungen vorgenommen. Besonders hervorzuheben ist das **neue Kapitel Schritt 8 Leasing**. Es werden die verschiedenen Leasingvarianten vorgestellt und die damit verbundene Aktivierung des Leasingobjekts entweder beim Leasinggeber oder beim Leasingnehmer. Die Buchungssätze werden zu den unterschiedlichen Leasingvarianten sowohl aus Sicht des Leasinggebers als auch aus Sicht des Leasingnehmers ausführlich dargestellt.

Da ich für Anregungen und Verbesserungsvorschläge immer sehr dankbar bin, möchte ich Sie, liebe Leserinnen und Leser bitten, Ihre Hinweise direkt an mich zu richten (E-Mail: joerg.woeltje @t-online.de).

Vielen Dank im Voraus für Ihre Unterstützung sowie viel Freude und Erfolg beim Lernen.

Karlsruhe, im Juli 2015   Jörg Wöltje

Vorwort zur 1. Auflage

Die Finanzbuchführung blickt auf eine lange erfolgreiche Entwicklungsgeschichte zurück. Zum ersten Mal wurde das geschlossene System der Buchführung in der 1494 erschienenen literarischen Darstellung „Summa de Arithmetica, Proportioni et Proportinalita" von Luca Pacioli erwähnt. Heute bildet die Buchführung, als Herzstück des Rechnungswesens, die Basis für den Jahresabschluss und ein erfolgreiches Controlling im Unternehmen.

In diesem Lehr- und Übungsbuch werden die Grundlagen der Buchführung sowie die Jahresabschlusserstellung in kompakter, verständlicher, anschaulicher und anwendungsorientierter Art dargestellt. Somit richtet es sich in erster Linie an Studierende im Grundstudium der wirtschaftswissenschaftlichen Studiengänge, aber es ist auch sehr gut für das Selbststudium und die Erwachsenenweiterbildung geeignet.

Bei diesem Lehr- und Übungsbuch wurde besonderer Wert auf die Didaktik gelegt:

- Die Lernziele werden zu Beginn eines jeden Kapitels beschrieben.
- Mithilfe von Übersichtsschaubildern, Ablaufdiagrammen, Zusammenfassungen und Merksätzen wird das Lernen erleichtert und das Einprägen des Lernstoffes gefördert.
- Es gibt zahlreiche Beispiele und sehr viele Übungsaufgaben zur optimalen Lernerfolgssicherung und zur Kontrolle des Lernerfolgs – sowohl im Buch integriert als auch online unter www.uvk-lucius.de/schritt-fuer-schritt.
- Die Lösungen zu allen Übungsaufgaben finden Sie ebenfalls online unter www.uvk-lucius.de/schritt-fuer-schritt.

Das Buch ist so geschrieben, dass die notwendigen Schnittstellen für einen tieferen Einstieg in die Gebiete „Jahresabschluss, Jahresabschlussanalyse und Bilanzpolitik" gelegt werden.

Die perfekte Ergänzung liefert das speziell auf dieses Lehr- und Übungsbuch abgestimmte Buch von Jörg Wöltje: „Jahresabschluss Schritt für Schritt", ebenfalls mit zahlreichen Abbildungen, Beispielen, Übungsaufgaben, Merksätzen und Zusammenfassungen.

Mein herzlicher Dank gilt Frau Michaela Göggel und Frau Alexandra Glombik für das Korrekturlesen. Ferner möchte ich mich bei Herrn Dr. Jürgen Schechler vom UVK-Verlag für die sehr gute und unkomplizierte Zusammenarbeit bedanken.

Da ich für Anregungen und Verbesserungsvorschläge immer sehr dankbar bin, möchte ich Sie, liebe Leserinnen und Leser bitten, Ihre Hinweise direkt an mich zu richten (E-Mail: joerg.woeltje @t-online.de).

Vielen Dank im Voraus für Ihre Unterstützung sowie viel Freude und Erfolg beim Lernen.

Karlsruhe, im August 2014   Jörg Wöltje

Inhaltsübersicht

Inhalt

Abkürzungsverzeichnis

A	Abschreibungsbetrag, Aktiva bzw. Aktivseite
AB	Anfangsbestand
Abb.	Abbildung
Abs.	Absatz
AfA	Absetzung für Abnutzung
AfaA	Absetzung für außergewöhnliche Abnutzung
AfS	Absetzung für Substanzverringerung
AG	Aktiengesellschaft
AHK	Anschaffungs- und/oder Herstellungskosten
AktG	Aktiengesetz
AK	Anschaffungskosten
aLuL	aus Lieferungen und Leistungen
ALV	Arbeitslosenversicherung
AN	Arbeitnehmer
ANK	Anschaffungsnebenkosten
AO	Abgabenordnung
ARAP	aktiver Rechnungsabgrenzungsposten
Art.	Artikel
AV	Anlagevermögen, Arbeitslosenversicherung
AW	Anschaffungswert
BA	Bundesanzeiger
BBK	Zeitschrift für Buchführung, Bilanzierung, Kostenrechnung
BewG	Bewertungsgesetz
BFH	Bundesfinanzhof
BGA	Betriebs- und Geschäftsausstattung
BGB	Bürgerliches Gesetzbuch
BilKoG	Bilanzkontrollgesetz
BilMoG	Bilanzrechtsmodernisierungsgesetz
BilRUG	Bilanzrichtlinie-Umsetzungsgesetz
BilReG	Bilanzrechtsreformgesetz
BiRiLiG	Bilanzrichtlinien-Gesetz
BMF	Bundesministerium der Finanzen
BMG	Bemessungsgrundlage
BMJ	Bundesministerium für Justiz
BStBl	Bundessteuerblatt
BV	Bestandsveränderung
CF	Cashflow
Co.	Compagnie (Kompanie i.S.v. Gesellschaft)
DATEV	Datenverarbeitungsorganisation des steuerberatenden Berufes in der BRD e.G.
DAX	Deutscher Aktienindex
Doppik	Doppelte Buchführung in Konten
DRS	Deutscher Rechnungslegungsstandard
DRSC	Deutsches Rechnungslegungs Standards Committee e. V.

DVFA	Deutsche Vereinigung für Finanzanalyse und Asset Management e.V.
DVFA/SG	Deutsche Vereinigung für Finanzanalyse und Anlageberatung/ Schmalenbach-Gesellschaft e.V.
€	Euro
EB	Endbestand, Eröffnungsbilanz
eBanZ	elektronischer Bundesanzeiger
EBIT	Earnings Before Interest and Taxes
EBITDA	Earnings Before Interest, Taxes, Depreciation and Amortization
EBK	Eröffnungsbilanzkonto
EDV	elektronische Datenverarbeitung
EE-Steuern	Steuern vom Einkommen und Ertrag
EGHGB	Einführungsgesetz zum HGB
ELSTER	elektronische Steuererklärung
EK	Eigenkapital
ESt	Einkommensteuer
EStÄR	Einkommensteuer-Änderungsrichtlinien
EStDV	Einkommensteuer-Durchführungsverordnung
EStG	Einkommensteuergesetz
EStH	amtliches Einkommenssteuerhandbuch
EStH	Einkommensteuer-Hinweise
EStR	Einkommensteuer-Richtlinien
EU	Europäische Union
EUR	Euro
EUSt	Einfuhrumsatzsteuer
EVA	Economic Value Added
EWB	Einzelwertberichtigung
FE	fertige Erzeugnisse
FEK	Fertigungseinzelkosten/Fertigungslöhne
FGK	Fertigungsgemeinkosten
Fibu	Finanzbuchhaltung
Fifo	First in first out
FK	Fremdkapital
F&E	Forschung und Entwicklung
GAAP	Generally Accepted Accounting Principles
GbR	Gesellschaft bürgerlichen Rechts
GenG	Genossenschaftsgesetz
GewSt	Gewerbesteuer
GKR	Gemeinschaftskontenrahmen der Deutschen Industrie
GKV	Gesamtkostenverfahren
GmbH	Gesellschaft mit beschränkter Haftung
GmbHG	GmbH-Gesetz
GoB	Grundsätze ordnungsmäßiger Buchführung
GuV	Gewinn- und Verlustrechnung
GoB	Grundsätze ordnungsmäßiger Buchführung
GoBil	Grundsätze ordnungsmäßiger Bilanzierung
GoD	Grundsätze ordnungsmäßiger Dokumentation

GoI	Grundsätze ordnungsmäßiger Inventur
GuV	Gewinn- und Verlustrechnung
GWG	geringwertige Wirtschaftsgüter
H	Haben
HB	Handelsbilanz
HFA	Hauptfachausschuss des Instituts der Wirtschaftsprüfer
Hi	Hilfsstoffe
HGB	Handelsgesetzbuch
HK	Herstellungskosten
HR	Handelsregister
HRefG	Handelsreformgesetz
IAS	International Accounting Standard(s)
IASB	International Accounting Standards Board
IASC	International Accounting Standards Committee
IDW	Institut der Wirtschaftsprüfer in Deutschland e.V.
IFRS	International Financial Reporting Standards
IKR	Industriekontenrahmen
JA	Jahresabschluss
kalk.	kalkulatorisch
KapCoRiLiG	Kapitalgesellschaften- und Co-Richtlinie-Gesetz
KapG	Kapitalgesellschaft(en)
KapAEG	Kapitalaufnahmeerleichterungsgesetz
KapESt	Kapitalertragssteuer
KfzSt	Kraftfahrzeugsteuer
KG	Kommanditgesellschaft
KGaA	Kommanditgesellschaft auf Aktien
KirSt	Kirchensteuer
KLR	Kosten- und Leistungsrechnung
KonTraG	Gesetz zur Kontrolle u. Transparenz im Unternehmensbereich
KSt	Körperschaftssteuer
KStG	Körperschaftssteuergesetz
KV	Krankenversicherung
kum	kumuliert
LG	Leasinggeber
Lifo	Last in first out
LN	Leasingnehmer
LSt	Lohnsteuer
LStDV	Lohnsteuerdurchführungsverordnung
LuL	Lieferungen und Leistungen
MEK	Materialeinzelkosten
MGK	Materialgemeinkosten
MwSt	Mehrwertsteuer
ND	Nutzungsdauer
OHG	Offene Handelsgesellschaft
OP	offene Posten
P	Passiva

p. a.	per anno
PublG	Publizitätsgesetz
PV	Pflegeversicherung
PWB	Pauschalwertberichtigung
PublG	Publizitätsgesetz
RAP	Rechnungsabgrenzungsposten
RBW	Restbuchwert
RegE	Regierungsentwurf
Rewe	(Betriebliches Rechnungswesen)
RHB	Roh-, Hilfs- und Betriebsstoffe
Ro	Rohstoffe
RV	Rentenversicherung
RW	Restwert
S	Soll
SA	Securities Act
SAV	Sachanlagevermögen
SB	Schlussbestand, Schlussbilanz
SBK	Schlussbilanzkonto
SE	Societas Europaea
SEC	Securities and Exchange Commission
SFAS	Statement of Financial Accounting Standards
SKR	Spezialkontenrahmen
SK	Selbstkosten
SolZ	Solidaritätszuschlag
St.	Stück
STB	Steuerbilanz
Std.	Stunde
T€	Tausend Euro
UFE	Unfertige Erzeugnisse
UKV	Umsatzkostenverfahren
US GAAP	United States-Generally Accepted Accounting Principles
USt	Umsatzsteuer
UStG	Umsatzsteuergesetz
UStDV	Umsatzsteuerdurchführungsverordnung
UV	Umlaufvermögen
vBP	vereidigter Buchprüfer
VermBG	Vermögensbildungsgesetz
VK	Vertriebskosten
vwL	vermögenswirksame Leistungen
VSt	Vorsteuer
WE	Wareneingang
WEK	Wareneingangskonto
WVK	Warenverkaufskonto
WP	Wirtschaftsprüfer

Schritt 1: Einführung in das betriebliche Rechnungswesen

Lernziele

Im ersten Kapitel lernen Sie die Grundsätze, die Aufgaben des „Betrieblichen Rechnungswesens" und die entsprechenden Informationsadressaten kennen. Des Weiteren erhalten Sie einen Überblick über diese Thematik. Sie werden die Eingliederung des Rechnungswesens in die betrieblichen Geschäftsprozesse verstehen und zwischen dem internem und externem Rechnungswesen unterscheiden können. Anschließend wissen Sie, wer die Adressaten des Rechnungswesens sind. Mit den Fachbegriffen und den gesetzlichen Grundlagen des externen Rechnungswesens werden Sie vertraut gemacht, d. h. Sie erhalten einen Überblick über die Buchführungspflicht. Des Weiteren lernen Sie die Grundsätze der ordnungsmäßigen Buchführung kennen. Sie werden begreifen, dass die Buchführung eine zentrale Aufgabe im Unternehmen erfüllt und Sie können sich unter dem Begriff des Rechnungswesens etwas vorstellen.

1.1   Einführung

Das betriebliche Rechnungswesen umfasst alle Verfahren zur zahlenmäßigen Abbildung der betrieblichen Prozesse im Unternehmen. Hier werden alle Zahlungsvorgänge und Güterströme vollständig, richtig und systematisch **erfasst**, **überwacht** und **analysiert**. Die **allgemeine Aufgabe** des **betrieblichen Rechnungswesens** besteht darin, alle Zahlungsvorgänge und Güterströme vollständig, richtig und systematisch zu **erfassen**, zu **überwachen** und **auszuwerten**. Man unterscheidet hierbei zwischen **internen Interessenten** (Eigentümer [Unternehmer], Geschäftsführung, Bereichsleiter, Aufsichtsrat bzw. Beirat und Arbeitnehmervertreter [z. B. Wirtschaftsausschuss]) und externen Interessenten (Eigentümer [Eigenkapitalgeber], Lieferanten, Kunden, Banken, Finanzamt, Konkurrenten und Mitarbeiter), welche unterschiedliche Informationsbedürfnisse haben. Daher gliedert man das Rechnungswesen entsprechend den Adressaten in ein **Externes** und in ein **Internes Rechnungswesen**.

Das folgende Schaubild zeigt Ihnen die Einordnung der Buchführung mit der Bilanz und der Gewinn- und Verlustrechnung innerhalb der funktionalen Aufbauorganisation eines Unternehmens.

Die Buchführung gewährleistet mit der Bilanz stichtagsbezogen am Ende eines Geschäftsjahres (Bilanzstichtag) den Überblick über die Vermögens-und Finanzlage (Kapitallage) eines Unternehmens. Die Gewinn- und Verlustrechnung (GuV) dagegen stellt als eine zeitraumbezogene Rechnung alle zwischen dem letzten und diesem Bilanzstichtag aufgetretenen Aufwendungen und Erträge zusammen und ermittelt das Unternehmensergebnis, d. h. den Gewinn oder Verlust des Geschäftsjahres.

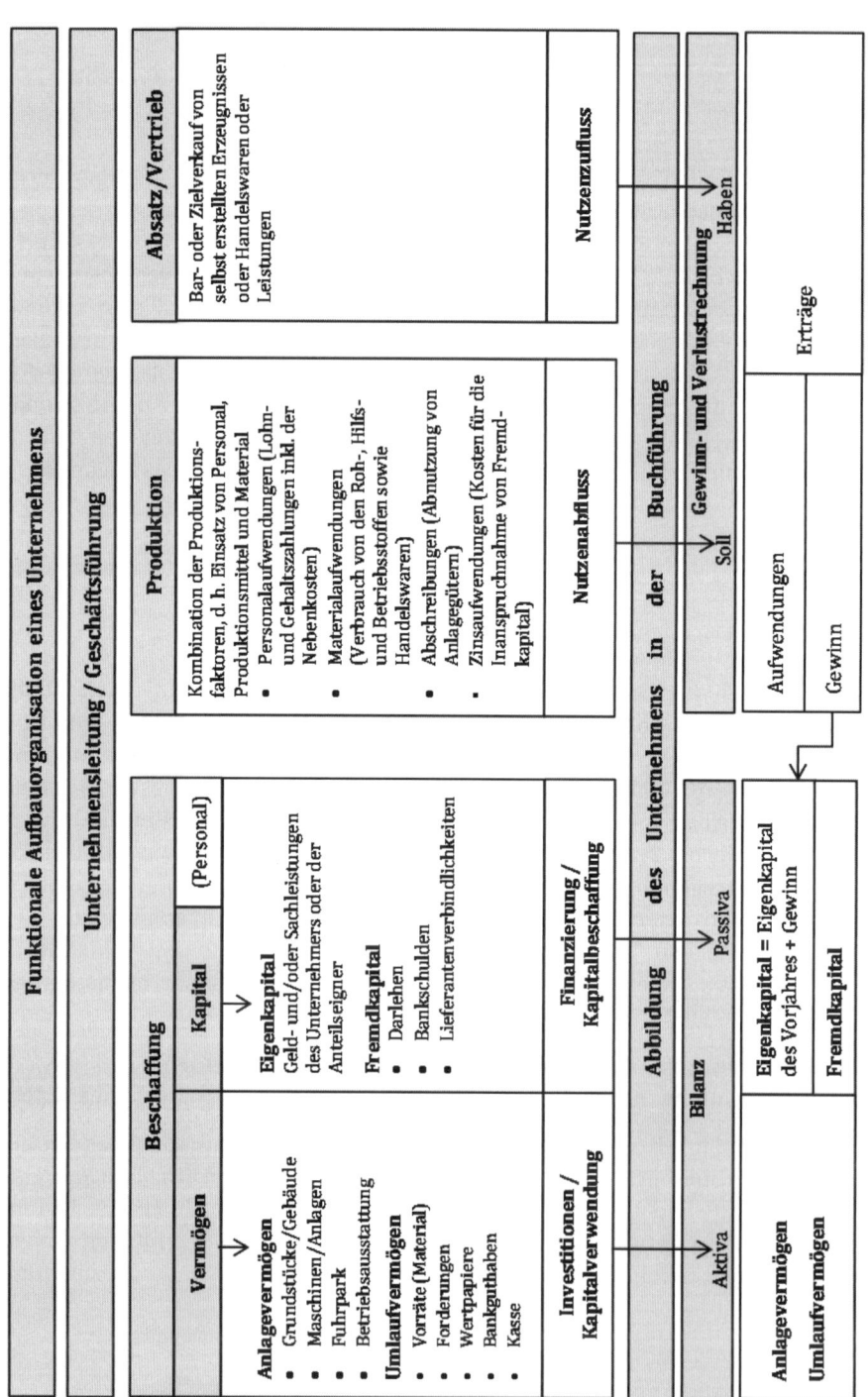

Abb. 1.1: Die Buchführung als Informationsquelle über die wirtschaftliche Lage eines Unternehmens innerhalb der Unternehmensorganisation.
In Anlehnung an: Plinke, W.: Plädoyer für eine funktions- und nutzenorientierte Rechnungswesendidaktik, 2013, S. 26.

1.2 Aufgaben und Funktionen des betrieblichen Rechnungswesens

Das betriebliche Rechnungswesen ist ein Instrument zur Erfassung der betrieblichen Vorgänge und wertet diese aus. Die folgende Abbildung zeigt die wesentlichen Funktionen des betrieblichen Rechnungswesens.

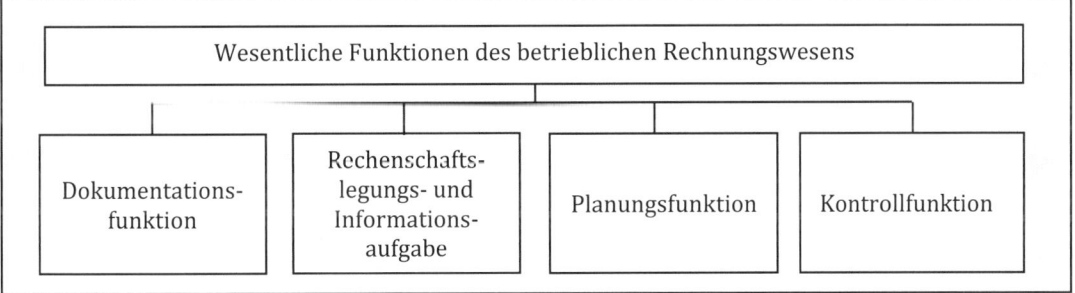

Abb.1.2: Überblick über die Funktionen des betrieblichen Rechnungswesens

Die Hauptfunktionen des betrieblichen Rechnungswesens lassen sich folgendermaßen zusammenfassen:

▪ **Dokumentationsfunktion**: Aufzeichnung aller ökonomisch relevanten betrieblichen Sachverhalte (Geschäftsvorfälle) aufgrund von Belegen, die das Vermögen, das Kapital und den Gesamterfolg des Unternehmens beeinflussen. Außerdem hat das Rechnungswesen eine Zahlungsbemessungsfunktion, d. h. es stellt alle Informationen zur Verfügung, auf deren Basis, die Höhe der Gewinnausschüttungen, die erfolgsabhängigen Vergütungen oder die Steuerlast ermittelt werden.

▪ **Rechenschaftslegungs- und Informationsfunktion**:
  – Aufgrund gesetzlicher Vorschriften erfolgt eine jährliche Rechenschaftslegung, d. h. eine Darstellung der Vermögens-, Finanz- und Ertragslage des Unternehmens nach außen. Diese Informationen sind z. B. für Anteilseigner, Gesellschafter, Kreditgeber, Kunden, Lieferanten, Investoren, Finanzbehörden aber auch für die interessierte Öffentlichkeit von Bedeutung.
  – Interne Informationsbeschaffung für Planungs- und Kontrollzwecke.

▪ **Planungsfunktion**: Bereitstellung des aufbereiteten Zahlenmaterials als Grundlage für alle unternehmerischen Planungen und Entscheidungen, z. B. über Investitionen, Unternehmenskäufe, Märkte, Produktsortimente, Preisgestaltung etc.

▪ **Kontrollfunktion**: Ohne Kontrolle ist eine Planung sinnlos. Mithilfe von Soll-Ist-Vergleichen wird überprüft, ob die geplanten Ziele auch wirklich erreicht wurden.

Übungsaufgabe 1.1

Alle Aufgaben und Lösungen finden Sie unter www.uvk-lucius.de/schritt-fuer-schritt

Die folgende Tabelle zeigt die verschiedenartigen Aufgaben, die das betriebliche Rechnungswesen zu erfüllen hat.

Betriebliches Rechnungswesen			
Externes Rechnungswesen	**Internes Rechnungswesen**		
Buchführung und Bilanz (pagatorisch)	Kosten- und Leistungsrechnung (kalkulatorisch)	Planungsrechnung	Statistik und Vergleichsrechnung
Erfassung aller Geschäftsvorfälle im Geschäftsjahr. Chronologisch (im Grundbuch) und sachlich (auf Sachkonten im Hauptbuch) geordnet.	Erfassung aller angefallenen Kosten eines Zeitabschnitts	Festlegung der künftigen Entwicklung des Unternehmens	Gegenüberstellung betrieblicher Kennzahlen mehrerer Zeitabschnitte
Funktionen			
• **Dokumentation**: Sie dient gegenüber Dritten als Beweismittel • **Information**: Sie stellt die Basis für den Einblick in die wirtschaftliche Lage dar. • **Zahlungsbemessung**: Sie ist die Grundlage für die zu zahlenden Steuern und die Ausschüttung an die Anteilseigner.	Sicherstellung der Wirtschaftlichkeit der betrieblichen Leistungserstellung Bereitstellung von Unterlagen für die Planung und Statistik Bereitstellung von Unterlagen für die Bewertung hergestellter Erzeugnisse	Das erhobene Zahlenmaterial wird als Grundlage für die unternehmerischen Planungen und Entscheidungen zur Verfügung gestellt.	Darstellung der bisherigen Entwicklung des Unternehmens Soll-Ist-Vergleich Zeitvergleich Zwischenbetriebliche Vergleiche

Externes Rechnungswesen		**Internes Rechnungswesen**				
Stichtagsrechnung	Zeitraumrechnung	Kosten- und Leistungsrechnung		Liquiditätsrechnung	Wirtschaftlichkeitsrechnung	Statistik und Vergleichsrechnung
		Zeitraumrechnung	Objektrechnung (Stückrechnung)			
Bilanz	GuV-Rechnung	• Kostenartenrechnung • Kostenstellenrechnung • Kostenträgerzeitrechnung • Kalkulation (Kostenträgerstückrechnung) • Betriebsabrechnung • Schaffung der Unterlagen für die Bewertung selbst hergestellter Erzeugnisse		• Festlegen von Zielen • Entscheidungsrechnungen (Entscheidungsfindung, Entscheidungsvollzug) • Absatz-, Produktions-, Investitions-, Finanzplanung • Integrierte Planung		• Feststellung und Kontrolle der bisherigen Entwicklung des Betriebs • Soll-Ist-Vergleich • Zeitvergleich • Schaffung von Grundlagen und Erkenntnissen für die Planung
Handelsbilanz / Steuerbilanz	Zeigt das Ergebnis am Geschäftsjahresende					
Vermögen und Kapital (Aktiva/Passiva)	Aufwand und Ertrag	Kosten und Leistung		Ausgabe und Einnahme Auszahlung und Einzahlung		

Abb.1.3: Einordnung des betrieblichen Rechnungswesens

Wie man aus der obigen Tabelle entnehmen kann, stellt das Rechnungswesen mit der Finanzbuchhaltung die zentralen Bestandteile für ein funktionierendes Managementinformationssystem zur Verfügung.

1.3 Externes Rechnungswesen

Die **Finanzbuchführung** übernimmt die gesetzlich vorgeschriebene Buchführungspflicht, d. h. sie erfasst chronologisch und sachlich geordnet alle Geschäftsvorfälle und bereitet die erfassten Zahlenwerte auf. Sie dient zum einen dem Staat zur richtigen Ermittlung der Steuern (Steuerbilanz) und zum anderen den Anteilseignern sowie zum Schutz der Gläubiger des Unternehmens (Handelsbilanz). Die Buchführung ist eine vergangenheitsorientierte Zeitrechnung. Die **Adressaten**, für die die Ergebnisse der Finanzbuchhaltung bestimmt sind, sind beispielsweise Anteilseigner, Kreditgeber, Arbeitnehmer, Kunden, Lieferanten, das Finanzamt und die interessierte Öffentlichkeit.

1.4 Internes Rechnungswesen

1.4.1 Kosten- und Leistungsrechnung

Die **Kosten- und Leistungsrechnung** (= Betriebsbuchführung) unterliegt im Vergleich zur Finanzbuchhaltung **keinen gesetzlichen Verpflichtungen.** Sie verfolgt ausschließlich unternehmensinterne Zwecke mit dem Ziel, die betrieblichen Leistungsprozesse zu steuern, die Wirtschaftlichkeit zu kontrollieren und gegebenenfalls zu verbessern. **Adressaten** sind das Management, die Bereichsleiter und die Kostenstellenleiter. Bei der Kosten- und Leistungsrechnung unterscheidet man zwischen der Kostenträgerstück- und der Kostenträgerzeitrechnung. Sie erfasst vor allem die Produktion und den Absatz der Erzeugnisse als wesentliche Bereiche des betrieblichen Leistungsprozesses. Rechengrößen sind:

- Kosten (Erfassung des betriebszweckbezogenen Werteverzehrs) und
- Leistungen (Erfassung des betriebszweckbezogenen Wertezuwachses).
- Betriebsergebnis = Leistung - Kosten

1.4.2 Planungsrechnung

Planungsrechnungen ermöglichen der Unternehmensführung, Entscheidungen für die Zukunft zu treffen. Die Unternehmensplanung besteht in der Regel aus Teilplänen (Absatz-, Beschaffungs-, Personal-, Investitions-, Finanzplan etc.. Durch den Vergleich der vorgegebenen Plandaten (Sollzahlen) mit den für einen Bereich in einem bestimmten Zeitraum erreichten Daten (Ist-Zahlen) ist eine bessere Steuerung eines Unternehmens möglich. Die Planungsrechnung ist eine Vorschaurechnung.

1.4.3 Betriebliche Statistik

Mithilfe der Statistik werden innerbetriebliche Vergleich oder Vergleiche mit anderen Unternehmen oder Branchen (Benchmarking) durchgeführt. Grundlagen für die Vergleichsrechnungen sind die Daten aus der Buchführung und der Kosten- und Leistungsrechnung. Für Zwecke der Unternehmensführung sind Bilanz- und Erfolgsstatistiken, Personal-, Umsatz-, Lager-, Beschaffungs-, Kostenstatistiken etc. nützlich. Die Statistik ist eine Vergleichsrechnung.

1.5   Die Buchführung als Herzstück der unternehmerischen Informationsverarbeitung

1.5.1   Grundlagen der Buchführung

Unter der Buchführung versteht man die **lückenlose**, **zeitlich** sowie **sachlich geordnete** und **übersichtliche** Aufzeichnung der Geschäftsfälle auf Grundlage von **Belegen**.

Die Buchführung erfüllt die folgenden Aufgaben:

- lückenlose **Erfassung aller Geschäftsvorfälle** in chronologischer Reihenfolge zwischen dem Unternehmen und der Außenwelt,
- systematische **Verarbeitung (Verbuchung)** der Geschäftsvorfälle, d. h. auf die richtigen Konten buchen,
- **Zusammenfassung** gleichartiger Vorgänge (Verdichtung) nach sachlichen Gesichtspunkten, um zusätzliche Informationen zu gewinnen,
- **Selbstinformation** des Unternehmers,
- Ermittlung des Unternehmenserfolgs, also den **Gewinn oder den Verlust,** indem alle Aufwendungen (Werteverzehr) und Erträge (Wertezuwachs) erfasst werden,
- Erstellung des handelsrechtlichen und des steuerrechtlichen **Jahresabschlusses (JA)** durch periodische Ermittlung des Vermögens, der Schulden (= Bilanz) und des während des Jahres erwirtschafteten Periodenerfolgs (= Gewinn- und Verlustrechnung), der sich im neuen Eigenkapital der Folgeperiode niederschlägt,
- Ermittlung der diversen **Steuerbemessungsgrundlagen** als Basis für
  - die Gewerbesteuer
  - die Einkommensteuer (Einzelunternehmen und Personengesellschaften) und Körperschaftssteuer (Kapitalgesellschaften, Genossenschaften und Vereine),
- sie dient als **Beweismittel** bei Rechtsstreitigkeiten mit Kunden, Lieferanten, Banken, Behörden (Finanzamt, Gerichte),
- **Überwachung** und Sicherung der Zahlungsfähigkeit.

1.5.2   Gesetzliche Grundlagen der Buchführung

Ein Unternehmer ist **gesetzlich verpflichtet** Bücher zu führen, wenn bestimmte Voraussetzungen erfüllt sind. Die Buchführungsvorschriften findet man sowohl im **Handelsrecht** (§ 238 HGB) als auch im **Steuerrecht** (§§ 140 f. AO).

Gemäß § 238 Abs. 1 des Handelsgesetzbuches (HGB) ist jeder Kaufmann verpflichtet, Bücher zu führen und in diesen die Handelsgeschäfte und die Lage des Unternehmens nach den Grundsätzen ordnungsmäßiger Buchführung darzustellen. Das bedeutet, die Buchführungspflicht ist mit der Kaufmannseigenschaft verknüpft.

Ein Kaufmann im Sinne des § 1 Abs. 1 HGB ist, wer ein Handelsgewerbe betreibt. Ein Handelsgewerbe ist gemäß § 1 Abs. 2 HGB jeder Gewerbebetrieb, der einen in kaufmännischer Weise eingerichteten Geschäftsbetrieb führt. Nach § 15 Abs. 2 EStG liegt ein Gewerbebetrieb vor, wenn folgende Merkmale erfüllt sind:

- Selbstständigkeit,
- Nachhaltigkeit,
- Gewinnerzielungsabsicht,

- Beteiligung am allgemeinen wirtschaftlichen Verkehr und
- keine Land- und Forstwirtschaft, keine freie Berufstätigkeit und keine andere selbstständige Arbeit.

Kleingewerbetreibende und Freiberufler (z. B. Ärzte, Rechtsanwälte, Steuerberater etc.) sind von der Buchführungspflicht befreit. Infolge § 241a Abs. 1 HGB sind auch Einzelkaufleute, deren Schwellenwerte in den letzten zwölf Monaten vor dem Abschlussstichtag, von jeweils 500.000 € Umsatzerlöse und jeweils 50.000 € Jahresüberschuss, nicht überschreiten von der Pflicht zur Führung von Büchern, der Erstellung des Inventars und des Jahresabschlusses befreit. Diese Befreiung gilt nur für Einzelkaufleute. Jeder Unternehmer, der im Handelsregister eingetragen ist, sowie jede Kapitalgesellschaft und eingetragene Genossenschaft sind automatisch buchführungspflichtig.

Die folgende Abbildung zeigt die Buchführungspflicht für Kaufleute gemäß § 238 Abs. 1 HGB.

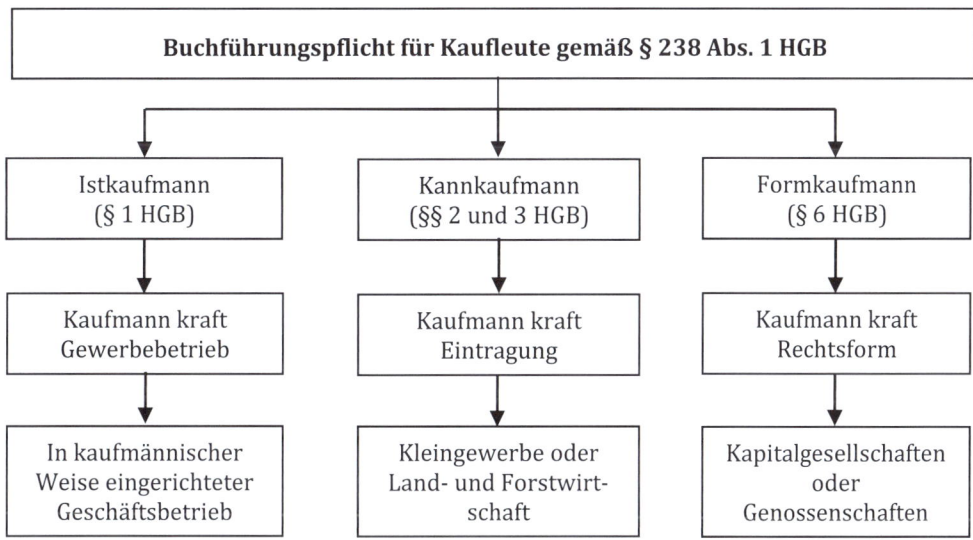

Abb.1.4: Verknüpfung zwischen dem Kaufmannsbegriff und der Buchführungspflicht

Die **steuerrechtliche** Buchführungspflicht ist in den **§§ 140 AO und 141 AO** geregelt. Unter **§ 140 AO** fallen alle **Kaufleute**, denn sie sind **nach „Nichtsteuergesetzen"** (z. B. nach **HGB**) verpflichtet, Bücher zu führen.

Darüber hinaus werden **Gewerbetreibende sowie Land- und Forstwirte**, soweit sie nicht Kaufleute sind und damit bereits durch § 140 AO erfasst werden, nach **§ 141 Abs. 1 AO** steuerrechtlich buchführungspflichtig, wenn sie bestimmte Grenzen überschreiten:

- **Umsatzerlöse** von mehr als **500.000 €** im Kalenderjahr oder
- selbstbewirtschaftete land- und forstwirtschaftliche Fläche mit einem **Wirtschaftswert** (§ 46 BewG) von mehr als **25.000 €** oder
- **Gewinn** aus **Gewerbebetrieb** von mehr als **50.000 €** im Wirtschaftsjahr oder
- **Gewinn aus Land- und Forstwirtschaft** von mehr als 50.000 € im Kalenderjahr.

Merke:

Die folgende Tabelle gibt einen Überblick über die handelsrechtliche Buchführungspflicht.

Handelsrechtliche Buchführungspflicht	
Buchführungspflicht	**keine Buchführungspflicht**
• Gewerbetreibende Einzelunternehmen	• kleingewerbetreibende Einzelunternehmen
• Personenhandelsgesellschaften	• andere Personengesellschaften als Personenhandelsgesellschaften
• Kapitalgesellschaften	• Land- und Forstwirte
• eingetragene Genossenschaften	• Freiberufler und andere nicht gewerbetreibende Selbstständige

 Übungsaufgabe 1.2: Buchführungspflicht

a) Der selbstständige Fachanwalt Meier betreibt in Karlsruhe eine Fachanwaltspraxis für Arbeitsrecht. Seine Kanzlei erfordert eine kaufmännische Organisation. Im vergangenen Kalenderjahr betrug sein Umsatz 380.000 € und sein Gewinn 160.000 €.
Ist Rechtsanwalt Meier handelsrechtlich buchführungspflichtig?
Ist Rechtsanwalt Meier nach dem Steuerrecht buchführungspflichtig?

_____

_____

_____

_____

b) Beim gewerblichen Unternehmer Heinz Becker liegen keine Anhaltspunkte für eine kaufmännische Organisation vor, d. h. er ist Kleingewerbetreibender. Ist Herr Becker buchführungspflichtig? Wie wäre die Ausgangslage, wenn sich Herr Becker freiwillig ins Handelsregister eintragen würde und als Heinz Becker e. K. firmieren würde?

_____

_____

_____

_____

Die Lösungen finden Sie unter www.uvk-lucius.de/schritt-fuer-schritt

1.5.3   Grundsätze ordnungsmäßiger Buchführung (GoB)

Die Grundsätze der ordnungsmäßigen Buchführung (GoB) sind ein System anerkannter Regeln, die angeben, wie Bücher geführt und wie das Inventar bzw. der Jahresabschluss aufzustellen ist. Sie legen die formellen und materiellen Mindestanforderungen fest und lassen sich in drei Teilbereiche untergliedern:

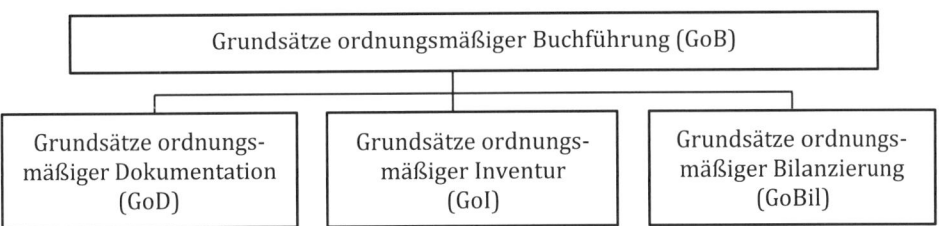

Abb. 1.5: Grundsätze ordnungsmäßiger Buchführung[1]

Die **Grundsätze der ordnungsmäßigen Dokumentation (GoD)** dienen der ordnungsmäßigen Aufzeichnung aller buchführungspflichtigen Geschäftsvorfälle. Die GoD umfassen:

- **Vollständigkeit**: Die Eintragungen in den Büchern und die sonst erforderlichen Aufzeichnungen müssen **vollständig** (lückenlose Erfassung) sein, d. h. es müssen alle relevanten Geschäftsvorfälle verbucht werden. Dagegen sind fiktive Geschäfte verboten.

- **Richtigkeit und Wahrhaftigkeit**: Die Eintragungen in den Büchern und die sonst erforderlichen Aufzeichnungen müssen **richtig** (zutreffende Bezeichnung und Verbot der Buchung fiktiver Geschäftsvorfälle und dessen Erfassung im Grundbuch), **zeitgerecht** und **sachlich geordnet** (sachgerechte Kontierung, Belegnummer, Datum, sinnvoll und planmäßig gegliedertes Kontensystem) vorgenommen werden.

- **Begründetheit**: Zur Beweissicherung gilt das **Belegprinzip**, d. h. keine Buchung ohne Beleg.

- **Klarheit**: Die Buchführung muss klar und übersichtlich sein, sodass sich der Kaufmann und ein sachverständiger Dritter z. B. Buchhalter, Wirtschaftsprüfer, Steuerberater, ohne fremde Hilfe in angemessener Zeit darin zurechtfinden kann und sich Informationen über die Geschäftsvorfälle, die Liquidität, Vermögenslage, die Schulden und den Erfolg des Unternehmens verschaffen kann (§ 238 Abs. 1 HGB, R 29 EStR).

- **Sicherheit**: Die Aufzeichnungen in der Buchführung müssen den tatsächlichen Buchungen entsprechen.

Die **Grundsätze ordnungsmäßiger Inventur (GoI)** dienen dazu, dass alle Vermögensgegenstände und Schulden vollständig, richtig, nachprüfbar und einzeln erfasst werden. Dazu gehören:

- **Vollständigkeit**: vollständige Aufnahme aller Vermögensgegenstände und Schulden

- **Richtigkeit und Willkürfreiheit**: fehlerfreie und willkürfreie Feststellung von Mengen und Werten

- **Nachprüfbarkeit und Dokumentation**: klare Aufzeichnungen, die eine Überprüfung ermöglichen

- **Einzelerfassung und Einzelbewertung**: Vermögensgegenstände und Schulden sind einzeln zu erfassen und zu bewerten (§ 252 Abs. 1 Nr. 3 HGB).

Mit den **Grundsätzen der ordnungsmäßigen Bilanzierung (GoBil)** möchte man sicherstellen, dass der Jahresabschluss vollständig, inhaltlich richtig, sowie klar und übersichtlich erstellt wird. Die GoBil beinhalten:

- **Ansatzgrundsätze**: Nur bilanzierungsfähige (aktivierungs- und passivierungsfähige) Posten dürfen in der Bilanz aufgenommen werden.

- **Bewertungsgrundsätze**: Es ist das Vorsichtsprinzip mit seinen Ausprägungen des Realisations- und Imparitätsprinzips zu beachten.

---

[1] Quick, R. und Wolz, M.: Bilanzierung in Fällen, 5. Auflage 2012, S. 13.

- **Grundsatz der Richtigkeit und Vollständigkeit**: Dieser Grundsatz fordert, dass Buchführung und Jahresabschluss die betrieblichen Vorgänge korrekt wiedergeben.
- **Grundsatz der Unternehmensfortführung**: Es ist bei diesem „Going-Concern-Prinzip" grundsätzlich bei der Bewertung von einer Fortführung des Unternehmens auszugehen.
- **Grundsatz der Klarheit und Übersichtlichkeit**: Die Positionen im Jahresabschluss sind so zu ordnen und zu bezeichnen, dass ihr Inhalt erkennbar ist.
- **Grundsatz der Kontinuität**: Für aufeinander folgende Geschäftsjahre wird die Anwendung gleicher Erfassungs- und Bewertungsmethoden verlangt. Die Kontinuität beinhaltet die Vergleichbarkeit einzelner Jahresabschlüsse. Die **formelle Kontinuität** beinhaltet die Bilanzidentität, d. h. Schlussbilanz des alten Geschäftsjahres = Eröffnungsbilanz des neuen Geschäftsjahres. Die **materielle Kontinuität** verlangt die Bewertungsstetigkeit, d. h. die Beibehaltung von Bewertungsgrundsätzen und -methoden.

1.6   Doppelte Buchführung als System der Finanzbuchführung

Sie wird auch **Doppik** genannt (Abkürzung steht für die kaufmännische **Dopp**elte Buchführung in **K**onten Soll und Haben).

- Jeder Geschäftsvorfall **wird doppelt erfasst** und berührt daher zumindest zwei Konten. Die doppelte Verankerung führt so zu einer automatischen Kontrolle.
- Die **Geschäftsvorfälle** werden in **zeitlicher Reihenfolge** im **Grundbuch (Journal)** und nach bestimmten **sachlichen Gesichtspunkten** im sogenannten **Hauptbuch**, den einzelnen Konten aufgezeichnet.
- Eines der betreffenden Konten wird im **Soll (S)**, das andere im **Haben (H)** verändert (= Gegenbuchung), wobei die Veränderung im Soll bzw. im Haben der angesprochenen Konten in gleicher Höhe erfolgen muss.

S	Grundstücke	H		S	Kasse	H	
200			$\leftrightarrow$			200	Buchungssatz: immer Soll an Haben z. B. Grundstücke 200 an Kasse 200

- Es erfolgt eine Trennung der Konten in:
  - **Bestandskonten = Bilanzkonten** (Vermögens- und Kapitalkonten). Auf Bestandskonten werden erfolgsneutrale Zustände erfasst, Bestände an Gütern oder Geld.
  - **Erfolgskonten = Konten der Gewinn- und Verlustrechnung** (Aufwands- und Ertragskonten). Auf den Erfolgskonten werden erfolgswirksame Vorgänge erfasst.

1.7   Grundbegriffe des betrieblichen Rechnungswesens

Die nachfolgende Abbildung zeigt Ihnen grob den betrieblichen Ablauf der Güter-/Leistungsentstehung zum besseren Verständnis der **Strom- und Bestandsgrößen** im Rechnungswesen.

1.7.1   Bestandsgrößen

Bestandsgrößen werden allgemein definiert als Größen, die in Geldeinheiten bewertet (Kassenbestand) oder in physikalischen Einheiten gemessen werden (Warenbestand). Mit **Bestandsgrößen** sind **das Vermögen** und **das Kapital der Bilanz** gemeint. Bestandsgrößen werden immer für einen bestimmten Zeitpunkt ermittelt und sind somit **zeitpunktbezogene Größen**.

1.7.2 Stromgrößen

Stromgrößen stellen wertmäßige Größen der **Zahlungs-** und **Leistungsvorgänge** innerhalb einer bestimmten Periode dar und sind somit **zeitraumbezogene Größen**. Zur Kategorisierung der erfassten Vorgänge werden vier Begriffspaare verwendet:

- Einzahlungen und Auszahlungen
- Einnahmen und Ausgaben
- Erträge und Aufwendungen
- Leistungen und Kosten

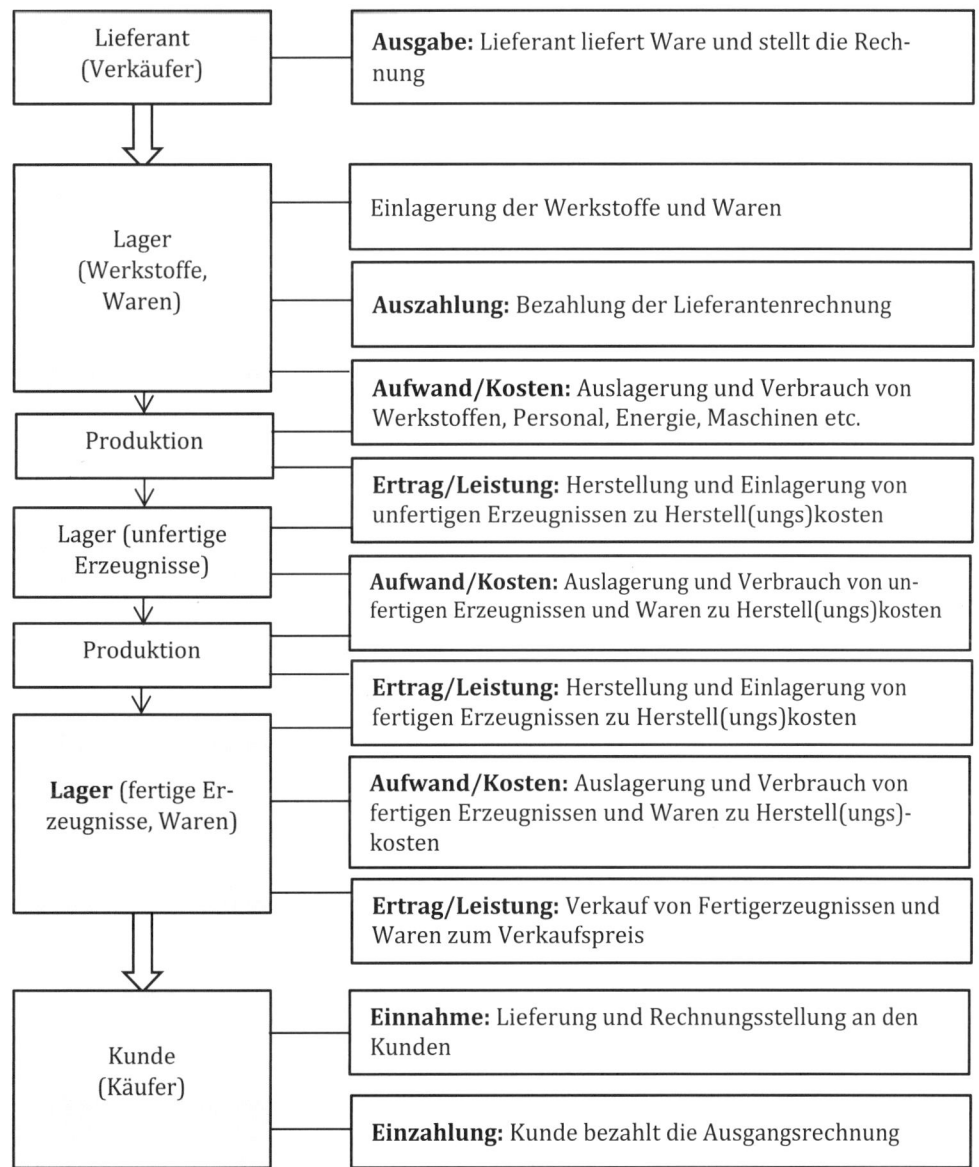

Abb. 1.6: Grundbegriffe des betrieblichen Rechnungswesens im Kontext der Leistungserstellung[2]

---

[2] In Anlehnung an: Vahs, D. und Schäfer-Kunz, J.: Einführung in die Betriebswirtschaftslehre, 2012, S. 408.

Jede Stromgröße führt zu einer Veränderung der Bestandsgröße, d. h. die Bestandsgröße hängt unmittelbar von ihr ab. Die positiven Stromgrößen (Einzahlung, Einnahme, Ertrag und Leistung) führen zu einer Erhöhung der Bestandsgrößen. Dagegen bewirken die negativen Stromgrößen (Auszahlung, Ausgabe, Aufwand und Kosten) eine Verminderung der Bestandsgrößen.

1.7.2.1   Stromgrößen der externen Erfolgsrechnung

Auszahlung = Abfluss an liquiden Mitteln (Bargeld und Sichtguthaben) = Verminderung des Zahlungsmittelbestandes in einer Periode.

Einzahlung = Zufluss an liquiden Mitteln (Bargeld und Sichtguthaben) = Erhöhung des Zahlungsmittelbestandes in einer Periode.

Ausgabe = Wert aller zugegangenen Güter und Dienstleistungen in einer Periode (= Beschaffungswert).

Einnahme = Wert aller veräußerten Güter und Dienstleistungen pro Periode (= Erlös, Umsatz).

Aufwand = Wert aller verbrauchten Güter und Dienstleistungen in einer Periode (der auf Basis der gesetzlichen Bestimmungen in der Finanzbuchführung ermittelt wird).

Ertrag = Wert aller erbrachten Güter und Dienstleistungen pro Periode (der auf Basis der gesetzlichen Bestimmungen in der Finanzbuchführung ermittelt wird).

1.7.2.2   Stromgrößen der internen Erfolgsrechnung

Kosten = Wert aller für die „eigentliche" **betriebliche Leistungserstellung** verbrauchten Güter und Dienstleistungen pro Periode.

Leistung (Betriebsertrag) = Wert aller im Rahmen der „eigentlichen" **betrieblichen Leistungserstellung** erbrachten Güter und Dienstleistungen pro Periode.

Der **interne Erfolg** errechnet sich aus der Differenz der betrieblichen Leistungen und der Kosten. Er ist das Ergebnis der **betrieblichen Leistungserstellung**, hat also nur mit dem eigentlichen Betriebszweck zu tun.

Interner Erfolg (Betriebsergebnis) = Leistung – Kosten

Die Definitionen und Zusammenhänge der Begriffspaare des Rechnungswesens werden in der nachfolgenden Tabelle nochmals erläutert.

Grundbegriffe des Rechnungswesens		
Stromgrößen		**Bestandsrechnung**
positiv (Zunahme)	negativ (Abnahme)	
Investitionsrechnung und Kapitalflussrechnung		
Einzahlung	**Auszahlung**	Bargeld + Sichtguthaben = **Zahlungsmittelbestand**
Finanzrechnung		
Einnahme	**Ausgabe**	Zahlungsmittelbestand (wie zuvor) + Forderungen - Verbindlichkeiten = **Geldvermögen**

Erfolgsrechnung (Gewinn- und Verlustrechnung)			
Ertrag	**Aufwand**	+	Geldvermögen (wie zuvor) Sachvermögen
		=	**Gesamtvermögen**
Kosten- und Leistungsrechnung (Betriebsergebnisrechnung)			
Leistung	**Kosten**	-	Gesamtvermögen (kostenrechnerisch bewertet) nicht betriebsnotwendiges Vermögen
		–	**betriebsnotwendiges Vermögen**

Abb.1.7: Grundbegriffe des externen Rechnungswesens[3]

1.7.2.3 Beispiele zur Abgrenzung von Auszahlung/Ausgabe und Einzahlung/Einnahme

Beispiele zur Abgrenzung von Auszahlung und Ausgabe

- Auszahlung, aber keine Ausgabe: Zahlung einer Verbindlichkeit per Banküberweisung. (Keine Ausgabe, da das Geldvermögen gleich bleibt, es nehmen sowohl der Zahlungsmittelbestand aber auch die Verbindlichkeiten ab).
- Auszahlung und Ausgabe: Bareinkauf von Waren.
- Ausgabe, aber keine Auszahlung: Kauf von Waren auf Ziel.

Beispiele zur Abgrenzung von Einzahlung und Einnahme

- Einzahlung, aber keine Einnahme: Ein Kunde bezahlt eine Forderung in bar. (Keine Einnahme, da das Geldvermögen gleich bleibt).
- Einzahlung und Einnahme: Barverkauf von Waren
- Einnahme, aber keine Einzahlung: Warenverkauf auf Ziel

1.7.2.4 Beispiele zur Abgrenzung von Aufwendungen/Ausgaben und Ertrag/Einnahme

Beispiele zur Abgrenzung von Aufwendungen und Ausgaben

- Ausgaben, aber keine Aufwendungen: Einkauf von Materialien, die in einer späteren Periode verbraucht werden, Privatentnahme von Bargeld.
- Ausgaben und Aufwendungen: Einkauf von Materialien bei Just-in-time-Produktion.
- Aufwendungen, aber keine Ausgaben: Materialverbrauch aus Lagerbeständen, Abschreibungen.

Beispiele zur Abgrenzung von Erträgen und Einnahmen

- Einnahmen, aber keine Erträge: Privateinlagen, Verkauf eines PKWs zum Buchwert.
- Einnahmen und Erträge: Verkauf von Fertigerzeugnissen, die in der gleichen Periode hergestellt wurden, Zinsgutschrift.
- Erträge, aber keine Einnahmen: Bestandserhöhung von fertigen und unfertigen Erzeugnissen, Zuschreibungen (Wertaufholungen).

---

[3] Schenk, G.: Buchführung schnell erfasst, 2. Auflage, 2007, S. 5 und Graumann, M.: Kostenrechnung und Kostenmanagement, 5. Auflage, 2013, S. 14.

1.7.2.5   Beispiele zur Abgrenzung von Aufwendungen/Kosten und Erträgen/Leistungen

Beispiele zur Abgrenzung von Aufwendungen und Kosten

- Aufwendungen, aber keine Kosten (= neutrale Aufwendungen): Spende oder Kursverluste bei Wertpapieren (betriebsfremde Aufwendungen), Verkauf eines Pkw unter Buchwert (außerordentliche Aufwendungen), (Gewerbe-)Steuernachzahlung (periodenfremde Aufwendungen).
- Aufwendungen und Kosten (Zweckaufwendungen = Grundkosten): Verbrauch von Rohstoffen, Lohn- und Gehaltszahlungen, Versicherungsbeiträge.
- Kosten, aber keine Aufwendungen (= kalkulatorische Kosten): kalkulatorischer Unternehmerlohn (Zusatzkosten).

Beispiele zur Abgrenzung von Erträgen und Leistungen

- Erträge, aber keine Leistungen (= neutrale Erträge): Ertrag aus Wertpapierverkäufen eines Produktionsbetriebs (betriebsfremder Ertrag), Verkauf einer Maschine über Buchwert (außerordentlicher Ertrag), Auflösung nicht mehr benötigter Rückstellungen (periodenfremder Ertrag).
- Erträge und Leistungen (Zweckerträge = Grundleistungen): Verkauf von Gütern und Dienstleistungen, Bestandserhöhung an fertigen und unfertigen Erzeugnissen, aktivierte Eigenleistungen.
- Leistungen, aber keine Erträge (= kalkulatorische Leistung): Andersleistungen z. B. Bewertung der selbst erstellten Produkte mit Werten, die über die Herstellungskosten hinausgehen, unentgeltlich abgegebene Produkte, z. B. an gemeinnützige Einrichtung.

Übungsaufgabe 1.3: Stromgrößen

Folgende Geschäftsvorfälle des Unternehmens X, die sich im Juni ereigneten sind in die unten aufgeführte Lösungstabelle einzutragen. Entscheiden Sie, ob es sich bei den folgenden Geschäftsvorfällen um eine Einzahlung (+), eine Auszahlung (-), eine Einnahme (+), eine Ausgabe (-), einen Ertrag (+), einen Aufwand (-), eine Leistung (+) oder um Kosten (-) handelt. Es sind mehrere Stromgrößen für einen Geschäftsvorfall möglich. Tragen sie jeweils den Betrag und das entsprechende Vorzeichen ein.

1) Ein Betrieb überweist 5.000 € Grundsteuer für seine Betriebsgrundstücke, der Grundsteuerbescheid wurde im Mai zugestellt.

2) Ein Unternehmen kauft einen PKW für 30.000 € und bezahlt sofort per Banküberweisung.

3) Ein Kunde bezahlt eine fällige Forderung aLuL in Höhe von 22.000 € per Scheck.

4) Ein Industriebetrieb erhält für seine aus Spekulationsgründen gehaltenen Wertpapiere eine Zinsgutschrift in Höhe von 500 €.

5) Ein Finanzdienstleister überweist eine Spende in Höhe von 5.000 € an eine Kinderkrippe.

6) Ein Unternehmer entnimmt Halbfertigprodukte im Wert von 3.000 € aus dem Lager um sie weiterzuverarbeiten.

7) Ein Unternehmen überweist am Monatsende Löhne und Gehälter in Höhe von 80.000 €.

8) Ein Kunde überweist eine Anzahlung von 15.000 € für eine noch ausstehende Leistung.

9) Ein Unternehmen kauft auf Ziel neue Büromöbel für seine Angestellten und überweist den fälligen Betrag in Höhe von 30.000 € im Folgemonat.

Tragen Sie die Werte der Stromgrößen in die folgende Tabelle ein.

Vorgang	(+) Einzahlung/ (−) Auszahlung	(+) Einnahme/ (−) Ausgabe	(+) Ertrag/ (−) Aufwand	(+) Leistung/ (−) Kosten
1)				
2)				
3)				
4)				
5)				
6)				
7)				
8)				
9)				

Die Lösung finden Sie unter www.uvk-lucius.de/schritt-fuer-schritt

Übungsaufgabe 1.4 und 1.5

Alle Aufgaben und Lösungen finden Sie unter www.uvk-lucius.de/schritt-fuer-schritt

Eigene Notizen

Schritt 2: Inventur, Inventar und Bilanz

Lernziele

Nachdem Sie das Kapitel durchgearbeitet haben, können Sie die folgenden Fragen beantworten:

- Was versteht man unter Inventur?
- Wie, wann und weshalb wird die Inventur durchgeführt?
- Was ist das Inventar?
- Welche Aufgaben hat das Inventar?
- Wie ist der allgemeine Aufbau des Inventars?
- Wie entwickelt sich aus dem Inventar eine Bilanz?
- Wodurch unterscheiden sich das Inventar und die Bilanz?
- Wie sieht das Bilanzgliederungsschema aus?
- Was versteht man unter Bilanzveränderungen mit den Begriffen „Aktivtausch", „Passivtausch", „Aktiv-Passiv-Mehrung" und „Aktiv-Passiv-Minderung"?

2.1 Inventur

Mithilfe der Inventur (= Tätigkeit der Bestandsaufnahme) werden zu einem bestimmten Stichtag alle Vermögensgegenstände (z. B. Grundstücke, Waren, Forderungen aLuL) und alle Schulden eines Unternehmens (z. B. Verbindlichkeiten aLuL, Bankverbindlichkeiten, Rückstellungen) nach Art, Menge und Wert erfasst (§ 240 HGB). Die Bestandsaufnahme erfolgt teils körperlich (Messen, Zählen, Wiegen) und teils buchmäßig. Eine Inventur muss immer durchgeführt werden

- bei Gründung oder Übernahme eines Unternehmens,
- am Schluss eines jeden Geschäftsjahres (i. d. R. zum 31. Dezember) und
- bei Veräußerung oder Auflösung des Unternehmens.

Die folgenden Inventurverfahren sind gemäß §§ 240 und 241 HGB zulässig:

- **Körperliche Inventur**: Die körperliche Inventur ist die mengenmäßige Aufnahme aller körperlichen Vermögensgegenstände (z. B. Fahrzeuge, Maschinen, Materialvorräte, Kassenbestände etc.). Sie muss mindestens einmal pro Jahr durch Mitarbeiter, die nicht mit der Lagerbuchhaltung oder Lagerung (evtl. auch durch Mitarbeiter, die dem Unternehmen gar nicht zugehören) betraut sind, durchgeführt werden. Dabei werden die Inventuraufnahmetage auf den Artikelkarten vermerkt. Das materielle Vermögen wird dabei durch Messen, Wiegen und Zählen aufgezeichnet und bewertet.
- **Buchinventur**: Sie wird bei Vermögensgegenständen und Schulden angewandt, die nicht physisch, sondern nominell erfassbar sind (z. B. Forderungen aLuL, Wertpapiere im Besitz des Unternehmens, immaterielle Vermögensgegenstände, Guthaben bzw. Schulden auf Bankkonten oder Verbindlichkeiten aLuL). Die Existenz dieser Vermögensgegenstände und alle Arten von Schulden ist durch Aufzeichnungen der Buchführung oder durch die Bestätigung Dritter, z. B. Kontoauszüge der Banken, nachzuweisen.

■ **Inventur anhand von Dokumenten**: Die Bestandsaufnahme erfolgt anhand von Dokumenten wie Lagerscheinen, Rechnungen, Verträgen, Frachtbriefen usw. bei Vermögensgegenständen, die nicht zugänglich sind. Hierbei handelt es sich z. B. um unterwegs befindliche oder bei Dritten eingelagerte Waren (z. B. Konsignationslager bei einem Kunden).

Merke

Die Inventur ist eine mengen- und wertmäßige Bestandsaufnahme aller Vermögensgegenstände und Schulden eines Unternehmens zu einem bestimmten Zeitpunkt. Sie ist die Voraussetzung für eine ordnungsmäßige Buchführung und Rechnungslegung.

2.1.1 Inventurformen

Die Inventurformen sind eine Kombination aus Inventurverfahren und Inventursystem.

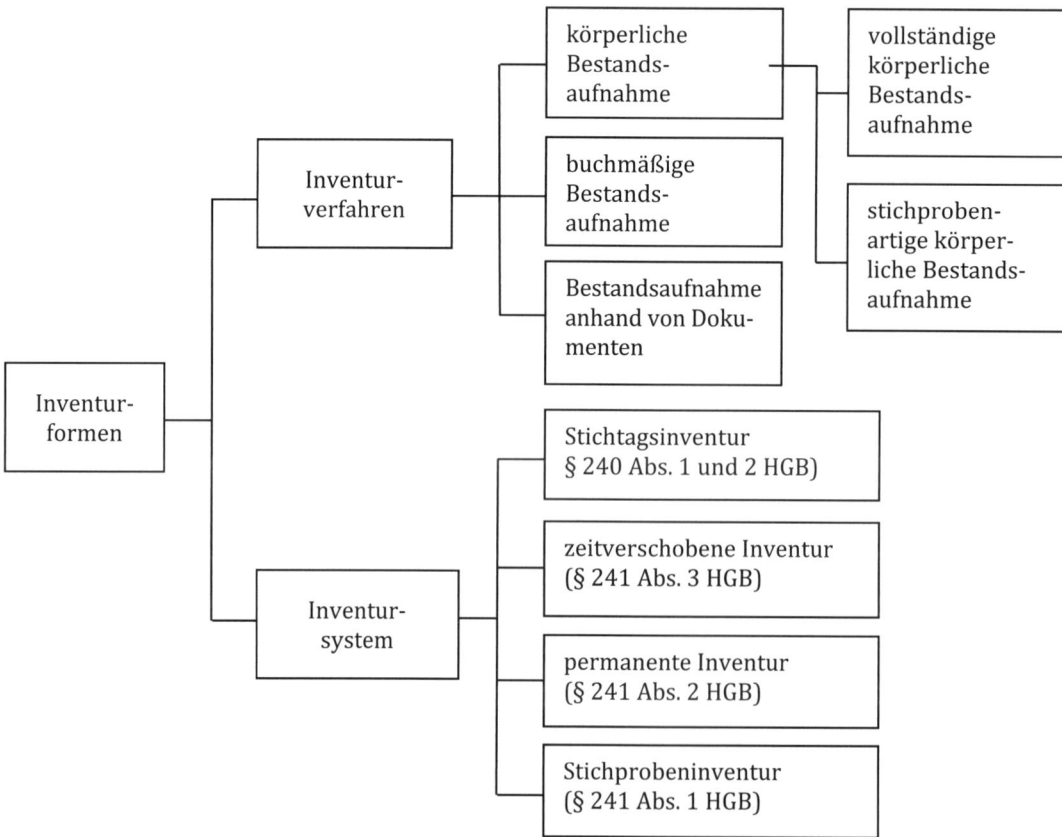

Abb. 2.1: Inventurformen

2.1.2 Verfahren der Inventurdurchführung

Das Handels- und Steuerrecht gestatten in Abhängigkeit von den jeweiligen betrieblichen Verhältnissen unterschiedliche Vorgehensweisen bei der Inventurdurchführung. Es gibt die folgenden Verfahren zur Inventurdurchführung:

Stichtagsinventur	zeitverschobene Inventur	permanente Inventur	Stichprobeninventur
§ 240 Abs. 1 u. 2 HGB	§ 241 Abs. 3 HGB	§ 241 Abs. 2 HGB	§ 241 Abs. 1 HGB
Bilanz- und Inventurstichtag fallen zusammen. Die Inventur kann zeitnah, d. h. bis zu 10 Tage vor oder 10 Tage nach dem Abschlussstichtag erfolgen. Die Vor- und Rückrechnung der Bestandsveränderungen auf den genauen Abschlussstichtag muss gewährleistet sein.	Die Inventur darf bis zu **drei Monate vor** oder bis **zu zwei Monate nach** dem Abschlussstichtag durchgeführt werden. Die Bestände werden wertmäßig bis zum Abschlussstichtag fortgeschrieben oder zurückgerechnet.	Zu verschiedenen Zeitpunkten während eines Geschäftsjahres werden anhand von Aufnahmeplänen die Bestände durch körperliche Inventur permanent erfasst. Die Zu- und Abgänge der Vorräte müssen lückenlos nach Tag, Art und Menge erfasst und die fortgeschriebenen Bestände ausgewiesen werden.	Es wird keine Vollinventur durchgeführt, sondern lediglich eine Teilmenge aufgenommen und statistisch auf die Gesamtmenge hochgerechnet. Der Aussagewert der Stichprobeninventur muss dem Aussagewert einer vollständigen körperlichen Aufnahme gleichkommen (Aussageäquivalenzprinzip).

Abb. 2.2: Verfahren zur Inventurdurchführung

Übungsaufgabe 2.1: Bestandsfortschreibung der Vorräte

Ein Autozubehörteilehändler führt im Rahmen der **zeitverschobenen Inventur am 20.10.01** die Bestandsaufnahme seiner Handelswaren für den Bilanzstichtag 31.12.01 durch. Er stellt am **20.10.01** einen **Warenwert** in Höhe von **895.200 €** fest. In der Zeit zwischen dem 20.10.01 und dem 31.12.01 wurden laut Eingangsrechnungen, Wareneingänge im Wert von 112.460 € getätigt und laut Ausgangrechnungen, Waren im Wert von 245.680 € (bewertet zum Einkaufspreis) verkauft. Ermitteln Sie den Warenendbestand zum 31.12.01.

	Warenwert zum 20.10.01
+	
-	
=	Warenendbestand zum 31.12.01

Die Lösung finden Sie unter www.uvk-lucius.de/schritt-fuer-schritt

Wozu muss die Inventur durchgeführt werden?

Die Inventur dient dazu, mindestens einmal im Jahr die rechnerischen Bestände (Soll-Größen) in den Büchern des Unternehmens mit den tatsächlich vorhandenen Beständen (Ist-Größen) zu vergleichen und – falls notwendig – die Buchführungsdaten an den tatsächlichen Bestand anzupassen. Differenzen zwischen den Soll- und den Ist-Beständen können sich beispielsweise durch Buchungsfehler, Verderb von Waren oder durch Diebstahl ergeben.[4]

Muss das Geschäftsjahr identisch mit dem Kalenderjahr sein?

Das Geschäftsjahr, d. h. der Bilanzstichtag muss nicht mit dem Ende des Kalenderjahres übereinstimmen. Denn das Geschäftsjahr darf (höchstens) 12 Monate umfassen und kann zu jedem Zeitpunkt des Kalenderjahres enden (meist zu einem Monatsende), z. B. könnte das Geschäftsjahr am 1. Juli 2014 beginnen und am 30. Juni 2015 enden.

Bei einem abweichenden Geschäftsjahr kann das Unternehmen den für sich **günstigsten Inventurstichtag bestimmen**, bzw. ihn aus der Hauptsaison herauslegen.

2.1.3 Varianten der Inventuraufnahmen

Einzelaufnahme: Es gilt sowohl handels- als auch steuerrechtlich der **Grundsatz der Einzelbewertung**, weshalb jeder einzelne Vermögensgegenstand des Anlage- (jede Maschine, jedes Kfz) und Umlaufvermögens (jede Forderung, jede Handelsware, usw.) bei der Inventur für sich aufzunehmen und im Inventar gesondert auszuweisen ist, selbst wenn die Vermögensgegenstände in der Buchführung auf einem Konto und in der Bilanz zu einem Posten zusammengefasst werden.

Gruppenaufnahme: Es dürfen nach § 240 Abs. 4 HGB i. V. m. § 256 HGB gleichartige Vermögensgegenstände des Vorratsvermögens und annähernd gleichwertige, bewegliche Gegenstände des Anlage- oder Umlaufvermögens (Forderungen, Wertpapiere) und Schulden mit dem gewogenen Durchschnittswert bewertet werden. Eine annähernde Gleichwertigkeit liegt vor, wenn die Preise der zu einer Gruppe zusammengefassten Vermögensgegenstände nicht wesentlich voneinander abweichen. (Preisunterschiede zwischen dem höchsten und dem niedrigsten Einzelwert maximal 20 %).

Festwertverfahren: Beim Festwertverfahren (§ 240 Abs. 3 HGB) wird für einen bestimmten Bestand an Vermögensgegenständen eine Festmenge zu Festpreisen angesetzt. Dieser Festwert wird in die Bilanz übernommen und unter gleichbleibenden Bedingungen über mehrere Geschäftsjahre unverändert fortgeschrieben. Um das Festwertverfahren anzuwenden, müssen folgende Voraussetzungen gegeben sein:

- Es muss sich um Vermögensgegenstände des Anlagevermögens oder um Roh-, Hilfs- und Betriebsstoffe (z. B. Öl oder Gas) handeln. Dies betrifft z. B. Werkzeuge, Mess- und Prüfgeräte; Gerüst und Schalungsteile im Baugewerbe; Besteck, Geschirr und Wäsche bei Hotelbetrieben sowie Laboreinrichtungen.
- Die Abgänge an Vermögensgegenständen müssen regelmäßig ersetzt werden.
- Der Bestand darf sich in Bezug auf Größe, Wert und Zusammensetzung nur gering verändern.
- In der Regel ist alle 3 Jahre eine körperliche Inventur durchzuführen. Der Gesamtwert der Vermögensgegenstände, der einem Festwert zu Grunde liegt, muss für das Unternehmen von nachrangiger Bedeutung sein, d. h., der einzelne Festwertansatz darf nicht mehr als 5 % der Bilanzsumme betragen.

---

[4] Bieg, H.: Buchführung, 5. Auflage 2008, S. 16.

2.2   Inventar

Nachdem die Vermögensgegenstände und Schulden durch die Inventur zu einem bestimmten Stichtag ermittelt worden sind, werden sie nach Art, Menge und unter Angabe ihres Wertes in das Inventar (Bestandsverzeichnis) übernommen. Es stellt die Grundlage für die Erstellung der Bilanz dar. Ein Kaufmann hat gemäß § 240 Abs. 1 und 2 HGB zu Beginn seines Handelsgewerbes und zum Ende eines jeden Geschäftsjahres ein **Inventar** und eine **Bilanz** aufzustellen.

In das **Inventar** sind grundsätzlich alle **Vermögensgegenstände und Schulden** aufzunehmen. Es ist immer der volle Wert anzusetzen, auch wenn der Vermögensgegenstand mit Schulden belastet ist. Da alle Vermögensgegenstände lückenlos erfasst werden müssen, werden auch bereits komplett abgeschriebene („wertlose") Gegenstände in Form eines Merkpostens erfasst. Als Schulden sind nur rechtlich begründete Fremdansprüche, nicht etwa Eventualverbindlichkeiten (Bürgschaften, Garantieversprechen etc.) aufzunehmen.

Wie lange sind Bestandsverzeichnisse und Inventare aufzubewahren?

Die Bestandsverzeichnisse, oder Inventare, sind mindestens 10 Jahre in zusammenhängender Folge aufzubewahren.

Das Inventar ist unterteilt in:

- Verzeichnis aller Vermögensteile (Rohvermögen)
- Verzeichnis aller Schulden (Fremdkapital)

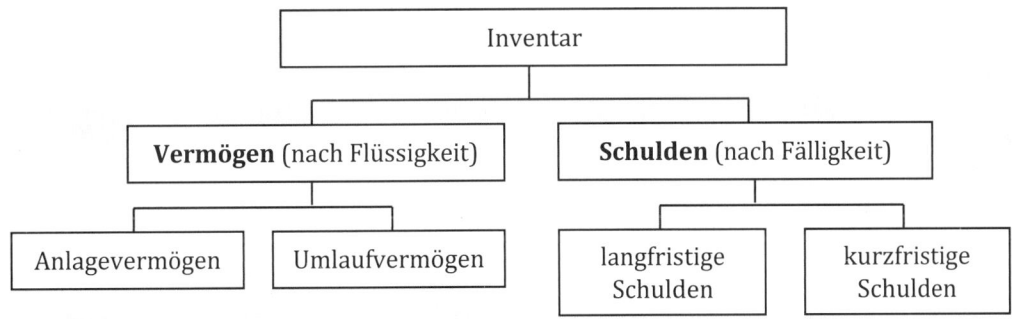

Abb. 2.3: Inventar

Welche Vermögensgegenstände gehören zum Anlagevermögen?

Zum **Anlagevermögen** gehören alle Gegenstände, die dazu bestimmt sind dauernd dem Betrieb zu dienen und die zur Aufrechterhaltung des Geschäftsbetriebes **dauerhaft notwendig** sind (§ 247 Abs. 2 HGB). Dazu gehören z. B. Grundstücke, Gebäude, Maschinen, Fahrzeuge, Betriebs- und Geschäftsausstattung, Finanzanlagen (z. B. Aktien, Unternehmensbeteiligungen) etc.

Welche Vermögensgegenstände gehören zum Umlaufvermögen?

Zum **Umlaufvermögen** gehören alle Gegenstände, die am Abschlussstichtag dazu bestimmt sind, dem Geschäftsbetrieb **nur vorübergehend** zu dienen, z. B. Waren, Forderungen aLuL, Sichteinlagen und Bargeld (§ 266 Abs. 2 HGB).

In welcher Reihenfolge werden die Vermögensgegenstände im Inventar aufgenommen?

Die **Vermögensteile** werden im Inventar nach ihrer **Liquidierbarkeit**, d. h. mit zunehmender Liquidität (Geld Nähe) gegliedert, also z. B. beginnend mit Grundstücken und endend mit dem Kassenbestand.

Die **Schulden** werden nach ihrer **Fälligkeit** unterteilt in

- langfristige Schulden (Hypotheken-, Darlehensschulden) und
- kurzfristige Schulden (in der Regel solche, die innerhalb eines Jahres fällig werden; Lieferantenverbindlichkeiten, kurzfristige Bankschulden etc.).

Aus dem Inventar lässt sich das Reinvermögen ableiten. Das Reinvermögen ist der Saldo aus Vermögen und Schulden und entspricht dem Eigenkapital:

Reinvermögen = Vermögen - Schulden

                ⟶   = Eigentumswert des Unternehmens (Eigenkapital)

Der Aufbau eines Inventars ist am folgenden Beispiel vereinfacht dargestellt:

Inventar der Müller Metallwaren e. K., Karlsruhe zum 31.12.20...		
A. Vermögen		
I. Anlagevermögen		
1. Grundstücke und Bauten		
• bebaute Grundstücke	50.000 €	
• Geschäftsbauten	300.000 €	350.000 €
2. Maschinen		
• 2 Ständerbohrmaschinen	30.000 €	
• 5 Fräsmaschinen	280.000 €	
• 4 Drehmaschinen	140.000 €	450.000 €
3. Betriebs- und Geschäftsausstattung		
• 2 PKW	50.000 €	
• 15 Schreibtische	15.000 €	
• 15 PC	30.000 €	
• 2 Kopierer	5.000 €	100.000 €
II. **Umlaufvermögen**		
1. Vorräte		
Rohstoffe		
• 20 Tonnen Rundmaterial	60.000 €	
• Bleche für Verkleidungen	3.000 €	
• 25.000 Schmiedestücke	120.000 €	
Fertige Erzeugnisse		
• 20 Stück Artikel 4711	16.000 €	
• 45 Stück Artikel 3401	3.000 €	
• 200 Stück Artikel 5430	68.000 €	270.000 €
2. Forderungen		
• laut gesondertem Verzeichnis	180.000 €	180.000 €

3.	Bankguthaben		
	• Sparkasse	25.000 €	
	• Deutsche Bank	118.000 €	143.000 €
4.	Kasse	7.000 €	7.000 €
	Gesamtvermögen		**1.500.000 €**

B.	**Schulden**			
I.	Langfristige Schulden			
	1.	Darlehen Sparkasse	500.000 €	
	2.	Darlehen Volksbank	200.000 €	700.000 €
II.	Kurzfristige Schulden			
	1.	Schulden aus Lieferungen und Leistungen	100.000 €	
	2.	Sonstige Verbindlichkeiten	100.000 €	200.000 €
	Gesamtschulden			**900.000 €**

C.	**Ermittlung des Reinvermögens**	
	Gesamtvermögen	1.500.000 €
-	Gesamtschulden	- 900.000 €
=	**Reinvermögen** (= Eigenkapital)	**= 600.000 €**

Karlsruhe, den 31.12.20…

Abb. 2.4: Beispiel für ein Inventar

Merke

- Die **Inventur** ist eine genaue **Bestandsaufnahme** aller Vermögensgegenstände und Schulden; sie umfasst die Arbeitsschritte mengenmäßige Erfassung (Zählen, Messen, Wiegen, Schätzen) und Bewertung.

- Unter dem **Inventar** versteht man ein ausführliches mengen- und wertmäßiges Verzeichnis des Vermögens und der Schulden zu einem bestimmten Stichtag. Die **Differenz** zwischen **Vermögen** und **Schulden** bezeichnet man als **Reinvermögen**.

- Beim **Vermögen** wird zwischen dem **Anlage-** und dem **Umlaufvermögen** unterschieden. Die Vermögensgegenstände sind nach zunehmender Liquidität angeordnet.

- Die **Schulden** werden in langfristige und kurzfristige Schulden untergliedert und sie werden nach dem Zeitpunkt ihrer Fälligkeit gegliedert.

Übungsaufgabe 2.2 und 2.3

Alle Aufgaben und Lösungen finden Sie unter www.uvk-lucius.de/schritt-fuer-schritt

2.3   Bilanz

Die Bilanz ist ein Pflichtbestandteil des Jahresabschlusses. Sie ist eine zusammengefasste **Gegenüberstellung von Vermögen und Kapital** (Eigen- und Fremdkapital) zu einem bestimmten Stichtag. Hierbei werden (anders als beim Inventar) auf der linken Seite **(Aktiva)** das Vermögen und auf der rechten Seite **(Passiva)** die Schulden (Fremdkapital) und das Eigenkapital als Ausgleich (Saldo) einander gegenüber gestellt. Bei der Gegenüberstellung ergibt sich eine Differenz zwischen Vermögen und Schulden, die als Eigenkapital bezeichnet wird.

Das **Vermögen**, das als **Aktiva** bezeichnet wird, muss dieselbe Größe wie das von Eigenkapital- und Fremdkapitalgebern bereitgestellte **Kapital** haben, das als **Passiva** bezeichnet wird.

> **Merke**
>
> Es gilt die Bilanzgleichung:
>
> Vermögen (Summe der Aktiva) = Kapital (Summe der Passiva)
>
> Vermögen = Fremdkapital + Eigenkapital
>
> Die Höhe des Eigenkapitals kann mathematisch zu jedem Zeitpunkt durch die Gleichung
>
> Eigenkapital = Vermögen - Fremdkapital
>
> ermittelt werden.

Aus dem Inventar und den Aufzeichnungen in den Buchführungsbüchern wird die Bilanz entwickelt. Die Aktiva stehen auf der linken Seite der Bilanz und werden nach der Flüssigkeit geordnet, die Passiva stehen auf der rechten Seite und werden nach der Fälligkeit geordnet.

Das Kapital, das der Unternehmer aus eigenen Mitteln zur Finanzierung des Vermögens aufbringt, wird als **Eigenkapital** bezeichnet. Wurden die Mittel zur Finanzierung der Vermögensgegenstände von fremden Dritten bereitgestellt, spricht man von **Fremdkapital** (Verbindlichkeiten, Rückstellungen).

Grundaufbau der Bilanz	
Vermögens- oder Aktivseite	Kapital- oder Passivseite
• Anlagevermögen • Umlaufvermögen • Aktiver Rechnungsabgrenzungsposten (RAP)	• Eigenkapital • Fremdkapital • Passiver Rechnungsabgrenzungsposten (RAP)
zeigt: • Vermögen • Kapitalverwendung • Investition	zeigt: • Kapital • Kapitalherkunft • Finanzierung
In welche Vermögenswerte wurde das zur Verfügung gestellte Kapital investiert?	Wer hat das Kapital zur Verfügung gestellt?

Abb. 2.5: Grundstruktur der Bilanz

Die Bilanz ist die gesetzlich vorgeschriebene Kurzfassung des Inventars. In ihr werden die Vermögenswerte (Aktiva) und die Kapitalposten (Passiva) gegenübergestellt. Die Passiva gibt Auskunft über die Herkunft der finanziellen Mittel und die Aktiva über deren Verwendung.

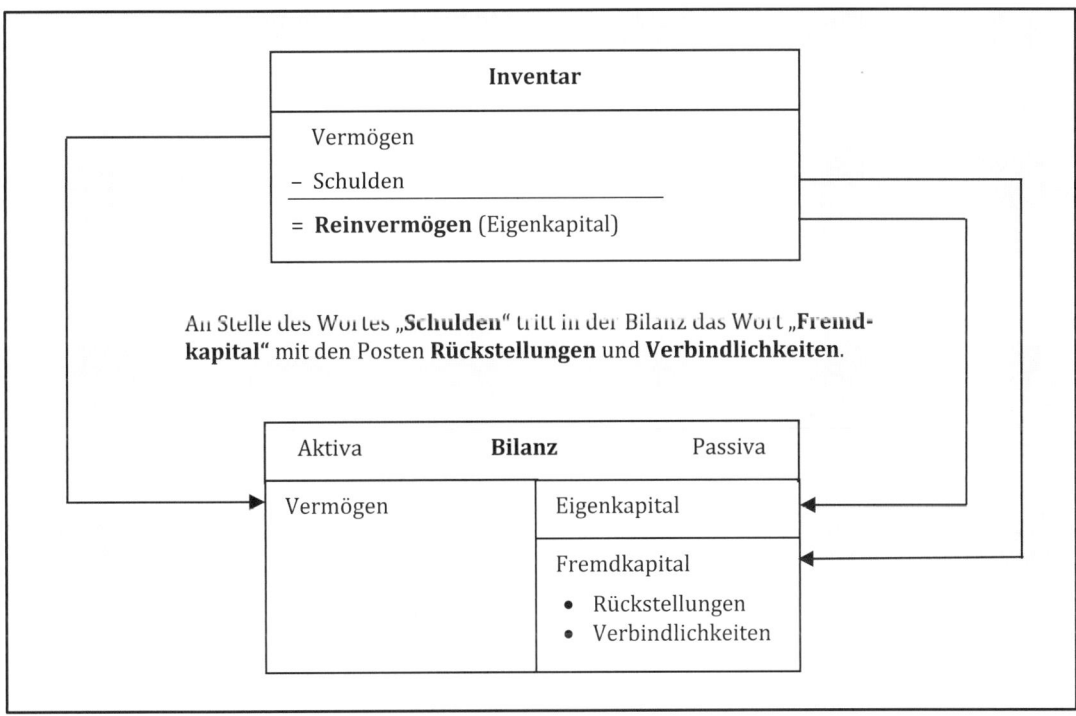

Abb. 2.6: Inventar und Bilanz[5]

Das **Kapital**, das der Unternehmer aus **eigenen Mitteln** zur Finanzierung des Vermögens aufgebracht hat, wird als **Eigenkapital** bezeichnet.

Haben **fremde Dritte** die Mittel zur Anschaffung von Vermögensgegenständen zur Verfügung gestellt, werden diese Mittel als **Fremdkapital** bezeichnet.

2.3.1   Unterschied zwischen dem Inventar und der Bilanz

Inventar und Bilanz zeigen beide den Stand des Vermögens und des Kapitals eines Unternehmens. Dabei unterscheiden sie sich jedoch in Form und Umfang:

Inventar	Bilanz
Darstellung in **Staffelform**	Darstellung in **Kontenform**
<ul><li>**detaillierte** Darstellung der einzelnen Vermögens- und Schuldenwerte,</li><li>jeder Vermögensgegenstand und jede Schuld wird einzeln aufgeführt,</li><li>Angabe von Mengen, Einzelwerten und Gesamtwerten,</li><li>Darstellung des Vermögens und des Kapitals **untereinander** (Staffelform).</li></ul>	<ul><li>**kurz gefasste**, überschaubare Darstellung des Vermögens und des Kapitals,</li><li>gleichartige Positionen werden zu Gruppen zusammengefasst (z. B. Grundstücke, Maschinen etc.),</li><li>nur Angabe der Gesamtwerte der einzelnen Bilanzposten,</li><li>Darstellung des Vermögens und des Kapitals **nebeneinander** (T-Kontenform).</li></ul>

Abb. 2.7: Vergleich Inventar und Bilanz

---

[5] In Anlehnung an: Bornhofen, M. u. Bornhofen M. C.: Buchführung 1, 2013, S. 33.

Durch die Zusammenfassung der einzelnen Vermögensgegenstände und der einzelnen Schuldenpositionen zu Bilanzposten ist die Bilanz übersichtlicher als das Inventar und zeigt das Vermögen, das Eigenkapital und das Fremdkapital auf einen Blick.

Beispiel: Darstellung einer einfachen Bilanz

Aktiva	Bilanz der Müller Metallwaren e. K.		Passiva
Anlagevermögen		**Eigenkapital**	
Grundstücke und Bauten	350.000 €	Eigenkapital	600.000 €
Maschinen	450.000 €		
BGA	100.000 €	**Fremdkapital**	
		Bankdarlehen	700.000 €
Umlaufvermögen		Verbindlichkeiten aLuL	100.000 €
Vorräte	270.000 €	Sonstige Verbindlichkeiten	100.000 €
Forderungen	180.000 €		
Bankguthaben	143.000 €		
Kasse	7.000 €		
Bilanzsumme	1.500.000 €	Bilanzsumme	1.500.000 €

Die Bilanz stellt eine Waage dar (das Wort Bilanz kommt aus dem Italienischen: bilancis und bedeutet Waage), wobei die Aktivseite und die Passivseite stets gleich groß sein müssen.

2.3.2 Vorschriften zu Form und Inhalt der Bilanz

- Die Bilanz ist nach den **G**rundsätzen **o**rdnungsmäßiger **B**uchführung (GoB) aufzustellen (§ 243 Abs. 1 HGB), siehe Kapitel 1.5.3, Seite 26 f.

- Die Bilanz ist innerhalb einer **angemessenen Frist** nach dem Bilanzstichtag aufzustellen (§ 243 Abs. 3 HGB).

- Die Bilanz ist in **deutscher Sprache** und in **Euro** aufzustellen (§ 244 HGB).

- Die Bilanz muss **klar** und **übersichtlich** sein (§ 243 Abs. 2 HGB).

- In der Bilanz sind das Anlage- und das Umlaufvermögen, das Eigenkapital, die Schulden und die Rechnungsabgrenzungsposten gesondert auszuweisen und **hinreichend aufzugliedern** (§ 247 Abs. 1 HGB).

- Der Jahresabschluss ist vom Kaufmann unter Angabe des **Datums** zu **unterzeichnen** (§ 245 HGB).

- In der Bilanz und in der Gewinn- und Verlustrechnung ist zu jedem Posten der entsprechende Betrag des **vorherigen** Geschäftsjahres anzugeben (§ 265 Abs. 2 Satz 1 HGB).

- Ein **Posten** der Bilanz, der **keinen Betrag** ausweist (sog. **Leerposten**), braucht nicht aufgeführt zu werden, es sei denn, dass im vorhergehenden Geschäftsjahr unter diesem Posten ein Betrag ausgewiesen wurde (§ 265 Abs. 8 HGB).

2.3.3 Gliederung der Bilanz

Die Bilanz ist in Kontenform aufzustellen. Ihre Gliederung ist abhängig von der Rechtsform und der Unternehmensgröße. **Große und mittelgroße Kapitalgesellschaften** haben die im Gliederungsschema des § 266 Abs. 2 und 3 HGB genannten Posten der Aktivseite und der Passivseite gesondert und in der vorgeschriebenen Reihenfolge auszuweisen (§ 266 Abs. 1 Satz 2 HGB).

Für kleine Kapitalgesellschaften gilt das Schema der verkürzten Bilanz nach § 266 Abs. 1 Satz 3 HGB.

Aktiva	Bilanzschema für kleine Kapitalgesellschaften	Passiva

Aktiva	Passiva
A. Anlagevermögen	**A. Eigenkapital**
I. Immaterielle Vermögensgegenstände	I. Gezeichnetes Kapital
II. Sachanlagen	II. Kapitalrücklagen
III. Finanzanlagen	III. Gewinnrücklagen
B. Umlaufvermögen	IV. Gewinnvortrag
I. Vorräte	V. Jahresüberschuss/-fehlbetrag
II. Forderungen und sonstige Vermögensgegenstände	
III. Wertpapiere	**B. Rückstellungen**
IV. Kassenbestand, Bundesbankguthaben, Guthaben bei Kreditinstituten und Schecks	**C. Verbindlichkeiten**
C. Rechnungsabgrenzungsposten	**D. Rechnungsabgrenzungsposten**
D. Aktive latente Steuern	**E. Passive latente Steuern**
E. Aktiver Unterschiedsbetrag aus der Vermögensverrechnung	

Abb. 2.8: Bilanzgliederung für kleine Kapitalgesellschaften (§ 266 HGB)

Aktiva	Gliederungsschema für mittelgroße und große Kapitalgesellschaften	Passiva

Aktiva	Passiva
A. **Anlagevermögen**	A. **Eigenkapital**
I. Immaterielle Vermögensgegenstände	I. Gezeichnetes Kapital
1. Selbstgeschaffene gewerbliche Schutzrechte und ähnliche Rechte und Werte	II. Kapitalrücklage
2. entgeltlich erworbene Konzessionen, gewerbliche Schutzrechte und ähnliche Rechte und Werte sowie Lizenzen an solchen Rechten und Werten	III. Gewinnrücklage
	1. gesetzliche Rücklage
3. Geschäfts- oder Firmenwert	2. Rücklage für Anteile an einem herrschenden oder mehrheitlich beteiligten Unternehmen
4. geleistete Anzahlungen	3. satzungsmäßige Rücklagen
	4. andere Gewinnrücklagen

II.   Sachanlagen
1.   Grundstücke, grundstücksgleiche Rechte und Bauten einschl. der Bauten auf fremden Grundstücken
2.   technische Anlagen und Maschinen
3.   andere Anlagen, Betriebs- und Geschäftsausstattung
4.   geleistete Anzahlungen und Anlagen im Bau
III. Finanzanlagen
1.   Anteile an verbundenen Unternehmen
2.   Ausleihungen an verbundene Unternehmen
3.   Beteiligungen
4.   Ausleihungen an Unternehmen, mit denen ein Beteiligungsverhältnis besteht
5.   Wertpapiere des Anlagevermögens
6.   sonstige Ausleihungen

B. **Umlaufvermögen**

I.   Vorräte
1.   Roh-, Hilfs- und Betriebsstoffe
2.   unfertige Erzeugnisse, unfertige Leistungen
3.   fertige Erzeugnisse und Waren
4.   geleistete Anzahlungen
II.   Forderungen und sonstige Vermögensgegenstände
1.   Forderungen aus Lieferungen und Leistungen
2.   Forderungen gegen verbundene Unternehmen
3.   Forderungen gegen Unternehmen, mit denen ein Beteiligungsverhältnis besteht
4.   sonstige Vermögensgegenstände
III. Wertpapiere
1.   Anteile an verbundenen Unternehmen
2.   sonstige Wertpapiere
IV.   Kassenbestand, Bundesbankguthaben, Guthaben bei Kreditinstituten und Schecks

C. **Rechnungsabgrenzungsposten**

D. **Aktive latente Steuern**

E. **Aktiver Unterschiedsbetrag aus der Vermögensverrechnung**

IV.   Gewinnvortrag/Verlustvortrag
V.   Jahresüberschuss/Jahresfehlbetrag

B. **Rückstellungen**
1.   Rückstellungen für Pensionen und ähnliche Verpflichtungen
2.   Steuerrückstellungen
3.   Sonstige Rückstellungen

C. **Verbindlichkeiten**
1.   Anleihen, davon konvertibel
2.   Verbindlichkeiten gegenüber Kreditinstituten
3.   erhaltene Anzahlungen auf Bestellungen
4.   Verbindlichkeiten aus Lieferungen und Leistungen
5.   Verbindlichkeiten aus der Annahme gezogener Wechsel und der Ausstellung eigener Wechsel
6.   Verbindlichkeiten gegenüber verbundenen Unternehmen
7.   Verbindlichkeiten gegenüber Unternehmen, mit denen ein Beteiligungsverhältnis besteht
8.   sonstige Verbindlichkeiten, davon aus Steuern, davon im Rahmen der sozialen Sicherheit

D. **Rechnungsabgrenzungsposten**

E. **Passive latente Steuern**

Abb. 2.9: Bilanzgliederung für mittelgroße und große Kapitalgesellschaften (§ 266 HGB)

Übungsaufgaben 2.4 bis 2.8

Alle Aufgaben und Lösungen finden Sie unter www.uvk-lucius.de/schritt-fuer-schritt

2.4   Wertveränderungen in der Bilanz

Die Bilanz stellt eine Aufstellung von Aktiva und Passiva zu einem bestimmten Zeitpunkt dar. Unmittelbar nach diesem Zeitpunkt ändern sich auch die Bestände des Vermögens und/oder des Kapitals durch Geschäftsvorfälle.[6] Das Bilanzgleichgewicht, d. h. die summenmäßige Übereinstimmung von Aktiva und Passiva, bleibt auch nach den Änderungen erhalten, da jede Änderung eines Bilanzpostens immer die Änderung mindestens eines anderen Bilanzpostens bewirkt.[7]

Es wird zwischen vier Grundformen von Wertveränderungen in der Bilanz unterschieden:

1. **Aktivtausch (Vermögensumschichtung)**: Der Aktivtausch bezeichnet eine Änderung, die nur die Aktivseite betrifft, d. h., ein oder mehrere Aktivposten nehmen zu, gleichzeitig nehmen ein oder mehrere andere Aktivposten ab. Die Bilanzsumme bleibt gleich.
   Beispiel: Der Kauf einer Sachanlage wird mit dem Bankguthaben bezahlt.

Aktiva	Bilanz	Passiva
+/-		

2. **Passivtausch (Kapitalumschichtung)**: Der Passivtausch bezeichnet eine Änderung, die nur die Passivseite betrifft, d. h. ein oder mehrere Passivposten nehmen zu, gleichzeitig nehmen ein oder mehrere Passivposten ab. Die Bilanzsumme bleibt gleich.
   Beispiel: Verbindlichkeiten aLuL werden mit einem Bankdarlehen bezahlt oder innerhalb des Eigenkapitals erfolgt die Einstellung des Jahresüberschusses in die Gewinnrücklagen.

Aktiva	Bilanz	Passiva
	+/-	

3. **Aktiv-Passiv-Mehrung (Bilanzverlängerung)**: Die Bilanzsumme nimmt auf beiden Seiten in gleichem Maße zu, d. h. mindestens ein Aktivposten sowie mindestens ein Passivposten nehmen zu.
   Beispiel: Es werden Vorräte eingekauft, aber noch nicht bezahlt, d. h. die Vorräte (Aktivkonto) nehmen in der gleichen Höhe zu wie die Verbindlichkeiten aLuL (Passivkonto).

Aktiva	Bilanz	Passiva
+	+	

4. **Aktiv-Passiv-Minderung (Bilanzverkürzung)**: Die Bilanzsumme nimmt auf beiden Seiten in gleichem Maße ab, d. h., mindestens ein Aktivposten als auch mindestens ein Passivposten nehmen ab.
   Beispiel: Verbindlichkeiten aLuL (Passivkonto) werden in bar über die Kasse (Aktivkonto) bezahlt.

Aktiva	Bilanz	Passiva
-	-	

---

[6] Bornhofen, M. C.: Buchführung 1, 25. Auflage 2013, S.42.

[7] Schäfer-Kunz, J.: Buchführung und Jahresabschluss, 2011, S. 24.

Diese vier Arten der Bilanzänderungen werden anhand der Bilanz der Müller Metallwaren e. K. erläutert.

Aktiva	**Vorläufige Bilanz der Müller Metallwaren e. K. zum 30.11.01**		Passiva	
Anlagevermögen		**Eigenkapital**		
Grundstücke und Bauten	350.000 €	Eigenkapital	600.000 €	
Maschinen	450.000 €			
BGA	100.000 €	**Fremdkapital**		
		Bankdarlehen	700.000 €	
Umlaufvermögen		Verbindlichkeiten aLuL	100.000 €	
Rohstoffe	20.000 €	Sonstige Verbindlichkeiten	100.000 €	
Fertige Erzeugnisse und Waren	250.000 €			
Forderungen	180.000 €			
Bankguthaben	143.000 €			
Kasse	7.000 €			
Bilanzsumme	1.500.000 €	Bilanzsumme	1.500.000 €	

2.4.1 Aktivtausch

Beim **Aktivtausch** ändert sich durch einen Geschäftsvorfall lediglich die Struktur der Vermögenspositionen. Beispielsweise ein Aktivposten wird **größer**, ein anderer Aktivposten wird **kleiner**. Die **Bilanzsumme** jedoch bleibt **gleich.**

Beispiel: Aktivtausch

Die Müller Metallwaren e. K. kauft am 02.12.01 ein **Reinigungsgerät für 5.000 €** und zahlt **bar**.

Aktiva	**Bilanz nach dem ersten Geschäftsvorfall**		Passiva	
Anlagevermögen		**Eigenkapital**		
Grundstücke und Bauten	350.000 €	Eigenkapital	600.000 €	
Maschinen	450.000 €			
BGA	→ 105.000 €	**Fremdkapital**		
		Bankdarlehen	700.000 €	
Umlaufvermögen		Verbindlichkeiten aLuL	100.000 €	
Rohstoffe	20.000 €	Sonstige Verbindlichkeiten	100.000 €	
Fertige Erzeugnisse und Waren	250.000 €			
Forderungen	180.000 €			
Bankguthaben	143.000 €			
Kasse	2.000 €			
Bilanzsumme	1.500.000 €	Bilanzsumme	1.500.000 €	

Es fand ein **Tausch zwischen zwei Aktivposten** statt. Durch den Geschäftsvorfall vermehrt sich der Bilanzposten **Betriebs- und Geschäftsausstattung (BGA)** um 5.000 € und der **Kassenbestand vermindert** sich um 5.000 €.

2.4.2 Passivtausch

Ein **Passivtausch** führt nur zu Strukturveränderungen innerhalb der Kapitalseite, ohne die Bilanzsumme zu verändern. Beispielsweise ein Passivposten wird **größer**, ein anderer Passivposten wird **kleiner**. Die **Bilanzsumme** bleibt **gleich**.

Beispiel: Passivtausch

Die **sonstigen Verbindlichkeiten** in Höhe von 100.000 € werden am 15.12.01 mit einem aufgenommenen **Bankdarlehen** getilgt.

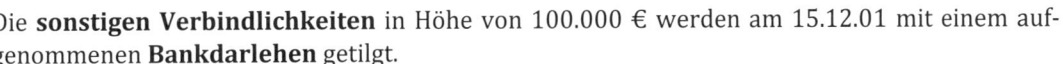

Aktiva	Bilanz nach dem zweiten Geschäftsvorfall		Passiva
Anlagevermögen		**Eigenkapital**	
Grundstücke und Bauten	350.000 €	Eigenkapital	600.000 €
Maschinen	450.000 €		
BGA	105.000 €	**Fremdkapital**	
		Bankdarlehen	800.000 €
Umlaufvermögen		Verbindlichkeiten aLuL	100.000 €
Rohstoffe	20.000 €	Sonstige Verbindlichkeiten	0 €
Fertige Erzeugnisse und Waren	250.000 €		
Forderungen	180.000 €		
Bankguthaben	143.000 €		
Kasse	2.000 €		
Bilanzsumme	1.500.000 €	Bilanzsumme	1.500.000 €

Es hat ein **Tausch** zwischen **zwei Passivposten** stattgefunden. Durch den Geschäftsvorfall **vermehrt** sich der Bilanzposten **Bankdarlehen** um 100.000 €, während sich die **sonstigen Verbindlichkeiten** um 100.000 € **vermindern**.

2.4.3 Aktiv-Passiv-Mehrung

Bei der **Aktiv-Passiv-Mehrung** erhöhen sich sowohl die Aktiva als auch die Passiva. Beispielsweise werden ein Aktivposten und ein Passivposten der Bilanz **vermehrt**. Die Bilanzsumme nimmt um den gleichen Betrag zu ("**Bilanzverlängerung**").

Beispiel: Aktiv-Passiv-Mehrung

Die Müller Metallwaren e. K. kauft am 10.12.01 **Rohstoffe für 50.000 € auf Ziel** (= Lieferantenkredit).

Aktiva	Bilanz nach dem dritten Geschäftsvorfall		Passiva
Anlagevermögen		**Eigenkapital**	
Grundstücke und Bauten	350.000 €	Eigenkapital	600.000 €
Maschinen	450.000 €		
BGA	105.000 €	**Fremdkapital**	
		Bankdarlehen	800.000 €

Umlaufvermögen		Verbindlichkeiten aLuL	→ 150.000 €
Rohstoffe	70.000 €	←	
Fertige Erzeugnisse und Waren	250.000 €	Sonstige Verbindlichkeiten	0 €
Forderungen	180.000 €		
Bankguthaben	143.000 €		
Kasse	2.000 €		
Bilanzsumme	1.550.000 €	Bilanzsumme	1.550.000 €

Durch diesen Geschäftsvorfall vermehren sich die Rohstoffe und die Verbindlichkeiten aus Lieferungen und Leistungen[8] um 50.000 €.

2.4.4   Aktiv-Passiv-Minderung

Bei der **Aktiv-Passiv-Minderung** ändern sich **ein Aktivposten** und **ein Passivposten**. Es werden sowohl ein Aktivposten als auch ein Passivposten der Bilanz **vermindert**. Die **Bilanzsumme** nimmt um den gleichen Betrag ab („**Bilanzverkürzung**").

Geschäftsvorfall: Aktiv-Passiv-Minderung

Ein Teil des Bankdarlehens wird am 22.12.01 um 123.000 € durch Bankguthaben getilgt.

Aktiva	**Bilanz nach dem vierten Geschäftsvorfall**		Passiva
Anlagevermögen		**Eigenkapital**	
Grundstücke und Bauten	350.000 €	Eigenkapital	600.000 €
Maschinen	450.000 €		
BGA	105.000 €	**Fremdkapital**	
		Bankdarlehen	→ 677.000 €
Umlaufvermögen		Verbindlichkeiten aLuL	150.000 €
Rohstoffe	70.000 €	Sonstige Verbindlichkeiten	0 €
Fertige Erzeugnisse und Waren	250.000 €		
Forderungen	180.000 €		
Bankguthaben	20.000 €	←	
Kasse	2.000 €		
Bilanzsumme	1.427.000 €	Bilanzsumme	1.427.000 €

Durch diesen Geschäftsvorfall **vermindern** sich das Bankguthaben und das Bankdarlehen um 123.000 €.

---

[8] **Verbindlichkeiten aLuL** sind Verpflichtungen bzw. Schulden aus Kaufverträgen, Werkverträgen, Dienstleistungsverträgen und Miet- und Pachtverträgen, bei denen die **Zahlung** vom Bilanzierenden **noch zu leisten** ist.

Bei laufenden Geschäften unterscheidet man vier Typen der Wertveränderung in der Bilanz:

Wert-veränderungen	Aktivtausch	Passivtausch	Bilanz-verkürzung	Bilanz-verlängerung
Wirkung	Bilanzsumme „unverändert"	Bilanzsumme „unverändert"	Bilanzsumme „geringer"	Bilanzsumme „größer"
Beispiel	Barkauf eines Autos	Lieferantenverbindlichkeiten werden mit einem Bankdarlehen bezahlt	Bezahlung einer Lieferantenschuld mit einem Bankguthaben	Kauf eines Gebäudes, finanziert durch ein Darlehen

Abb. 2.10: Wertveränderungen in der Bilanz

Merke

Bei allen Geschäftsvorfällen bleibt die Bilanzgleichung stets erhalten, d. h. die Summen beider Bilanzseiten (Aktiva und Passiva) sind immer identisch.

Bilanzierung

Unter dem Begriff „Bilanzierung" versteht man die Aufnahme eines bestimmten Bilanzpostens in der Bilanz, wobei der Ansatz auf der Aktivseite der Bilanz als „Aktivierung" und auf der Passivseite der Bilanz als „Passivierung" bezeichnet wird.

Übungsaufgabe 2.9: Wertveränderungen in der Bilanz

Erklären Sie die vier Arten der Wertveränderungen in der Bilanz.

Aktiv-Tausch	
Passiv-Tausch	
Aktiv-Passiv-Mehrung	
Aktiv-Passiv-Minderung	

Die Lösung finden Sie unter www.uvk-lucius.de/schritt-fuer-schritt

Eigene Notizen

Schritt 3: Doppelte Buchführung mithilfe von Konten

Lernziele

In diesem Kapitel lernen Sie das Aufteilen der Bilanz in Bestandskonten (Aktivkonten und Passivkonten) sowie das Eröffnen, Buchen und Abschließen von Bestandskonten kennen, d. h. Sie werden die doppelte Buchführung verstehen. Nach dem Studium dieses Kapitels werden Sie die Regeln der doppelten Buchführung anwenden können.

3.1 Auflösung der Bilanz in Konten

Jeder Geschäftsvorfall ändert die Höhe von mindestens zwei Bilanzposten. Um nicht nach jedem Geschäftsvorfall die Bilanz neu erstellen zu müssen, werden in der Praxis die Bestandsveränderungen auf sogenannten **T-Konten** erfasst. Diese ermöglichen eine Einzelabrechnung für jede Bilanzposition. Die Konten, die aus der Bilanz abgeleitet werden heißen Bestandskonten. Beim System der doppelten Buchführung (Doppik) sind immer zwei Konten betroffen.

Was ist ein Konto?

Ein Konto ist eine zweispaltige Liste, die optisch an den Buchstaben T erinnert (T-Konto). Deren linke Seite wird mit „**Soll**" und deren rechte Seite wird mit „**Haben**" überschrieben. Auf dem Konto werden Wertbeträge (€) gebucht. Das Konto hat wie die Bilanz zwei Seiten.

Soll (S)	Kontobezeichnung	Haben (H)
Buchung s_1		Buchung H_1
…		…
Buchung s_n		Buchung H_n

Die Bezeichnungen „Soll" und „Haben" sind historisch bedingt. Auf der rechten Seite des Kontos wurde nach dem Prinzip „Wir HABEN zu bezahlen!" der entsprechende Betrag eingetragen. Auf der linken Seite des Kundenkontos wurde eingetragen „Der Kunde SOLL bezahlen!" – deshalb also „Soll" als linke Seite eines Kontos.

Aktiva		Bilanz		Passiva

Soll (S)	**Aktivkonto**	Haben (H)		Soll (S)	**Passivkonto**	Haben (H)
Anfangsbestand		Abgänge (-)		Abgänge (-)		Anfangsbestand
Zugänge (+)		**Saldo** = Endbestand		**Saldo** = Endbestand		Zugänge (+)

Aktivkonten: z. B. Grundstücke, Gebäude, Maschinen, Vorräte, Forderungen, Kasse.	**Passivkonten**: z. B. Eigenkapital, Darlehen, Kredite, Verbindlichkeiten, Rückstellungen.

> **Merke**
> - Aktivkonten nehmen im „Soll" zu und im „Haben" ab.
> - Passivkonten nehmen im „Haben" zu und im „Soll" ab.

Zu Beginn eines Geschäftsjahres werden die **Bestände der Bilanz** auf einzelne **Konten** übertragen **(= Eröffnung der Konten).** Konten, die die (Anfangs-) Bestände der Bilanz übernehmen, heißen **Bestandskonten.** Die Bestandskonten verwalten die Bestände, weisen die Veränderungen (Zu- und Abgänge) aus und geben die (End-)Bestände an das Schlussbilanzkonto wieder ab. Die Konten der Aktivseite der Bilanz werden als **Aktivkonten** (Vermögenskonten) und die Konten der Passivseite werden als **Passivkonten** (Kapitalkonten) bezeichnet. Die Aktivkonten übernehmen den Bestand der Aktivpositionen der Bilanz im Soll, die Passivkonten übernehmen den Bestand der Passivpositionen der Bilanz im Haben. Für jeden Posten der Bilanz wird mindestens ein Konto geführt.

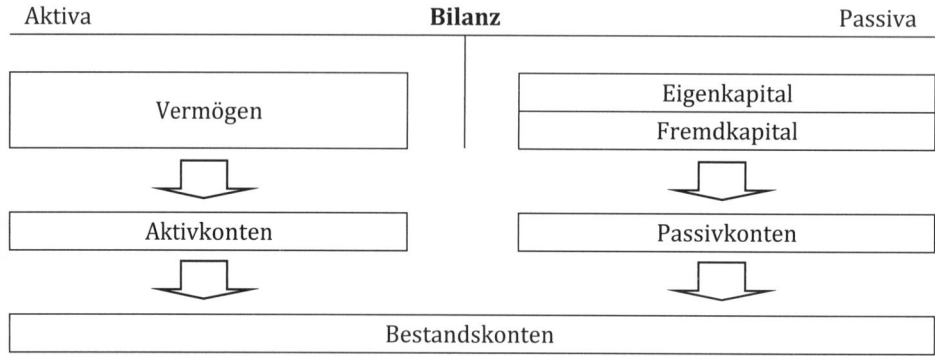

Abb. 3.1: Zuordnung der Bilanzposten zu den Konten

Welche **Grundkonten** gibt es?

- **Die Bestandskonten** (Aktivkonten, Passivkonten) betreffen die Bilanz. Auf ihnen werden die Veränderungen der einzelnen Bilanzposten während eines Geschäftsjahres erfasst. Die **Anfangsbestände** erscheinen in den Bestandskonten auf der gleichen Seite wie in der Bilanz; bei den **aktiven Bestandskonten** im **Soll** und bei den **passiven Bestandskonten** im **Haben.**
- Die **Erfolgskonten** (Aufwandskonten, Ertragskonten) betreffen die GuV.

Soll (S)	**Aktiv- oder Aufwandskonto**	Haben (H)
Anfangsbestand (AB)		Abgänge
Zugänge		Schlussbestand (SB)

Soll (S)	**Passiv- oder Ertragskonto**	Haben (H)
Abgänge		Anfangsbestand (AB)
Schlussbestand (SB)		Zugänge

Wie ist ein Konto aufgebaut?

Kontenaufbau gemäß Lagergleichung:

- Anfangsbestand (AB) + Zugang – Abgang = Schlussbestand (SB)
- Anfangsbestand (AB) und Zugang im **Soll** bei Einzahlung, Aktivkonto, Aufwand
- Anfangsbestand (AB) und Zugang im **Haben** bei Auszahlung, Passivkonto, Ertrag

Beispiel: Eröffnung der Konten

Aktiva		Bilanz	Passiva
Waren	50.000	Eigenkapital	51.000
Rohstoffe	20.000	Darlehensschulden	15.000
Kasse	5.000	Verbindlichkeiten aLuL	9.000
	75.000		75.000

Aktivkonten

S	Waren	H
AB	50.000	

S	Rohstoffe	H
AB	20.000	

S	Kasse	H
AB	5.000	

Passivkonten

S	Eigenkapital	H
		AB 51.000

S	Darlehensschulden	H
		AB 15.000

S	Verbindlichkeiten aLuL	H
		AB 9.000

> Aktivkonten:
> Anfangsbestände stehen auf Sollseite

> Passivkonten:
> Anfangsbestände stehen auf Habenseite

Bei der Buchung eines Geschäftsvorfalls bleiben die Bilanzsummen der Aktiv- und Passivseite immer gleich. Jeder Geschäftsvorfall wird doppelt erfasst, d. h. eine Buchung und eine Gegenbuchung. Hierbei bucht man:

Konto | an | Gegenkonto

Bei dem Buchen auf Konten verwendet man sogenannte Buchungssätze. Ein Buchungssatz spricht zuerst das Konto an, das im Soll gebucht wird und dann das Gegenkonto das im Haben gebucht wird. D. h. man bucht immer:

Soll | an | Haben

Dadurch bleibt die Summe der Sollbuchungen immer gleich der Summe der Habenbuchungen.

Beispiel: Einfacher Buchungssatz

Ein Unternehmen kauft ein Grundstück für 200.000 €. Die Rechnung wird sofort per Banküberweisung beglichen.

| Grundstück | 200.000 | an | Bank | 200.000 |

3.2 Die Eröffnung der Bestandskonten

Zur Eröffnung der Bestandskonten wird die sogenannte Eröffnungsbilanz aufgestellt. Dies ist ein Hilfskonto zur Übertragung der Anfangsbestände auf die einzelnen Konten. Sie entspricht der Schlussbilanz des Vorjahres. Von dieser wird dann das Eröffnungsbilanzkonto abgeleitet. Das Eröffnungsbilanzkonto (EBK) ist ein Spiegelbild der Eröffnungsbilanz.

Aktiva	**Eröffnungsbilanz zum 01.01.**		Passiva
Anlagevermögen		**Eigenkapital**	
Grundstücke	215.000	Eigenkapital	263.000
Fuhrpark	60.000		
Umlaufvermögen		**Fremdkapital**	
Waren	45.000	Darlehen	80.000
Forderungen aLuL	30.000	Verbindlichkeiten aLuL	25.000
Bank	14.000		
Kasse	4.000		
	368.000		368.000

Zu Beginn eines Geschäftsjahres werden durch Eröffnungsbuchungen die Bestände der Eröffnungsbilanz auf die jeweiligen Aktiv- und Passivkonten übertragen. Für die technische Durchführung der Konteneröffnung ist ein besonderes Hilfskonto, das **Eröffnungsbilanzkonto (EBK)**, einzurichten. Das Eröffnungsbilanzkonto nimmt dabei die Aktivposten der Eröffnungsbilanz im Haben und die Passivposten im Soll auf.

Soll	**Eröffnungsbilanzkonto (EBK)**		Haben
Eigenkapital		**Anlagevermögen**	
Eigenkapital	263.000	Grundstücke	215.000
		Fuhrpark	60.000
Fremdkapital		**Umlaufvermögen**	
Darlehen	80.000	Waren	45.000
Verbindlichkeiten aLuL	25.000	Forderungen aLuL	30.000
		Bank	14.000
		Kasse	4.000
Summe	368.000	Summe	368.000

Das Eröffnungsbilanzkonto dient im Rahmen der Eröffnungsbuchungen als Gegenkonto der betreffenden Bestandskonten.

Buchungen zur Eröffnung der aktiven Bestandskonten:

Aktives Bestandskonto	an	Eröffnungsbilanzkonto (EBK)
z. B. Maschine	an	Eröffnungsbilanzkonto (EBK)

Buchungen zur Eröffnung der passiven Bestandskonten:

Eröffnungsbilanzkonto (EBK)	an	passives Bestandskonto
z. B. Eröffnungsbilanzkonto (EBK)	an	Verbindlichkeiten aLuL

Merke

Das Eröffnungsbilanzkonto wird als Gegenkonto für die Eröffnung der Bestandskonten benötigt.

3.3 Buchen von Geschäftsvorfällen auf Konten

Die Erfassung der Geschäftsvorfälle auf den Konten wird in Form eines Buchungssatzes ausgedrückt. Zuerst wird das Konto angegeben, bei dem die Buchung auf der Sollseite zu erfolgen hat („Sollkonto"). An zweiter Stelle wird das Konto genannt, bei dem die Buchung auf der Habenseite vorzunehmen ist („Habenkonto"). Zwischen den Namen der beiden Konten wird das Wort „an" eingefügt. Am Ende des Buchungssatzes wird schließlich der Buchungsbetrag angegeben. Die allgemeine Form des Buchungssatzes lautet:

Sollkonto	an	Habenkonto

Merke: Bei den Buchungen der Geschäftsvorfälle sind folgende Regeln zu beachten:

Bei der Buchung eines Geschäftsvorfalls werden die Bestände auf mindestens zwei Konten verändert.

Die **Anfangsbestände der Aktivkonten** stehen auf der **linken Seite der Bilanz** (Aktiva), und werden daher auch links (im Soll) gebucht.

Die **Anfangsbestände der Passivkonten** stehen auf der **rechten Seite der Bilanz** (Passiva), weshalb sie auch rechts (im Haben) eingetragen werden.

Die **Zugänge** (Bestandsmehrungen) werden bei den Bestandskonten immer auf **der gleichen Kontoseite wie die Anfangsbestände** gebucht, d. h. auf den **aktiven Bestandskonten** werden sie im „**Soll**" und auf den **passiven Bestandskonten** werden sie im „**Haben**" gebucht.

Die **Abgänge** (Bestandsminderungen) auf der gegenüberliegenden Seite der Anfangsbestände erfasst, d. h. die Abgänge auf den aktiven Bestandskonten sind im „Haben", die auf den passiven Bestandskonten im „Soll" zu buchen.

Die **Zugänge** (Bestandsmehrungen) auf den aktiven Bestandskonten sind im „Soll" und die auf den passiven Bestandskonten sind im „Haben" zu buchen.

Ein **Buchungssatz** bezeichnet in Kurzform die erforderliche Buchung eines Geschäftsvorfalls in vorgegebener Reihenfolge: Zuerst wird immer das Konto genannt, für das im Soll eine Eintragung vorzunehmen ist, anschließend das Konto, das im Haben angesprochen wird.

Die im **Soll** gebuchten Beträge müssen immer mit denen im **Haben** gebuchten Beträge **übereinstimmen**, d. h. Soll-Buchung = Haben-Buchung.

Einfacher Buchungssatz

Bei einfachen Buchungssätzen (zwei beteiligte Konten) werden beispielsweise ein Aktivkonto und ein Passivkonto oder zwei Aktivkonten bzw. zwei Passivkonten angesprochen.

Beispiel: Bareinkauf von Waren für 500 €.

Vorgehensweise:

1. Auf welchem Konto ist welche Veränderung zu buchen?	Auf dem Konto „Waren" ist ein Zugang und auf dem Konto „Kasse" ist ein Abgang zu buchen: Waren [+] und Kasse [-]
2. Um welche Kontenart handelt es sich hier?	Da beide Konten auf der linken Seite der Bilanz stehen, handelt es sich um **„Aktivkonten"**.
3. Auf welchen Kontenseiten sind die Eintragungen vorzunehmen?	Die Warenzugänge sind im Soll (auf der linken Kontoseite), die Kassenabgänge dagegen im Haben (auf der rechten Kontoseite) einzutragen.
4. Allgemeiner Kontoaufruf	

Soll		an	Haben

5. Buchungssatz	

Aktivkonto		an	Aktivkonto	
Waren	500	an	Kasse	500

Beispiel: Zahlung einer Lieferantenrechnung in Höhe von 2.380 € per Banküberweisung:

Passivkonto		an	Aktivkonto	
Verbindlichkeiten aLuL	2.380	an	Bank	2.380

Zusammengesetzte Buchungssätze

Bei zusammengesetzten Buchungssätzen (mehr als zwei beteiligte Konten) werden mehrere Aktivkonten oder mehrere Passivkonten angesprochen.

Beispiel: Zusammengesetzte Buchungssätze

1) **Sollbuchung auf einem Konto und Habenbuchung auf mehreren Konten**
   Es werden Waren für 1.200 € eingekauft. Ein Drittel wird sofort in bar bezahlt, die anderen zwei Drittel auf Ziel.

Waren	1.200	an	Kasse	400
		an	Verbindlichkeiten aLuL	800

2) Sollbuchung auf mehreren Konten und Habenbuchung auf einem Konto

Ein neuer Gesellschafter bringt eine Einlage von 50.000 € in Form von Bargeld 20.000 € und einem Grundstück im Wert 30.000 € ein.

Kasse	20.000			
Grundstücke	30.000	an	Eigenkapital	50.000

3) Sollbuchung auf mehreren Konten und Habenbuchung auf mehreren Konten

Ein Immobilienmakler kauft 3 Gebäude zu jeweils 500.000 €, von denen er eines als Bürogebäude behält. Die beiden anderen will er weiterverkaufen. Er bezahlt 900.000 € bar und finanziert den Rest durch ein Darlehen.

Gebäude (AV)	500.000			
Warenbestand (UV)	1.000.000	an	Kasse	900.000
		an	Darlehen	600.000

Übungsaufgabe 3.1: Buchungssätze

Formulieren Sie für die folgenden Geschäftsvorfälle die Buchungssätze:

1) Kauf einer Bohrmaschine für 2.500 € auf Ziel.
2) Banküberweisung zum Ausgleich einer Verbindlichkeit aLuL in Höhe von 8.000 €.
3) Umwandlung einer Verbindlichkeit aLuL in Höhe von 100.000 € in ein Darlehen mit einer Laufzeit von fünf Jahren.
4) Ein Kunde bezahlt eine offene Rechnung in bar in Höhe von 500 €.
5) Barabhebung von der Bank in Höhe von 2.000 €.

1)	Maschine	2.500	an	Verb. aLuL	2.500
2)	Verb. LuL	8.000	an	Verb. a. tat Bank	8.000
3)	Verb. aLuL	100.000	an	langf. Verb	100.000
4)	Kasse	500	an	Ford. aLuL	500
5)	Kasse	2.000	an	Bank	2.000

Die Lösung finden Sie unter www.uvk-lucius.de/schritt-fuer-schritt

3.4 Abschließen der Bestandskonten

Wenn alle Geschäftsvorfälle eines Jahres gebucht sind, sind die Bestandskonten abzuschließen, um die Endbestände zu ermitteln, die dann in die Bilanz einfließen. Das Schlussbilanzkonto (SBK) dient dem buchungstechnischen Abschluss der Konten. Dabei werden alle Schlussbestände (Salden) der einzelnen Bestandskonten auf dem Schlussbilanzkonto gegengebucht. Anhand des Schlussbilanzkontos wird die Bilanz entwickelt, die nach einem bestimmten Schema gegliedert ist.

Der Schlussbestand wird als **Saldo** bezeichnet. Er ergibt sich aus der Differenz Anfangsbestand + Zugänge – Abgänge. Der Schlussbestand wird auf die **kleinere Kontoseite** gesetzt und gleicht das Konto aus, sodass gilt:

Anfangsbestand + Zugänge = Abgänge + Schlussbestand (Saldo)

Wie schließen Sie ein Bestandskonto ab?

1. Zunächst wird die wertmäßig größere Seite des Kontos addiert und die Kontensumme eingetragen.
2. Die Kontensumme der größeren Seite wird auch auf die andere Kontenseite übertragen.
3. Die Differenz der Kontensumme zur kleineren Seite wird errechnet und auf dem Konto gebucht. Diese Differenz wird **Saldo** genannt und stellt den Schlussbestand eines Kontos dar.
4. Die Gegenbuchung des Saldos erfolgt auf dem Konto „Schlussbilanzkonto" (SBK).

Beispiel: Abschluss von Bestandskonten

S	Kasse		H
AB	10.000	Abgang	3.000
Zugang	1.000	Abgang	1.000
Zugang	2.000	**Saldo**	9.000
Summe	13.000	Summe	13.000

S	Verbindlichkeiten aLuL		H
Abgang	20.000	AB	51.000
Abgang	6.000	Zugang	10.000
Saldo	35.000		
Summe	61.000	Summe	61.000

S	Bank		H
AB	20.000	Abgang	5.000
Zugang	3.000	Abgang	3.000
Zugang	2.000	**Saldo**	17.000
Summe	25.000	Summe	25.000

S	Darlehen		H
Abgang	10.000	AB	50.000
Saldo	40.000		
Summe	50.000	Summe	50.000

⇩   ⇩

Soll	Schlussbilanzkonto (SBK)		Haben
Kasse	9.000	Verbindlichkeiten aLuL	35.000
Bank	17.000	Darlehen	40.000
...		...	

Aktiva	Schlussbilanz		Passiva
Kasse	9.000	Verbindlichkeiten aLuL	35.000
Bank	17.000	Darlehen	40.000
...		...	

Buchungen zum Abschließen der aktiven Bestandskonten:

Schlussbilanzkonto (SBK)	an	aktives Bestandskonto
Beispiel:		
Schlussbilanzkonto (SBK)	an	Kasse

Buchungen zum Abschließen der passiven Bestandskonten:

Passives Bestandskonto	an	Schlussbilanzkonto (SBK)
Beispiel:		
Verbindlichkeiten aLuL	an	Schlussbilanzkonto (SBK)

Die zum Abschlussstichtag ermittelten Salden der Bestandskonten stellen die buchmäßigen Endbestände dar. Diese sind mit den Ergebnissen der Inventur zu vergleichen. Falls Abweichungen zwischen den beiden Größen bestehen, so ist der buchmäßige Endbestand zwingend an den Inventurwert anzupassen, da die tatsächlich vorhandenen Bestände für die Übernahme in die Schlussbilanz maßgeblich sind. Gründe für die Abweichungen können z. B. Diebstahl, Schwund oder Verderb sein.

Übungsaufgabe 3.2: Verbuchung von Geschäftsvorfällen

Es liegt Ihnen folgende Eröffnungsbilanz vor:

Aktiva		Eröffnungsbilanz zum 01.01.01	Passiva	
Anlagevermögen		**Eigenkapital**		
Maschinen	90.000	Eigenkapital	50.000	
Betriebs- und Geschäftsausstattung	20.000			
Umlaufvermögen				
Waren	75.000	**Fremdkapital**		
Forderungen aLuL	35.000	Darlehen	150.000	
Bank	15.000	Verbindlichkeiten aLuL	40.000	
Kasse	5.000			
	240.000		240.000	

Geschäftsvorfälle

1) Barabhebung von der Bank 5.000 €.
2) Kauf von Waren auf Ziel für 10.000 €.
3) Ein Kunde zahlt uns seine Rechnung (Ausgangsrechnung) über 2.000 € in bar.
4) Kauf einer Maschine auf Ziel für 18.000 €.
5) Tilgung eines Bankdarlehens durch Banküberweisung in Höhe von 10.000 €.
6) Ein Kunde bezahlt unsere Forderung aLuL in Höhe von 20.000 € per Banküberweisung.

Aufgabe

1) Bilden Sie die Buchungssätze für die Geschäftsvorfälle.
2) Buchen Sie die Geschäftsvorfälle auf den T-Konten.
3) Schließen Sie die Konten über das Schlussbilanzkonto ab.

1) Tragen Sie die Buchungssätze in die Tabelle ein.

1)		an		
2)		an		
3)		an		
4)		an		
5)		an		
6)		an		

2) Tragen Sie die Buchungssätze in die folgenden Konten ein.

S	Kasse	H
AB		
Summe	Summe	

S	Bank	H
AB		
Summe	Summe	

S	Waren	H
AB		
Summe	Summe	

S	Verbindlichkeiten aLuL	H
	AB	
Summe	Summe	

S	Forderungen aLuL	H
AB		
Summe	Summe	

S	Maschinen	H
AB		
Summe	Summe	

S	Darlehen	H
	AB	
Summe	Summe	

S		H
Summe	Summe	

3) Tragen Sie die Salden in das Schlussbilanzkonto ein.

Soll	Schlussbilanzkonto zum 31.12.01	Haben
Maschinen	Eigenkapital	
Betriebs- u. Geschäftsausstattung		
Waren		
Forderungen aLuL	Darlehen	
Bank	Verbindlichkeiten aLuL	
Kasse		

Die Lösung finden Sie unter www.uvk-lucius.de/schritt-fuer-schritt

3.5 Merkregeln für die Buchungen

Jede Buchung folgt dem Schema „**Sollbuchung an Habenbuchung**".

Buchungsregeln für Bestandskonten

▦ Die Bilanz besteht aus aktiven und passiven Bestandskonten.

▦ Keine Buchung ohne betragsgleiche Gegenbuchung (Doppik), d. h. im Rahmen der doppelten Buchführung wird jeder Geschäftsvorfall zweimal (doppelt) gebucht:

▦ einmal auf der Sollseite und

▦ einmal auf der Habenseite.

▦ Im Buchungssatz wird **zuerst** das Konto genannt, auf dem im **Soll** zu buchen ist und **dann** das Konto, auf dem im **Haben** zu buchen ist.

▦ Die Anfangsbestände (AB) werden bei der Eröffnung des Kontos am Anfang des Jahres auf der Seite eingetragen, auf der sie in der Bilanz stehen (links oder rechts).

▦ Die Zugänge stehen auf der Seite der Anfangsbestände (AB), da sie die Bestände vergrößern.

▦ Die Abgänge stehen auf der entgegengesetzten Seite wie die Zugänge.

▦ Aktivkonten: Anfangsbestand und Zugänge im Soll, Abgänge im Haben.

▦ Passivkonten: Anfangsbestand und Zugänge im Haben, Abgänge im Soll.

▦ Für das Schlussbilanzkonto (SBK), welches am Ende des Geschäftsjahres zur Bilanzaufstellung eröffnet wird, wird bei jedem aktiven und passiven Bestandskonto jeweils eine Abrechnung gemacht, wobei auf jedem Konto auf der Soll- und der Habenseite der gleiche Betrag stehen muss. Um dies zu erreichen, wird auf der kleineren Seite der fehlende Betrag (= Saldo = Schlussbestand) zum Ausgleich gutgeschrieben. Die Gegenbuchung der Schlussbestände erfolgt auf dem Schlussbilanzkonto (SBK).

Vor jeder Buchung sollten Sie folgende Überlegungen anstellen:

1) Welche Konten werden durch den Geschäftsvorfall berührt?

2) Handelt es sich um Aktiv- oder Passivkonten?

3) Liegt ein Zugang (+) oder ein Abgang (–) auf dem jeweiligen Konto vor?

4) Sind eventuell auf beiden Seiten Zugänge oder Abgänge zu buchen?

5) Auf welcher Kontenseite ist demnach jeweils zu buchen?

6) Es wird immer zuerst im Soll und dann im Haben gebucht.

Übungsaufgaben 3.3, 3.4 und 3.5

Alle Aufgaben und Lösungen finden Sie unter www.uvk-lucius.de/schritt-fuer-schritt

Eigene Notizen

Schritt 4: Unterkonten des Eigenkapitalkontos

Lernziele

In diesem Kapitel lernen Sie die **Erfolgskonten** (Ertrags- und Aufwandskonten) und **Privatkonten** (Privatentnahmen und Privateinlagen) kennen. Sie werden sehen, wie sich das Eigenkapital durch die Erfolgskonten und die Privatkonten verändert. Außerdem werden Sie die **erfolgswirksamen** Buchungen auf den Unterkonten des Gewinn- und Verlustkontos (Ertrags- und Aufwandskonten) und die **erfolgsneutralen** Buchungen auf den Privatkonten (Privateinlagen/-entnahmen) üben. Ferner sollten Sie am Ende des Kapitels das Eigenkapital und die Eigenkapitalveränderungen als die zentralen Größen des Rechnungswesens verstanden haben.

4.1 Erfolgskonten

Die bisher verbuchten und als erfolgsneutral charakterisierten Geschäftsvorfälle führten nur zu Bestandsänderungen beim Vermögen bzw. bei den Schulden, nicht jedoch zu Veränderungen des Eigenkapitals bzw. des Eigenkapitalkontos. Die bisher betrachteten Geschäftsvorfälle waren sozusagen **erfolgsunwirksam**, d. h. der Betrieb verbuchte weder Gewinn noch Verlust. Der Erfolg wird dabei am Eigenkapital (EK) gemessen, wobei der Begriff „Erfolg" als Oberbegriff für „Gewinn und Verlust" steht. Man unterscheidet drei Erfolgsarten:

1. EK (01.01.) = EK (31.12.)   neutraler Erfolg (Gewinn = 0)

2. EK (01.01.) < EK (31.12.)   positiver Erfolg (Gewinn > 0)

3. EK (01.01.) > EK (31.12.)   negativer Erfolg (Gewinn < 0 = Verlust)

Grundsätzliches zur Wirkung von Eigenkapitalbewegungen

Die Bestandsposition „Eigenkapital" umfasst diejenigen Mittel, die die Eigentümer der Unternehmung (Betriebssphäre) durch Zuführung von außen (Privatsphäre) oder durch Ausschüttungsverzicht zur Verfügung stellen.

Geschäftsvorfälle, die bilanziell eine Wirkung als Aktiv-Passiv-Mehrung, Aktiv-Passiv-Minderung oder Passiv-Tausch haben, können dabei die Bestandshöhe des Eigenkapitals beeinflussen.

Daraus folgen zwei zu betrachtende Geschäftsvorfälle:

▪ erfolgsunwirksame Geschäftsvorfälle	→	Eigenkapital (EK) bleibt unberührt
▪ erfolgswirksame Geschäftsvorfälle	→	Eigenkapital (EK) wird verändert; Erhöhung/Minderung des EK

Eine Veränderung des Eigenkapitals kann auf zwei Ursachen zurückgeführt werden:

1. **Private Transaktionen** des Unternehmers:
   Die **Privatentnahmen** verringern das Vermögen und das Eigenkapital eines Unternehmens.

Die **Privateinlagen** dagegen erhöhen das Vermögen und das Eigenkapital eines Unternehmens. Dabei handelt es sich um **erfolgsneutrale** Vorgänge, da sie nicht das Ergebnis (Gewinn oder Verlust) eines Unternehmens beeinflussen.

2. **Aufwendungen** und **Erträge** als wesentliche Größen, die den Erfolg eines Unternehmens ausmachen, diese sind **erfolgswirksam,** da sie das Unternehmensergebnis (Gewinn oder Verlust) beeinflussen.

An dieser Stelle ist es angebracht, sich nochmals an die **Stromgrößen** zu erinnern, siehe Kapitel 1.7.2, Seite 29 ff., und die Unterschiede zwischen

- Auszahlung – Ausgabe – Aufwand – Kosten
  und
- Einzahlung – Einnahme – Ertrag – Leistung

ins Gedächtnis zu rufen.

Der Ertrag ist ein Wertzuwachs und der Aufwand stellt einen Wertverzehr in einer Periode dar. Der Erfolg (Gewinn oder Verlust) einer Periode resultiert aus der Differenz zwischen Erträgen und Aufwendungen.

Sowohl erfolgswirksame Vermögensänderungen (Aufwendungen und Erträge) als auch erfolgsneutrale Vermögensänderungen (Privatentnahme und -einlagen) ändern das passive Bestandskonto Eigenkapital.

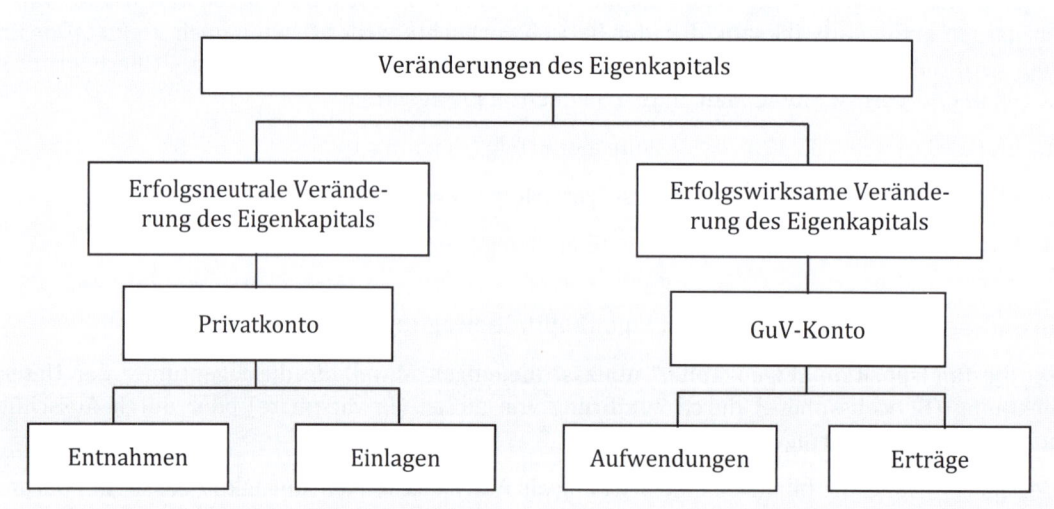

Abb. 4.1: Einflussfaktoren auf das Eigenkapital

Soll	**Eigenkapitalkonto**	Haben
Minderungen: • Aufwendungen • Privatentnahmen **Endbestand** (Saldo)	Anfangsbestand Mehrungen: • Erträge • Privateinlagen	

Die **Erfolgskonten**, die das Eigenkapital erhöhen bezeichnet man als **Ertragskonten** und die-jenigen Konten, die das Eigenkapital verringern werden **Aufwandskonten** genannt. Erträge werden auf den Erfolgskonten im Haben und Aufwendungen im Soll gebucht. Am Ende des Geschäftsjahres werden diese Erfolgskonten ebenfalls saldiert, jedoch nicht über das Schluss-bilanzkonto (SBK), sondern über das **GuV-Konto** abgeschlossen. Hier werden die Salden wieder auf der entgegengesetzten Seite gebucht, wie sie auf den Erfolgskonten stehen. Danach wird das GuV-Konto über das Eigenkapitalkonto abgeschlossen.

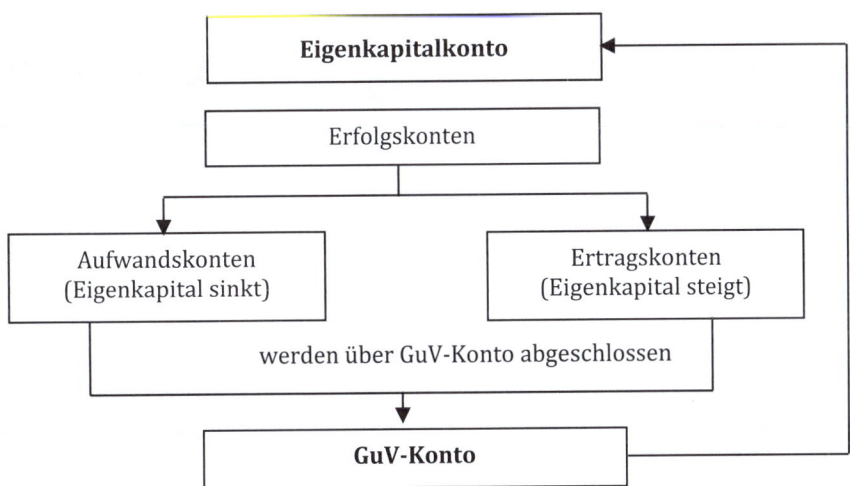

Abb. 4.2: Abschluss des GuV-Kontos über das Eigenkapitalkonto

Die Erfolgskonten lassen sich nicht wie die Bestandskonten aus der Eröffnungsbilanz ableiten, sondern werden je nach Bedarf eingerichtet und haben **keinen Anfangsbestand**.

Erfolgswirksame Unterkonten des Eigenkapitals:

S	Aufwandskonten	H	S	Ertragskonten	H
Aufwendungen	Erstattungen und Stornierungen Saldo = Summe der effektiven Aufwen-dungen		Erstattungen und Stornierungen Saldo = Summe der effektiven Erträge	Erträge	

Kontengleichungen:

- Aufwendungen – (Erstattungen und Stornierungen) = Summe der effektiven Aufwendungen
- Erträge – (Erstattungen und Stornierungen) = Summe der effektiven Erträge

Erfolgsneutrale Unterkonten des Eigenkapitals:

S	Privatentnahmen	H	S	Privateinlagen	H
Entnahmen				Einlagen	

Berechnung des Eigenkapitals:

	Eigenkapital am Anfang des Geschäftsjahres
+	Privateinlage
-	Privatentnahme
+	Gewinn aus dem laufenden Geschäftsjahr
-	Verlust aus dem laufenden Geschäftsjahr
=	**Eigenkapital am Ende des Geschäftsjahres**

4.1.1 Aufwendungen

Aufwendungen stellen den gesamten **Werteverzehr an Gütern, Dienstleistungen und Abgaben** dar, die zu einer **Verminderung eines Vermögenspostens** (z. B. Roh-, Hilfs- und Betriebsstoffe, Maschinen, Bankguthaben) führen und damit zu einer Verminderung des Eigenkapitals.

Buchungsregel für Aufwandskonten:

Aufwendungen werden **immer** auf der **Soll-Seite** (linke Seite des Kontos) gebucht, da sie das Eigenkapital verkleinern (EK-Minderungen). Stornierungen und Erstattungen sind auf der Haben-Seite (rechte Seite des Kontos) zu erfassen. Der Saldo wird gegen das Gewinn- und Verlustkonto abgeschlossen.

Typische Aufwendungen sind beispielsweise

- Büromaterial,
- Verbrauch von Roh-, Hilfs- und Betriebsstoffen (RHB-Stoffe),
- Verbrauch von unfertigen Erzeugnissen, Vorprodukten, Fremdteilen,
- Personalaufwand (Löhne, Gehälter, Sozialabgaben etc.),
- Zinsaufwendungen (Kredit- und Überziehungszinsen),
- Fahrzeugkosten,
- Porto und Telefon,
- Mietaufwand (Mietzahlungen für gemietete Räumlichkeiten),
- Ausgaben für Werbung , Kfz-Steuer, Grundsteuer,
- Rechts- und Beratungskosten,
- Abschreibungen (Werteverzehr beim abnutzbaren Anlagevermögen) und
- außerordentliche Aufwendungen (z. B. Diebstahl, Schwund, Verderb).

4.1.2 Erträge

Erträge bezeichnen die Mehrungen des Erfolges durch die Erstellung, die Bereitstellung oder den Absatz von Gütern und Dienstleistungen. Stammt der Ertrag aus dem Prozess der betrieblichen Leistungserstellung und -verwertung, so handelt es sich um einen **Betriebsertrag**, andernfalls wird er als **neutraler Ertrag** bezeichnet. Erträge erhöhen das Eigenkapital.

Buchungsregel für Ertragskonten:

Erträge werden **immer** auf der **Haben-Seite** (rechte Seite des Kontos) gebucht, da sie das Eigenkapital vergrößern (EK-Mehrungen). Dagegen werden Stornierungen und Erstattungen auf der Soll-Seite (linke Seite des Kontos) erfasst. Der Saldo wird gegen das Gewinn- und Verlustkonto abgeschlossen.

Typische Erträge sind beispielsweise

– Umsatzerlöse aus dem Warenverkauf oder Dienstleistungen,
– sonstige Erlöse (Verkauf von Sachanlagen über Buchwert),
– Zinserträge,
– Provisionserträge,
  Mieterträge aus vermieteten Räumlichkeiten,
– Beteiligungserträge,
– Wertzuwachs bei Anlagevermögen, Umlaufvermögen und
– außerordentliche Erträge.

Beispiel: Verschiedene Erfolgsbuchungen

a) **Aufwendungen für Löhne und Gehälter**
   Es werden die Löhne in Höhe von 40.000 € vom Bankkonto überwiesen.

Lohnaufwand	40.000	an	Bank	40.000

b) **Aufwendungen für Abschreibungen des Anlagevermögens**
   Es werden das Gebäude (30.000 €), der Fuhrpark (50.000 €), die BGA (15.000 €), die alle betrieblich genutzt werden, abgeschrieben. Mit der Abschreibung wird der Werteverzehr der Vermögensgegenstände erfasst.

Abschreibungen	95.000	an	Gebäude	30.000
		an	Fuhrpark	50.000
		an	BGA	15.000

c) **Aufwendungen für Miete, Büromaterial und RHB-Stoffe**
   Es wird die Miete in Höhe von 12.000 € vom Bankkonto überwiesen:

Mietaufwand	12.000	an	Bank	12.000

Es wird Büromaterial für insgesamt 2.000 € in bar eingekauft. Das Büromaterial wird normalerweise sofort verbraucht, daher wird es als Aufwand gebucht.

Büroaufwand	2.000	an	Kasse	2.000

Beim Einkauf werden die RHB-Stoffe normalerweise zunächst auf den Bestandskonten erfasst. Es wurden Rohstoffe für 10.000 € und Hilfsstoffe für 3.000 € auf Ziel eingekauft.

Rohstoffe	10.000			
Hilfsstoffe	3.000	an	Verbindlichkeiten aLuL	13.000

Werden die RHB-Stoffe für die Produktion mithilfe von Materialentnahmescheinen vom Lager entnommen, so werden sie nach der Art des Aufwands auf die Sollseite der entsprechenden Aufwandskonten gebucht. Gleichzeitig wird ein Abgang auf der Haben-Seite des jeweiligen Bestandskontos gebucht. Es werden Rohstoffe in Höhe von 10.000 € und Hilfsstoffe in Höhe von 5.000 € verbraucht.

Rohstoffaufwendungen	10.000	an	Rohstoffe	10.000
Hilfsstoffaufwendungen	5.000	an	Hilfsstoffe	5.000

Falls der Materialverbrauch mithilfe der Inventur erst am Ende des Abrechnungszeitraumes ermittelt und gebucht wird, so wird der Verbrauch wie folgt ermittelt:

Verbrauch = Anfangsbestand + Zugänge – Endbestand laut Inventur

S	Material	H	S	Materialaufwand	H
AB Zugänge	SB laut Inventur **Saldo (=Verbrauch)**		Verbrauch	Saldo	

d) Erträge durch Verkaufserlöse und Zinserträge

Die Erlöse für die verkauften Erzeugnisse bzw. Waren stellen für die Unternehmen den eigentlichen Ertrag dar. Sie werden auf dem Ertragskonto „Umsatzerlöse" im Haben gebucht und per Saldo über das GuV-Konto abgeschlossen.

Die Buchung beim Verkauf von Waren auf Ziel für 10.000 € lautet:

Forderungen aLuL	10.000	an	Umsatzerlöse	10.000

Der Eingang von Zinsen in Höhe von 2.000 € eines Darlehensnehmers auf dem Bankkonto des Darlehensgebers:

Bank	2.000	an	Zinserträge	2.000

Merke

Für alle Unterkonten des Eigenkapitalkontos gelten die gleichen Buchungsregeln wie für das Hauptkonto selbst: Wie bei allen Passivkonten stehen die Minderungen (Aufwendungen) im Soll, die Mehrungen (Erträge) im Haben.

Übungsaufgabe 4.1: Erfolgskonten

Geben Sie die Buchungssätze für die folgenden Geschäftsvorfälle an:

1) Wir zahlen per Banküberweisung die Energiekosten für den Monat Mai in Höhe von 800 €.

2) Wir erhalten eine Zinsgutschrift in Höhe von 120 € von der Bank.

3) Wir bezahlen die Reparatur für den Firmen-Pkw in Höhe von 400 € in bar.

4) Wir erhalten eine Zinslastschrift für ein Bankdarlehen in Höhe von 300 €.

Tragen Sie die Buchungssätze in der folgenden Tabelle ein.

1)		an	
2)		an	
3)		an	
4)		an	

Die Lösung finden Sie unter www.uvk-lucius.de/schritt-fuer-schritt

Übungsaufgabe 4.2 und 4.3

Alle Aufgaben und Lösungen finden Sie unter www.uvk-lucius.de/schritt-fuer-schritt

4.1.3 Bestandsveränderungen an fertigen und unfertigen Erzeugnissen

Während eines Geschäftsjahres werden in der Regel nicht alle selbst erstellten Güter verkauft oder es werden mehr Güter verkauft als hergestellt wurden. Beim Vergleich der Anfangsbestände mit den Schlussbeständen können sich folgende drei Möglichkeiten ergeben:

- Anfangsbestand = Schlussbestand, d. h. keine Bestandsveränderung
- Schlussbestände > Anfangsbestände, d. h. eine Bestandsmehrung (Ertrag)
- Schlussbestände < Anfangsbestände, d. h. eine Bestandsminderung (Aufwand)

Für die Erfassung der **Bestandsveränderungen (BV)** (Mehr- oder Minderbestände an fertigen Erzeugnissen (FE)und unfertigen Erzeugnissen (UFE)) wird das Erfolgskonto **„Bestandsveränderungen"** eingerichtet, dessen Saldo auf das GuV-Konto übertragen wird.

Beispiel: Bestandsveränderungen

Unfertige Erzeugnisse	AB = 30.000	SB = 22.000	Minderbestand
Fertige Erzeugnisse	AB = 50.000	SB = 65.000	Mehrbestand

S	Unfertige Erzeugnisse		H
AB	30.000	SB	22.000
		BV	8.000
	30.000		30.000

S	Fertige Erzeugnisse		H
AB	50.000	SB	65.000
BV	15.000		
	65.000		65.000

S	Bestandsveränderungen (BV)		H
Unfertige Erzeugnisse	8.000	Fertige Erzeugnisse	15.000
GuV (Saldo)	7.000		
	15.000		15.000

S	GuV-Konto		H
		BV	7.000

S	SBK		H
UFE	22.000		
FE	65.000		

4.2 Gewinn- und Verlustkonto als Abschlusskonto der Erfolgskonten

Aufwendungen und Erträge werden während einer Buchungsperiode auf gesonderten Einzelkonten getrennt erfasst. Der Abschluss dieser Erfolgskonten erfolgt nicht direkt zum Bestandskonto Eigenkapital. Hier wird das sogenannte **Gewinn- und Verlustkonto** zwischengeschaltet. Es ist ein Unterkonto des Eigenkapitalkontos. Auf ihm werden die Aufwendungen den Erträgen gegenübergestellt. Der Saldo ist entweder der Gewinn oder der Verlust. Nur dieser Saldo wird auf das Eigenkapitalkonto übertragen bzw. abgeschlossen.

Im Falle des Überschusses der Erträge über die Aufwendungen entsteht ein Sollsaldo, der den positiven wirtschaftlichen Erfolg des Unternehmens im Sinne eines **Gewinnes** darstellt (EK-Zugang).

Im Falle des Überschusses der Aufwendungen über die Erträge entsteht ein Habensaldo, der den negativen wirtschaftlichen Erfolg des Unternehmens im Sinne eines **Verlustes** darstellt (EK-Abgang).

Die Bestands- und Erfolgskonten bilden in der Buchführung je einen eigenen Kontenkreis, dabei stellt das **Eigenkapitalkonto** das **Bindeglied** beider Kreise dar. Für die Unterkonten gelten die gleichen Buchungsregeln wie für die Hauptkonten. Die nächste Abbildung zeigt das GuV-Konto mit einem Gewinnausweis.

S Gewinn- und Verlustkonto H	
Aufwendungen (Eigenkapitalminderung)	Erträge (Eigenkapitalerhöhung)
Saldo (Gewinn)	
Summe	Summe

Bei Verlust sind die Aufwendungen größer als die Erträge. Der Saldo steht dann auf der Habenseite.

S Gewinn- und Verlustkonto H	
Aufwendungen (Eigenkapitalminderung)	Erträge (Eigenkapitalerhöhung)
	Saldo (Verlust)
Summe	Summe

Im Rahmen des Jahresabschlusses wird der im Gewinn- und Verlustkonto ausgewiesene Saldo (Gewinn oder Verlust) auf das Eigenkapitalkonto übertragen.

Buchung bei Gewinn:

Gewinn- und Verlustkonto | an | Eigenkapital

Buchung bei Verlust:

Eigenkapital | an | Gewinn- und Verlustkonto

Merke

Aufwands- und Ertragskonten haben keine Anfangsbestände. Erträge und Aufwendungen fallen nur an, wenn gerade eben ein Erfolgsvorgang stattfindet, er lässt sich nicht in die nächste Periode übertragen.

Überblick über das System der doppelten Buchführung

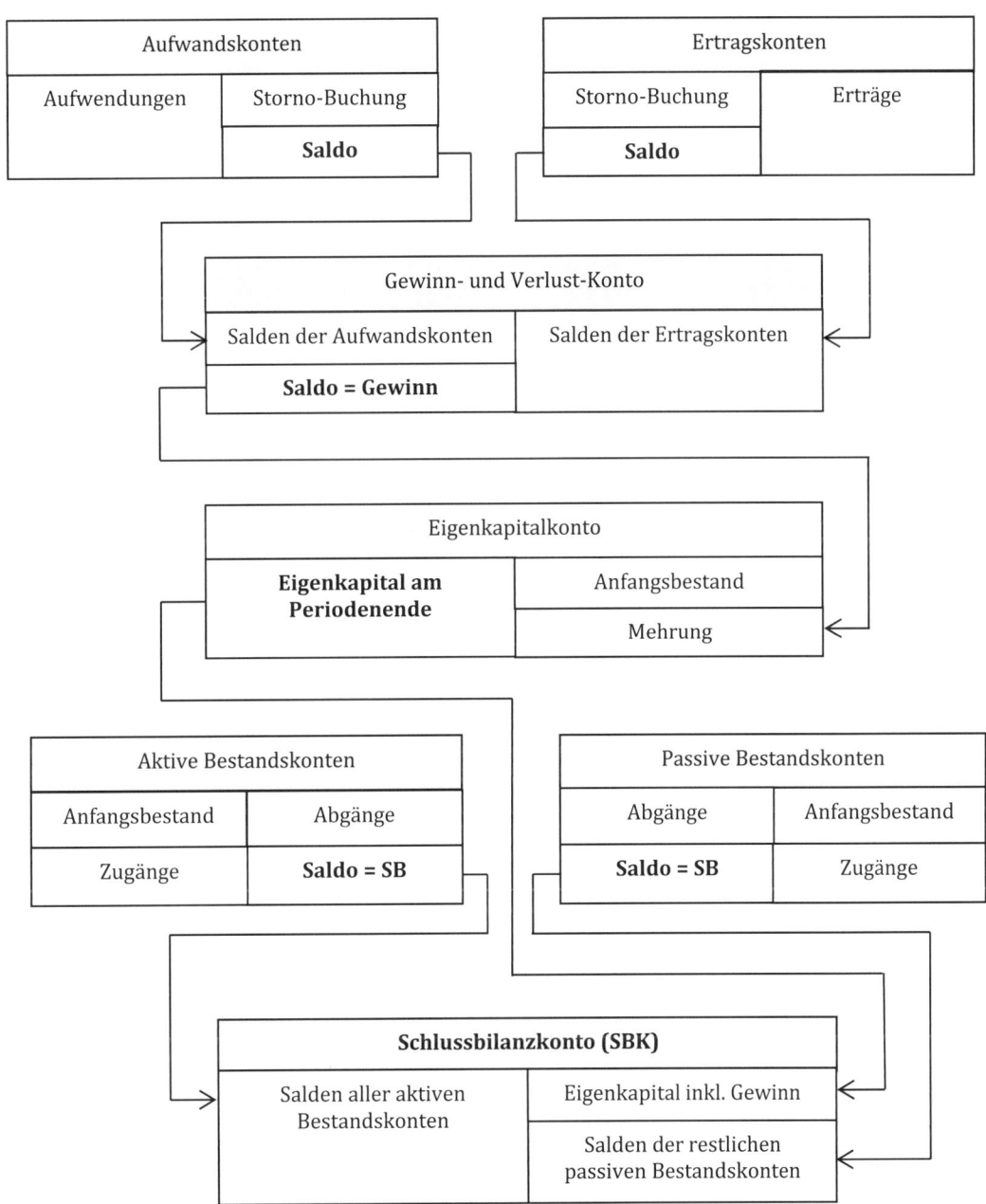

Abb. 4.3: System der doppelten Buchführung

4.3 Gewinn- und Verlustrechnung (GuV)

Im Jahresabschluss kann die Gewinn- und Verlustrechnung in der **Kontoform** (Gegenüberstellung der Erträge und Aufwendungen als Gesamtblock) oder in der **Staffelform** (fortschreitende Anordnung der Erträge – ausgehend von den Umsatzerlösen – und der Aufwendungen) aufgestellt werden. In der Gewinn- und Verlustrechnung werden die Aufwendungen und Erträge für einen **bestimmten Zeitraum** erfasst. Die Staffelform lässt die Zusammensetzung des Unternehmenserfolgs besser erkennen, da Zwischenergebnisse ausgewiesen werden.

Kapitalgesellschaften und publizitätspflichtige Kaufleute bzw. Personenhandelsgesellschaften haben bei der Gewinn- und Verlustrechnung die Vorschriften der §§ 275 - 278 HGB zu beachten. Gemäß § 275 Abs. 1 Satz 1 HGB ist die GuV in **Staffelform** nach dem

- Gesamtkostenverfahren (§ 275 Abs. 2 HGB) oder dem
- Umsatzkostenverfahren (§ 275 Abs. 3 HGB)

aufzustellen.

Beim **Gesamtkostenverfahren** (Produktionserfolgsrechnung) werden sämtliche Erträge, die in einer Periode erwirtschaftet wurden (Umsatzerlöse, Bestandserhöhung der unfertigen und fertigen Erzeugnisse sowie andere aktivierte Eigenleistungen), den in dieser Periode angefallenen Aufwendungen (auch vom Lager entnommene unfertige Erzeugnisse und verkaufte Fertigerzeugnisse) gegenübergestellt. Das **Umsatzkostenverfahren** (Absatzerfolgsrechnung) erfasst nur die Erfolgskomponenten, die mit der Erzielung von Umsatzerlösen zusammenhängen. Die beiden Verfahren führen grundsätzlich zum selben Betriebsergebnis und zum selben Jahresüberschuss/Jahresfehlbetrag.

Grundaufbau des (verkürzten) Gesamtkostenverfahrens	
	Umsatzerlöse (Erträge)
+/-	Erhöhung/Verminderung des Bestandes an fertigen und unfertigen Erzeugnissen
+	andere aktivierte Eigenleistungen (z. B. selbsterstellte Maschine oder Gebäude)
=	**Gesamtleistung***
+	sonstige betriebliche Erträge
=	**Betriebsleistung***
-	Materialaufwand
=	**Rohergebnis***
-	Personalaufwand
-	Abschreibungen
-	sonstige betriebliche Aufwendungen
=	**Betriebsergebnis***
+/-	Finanzergebnis (Erträge und Aufwendungen aus dem Finanzbereich)
=	**Ergebnis der gewöhnlichen Geschäftstätigkeit***
-	Steuern vom Einkommen und Ertrag
=	Ergebnis nach Steuern
-	sonstige Steuern
=	**Jahresüberschuss/Jahresfehlbetrag**

* = diese Posten werden im GuV-Schema des § 275 Abs. 2 HGB nicht explizit ausgewiesen.

Grundaufbau des (verkürzten) Umsatzkostenverfahrens	
	Umsatzerlöse
-	Herstellungskosten der zur Erzielung der Umsatzerlöse erbrachten Leistungen
=	**Bruttoergebnis vom Umsatz**
-	Vertriebskosten
-	allgemeine Verwaltungskosten
+	sonstige betriebliche Erträge
-	sonstige betriebliche Aufwendungen
=	**Betriebsergebnis***
+/-	Finanzergebnis (Erträge und Aufwendungen aus dem Finanzbereich)
=	**Ergebnis der gewöhnlichen Geschäftätigkeit***
-	Steuern vom Einkommen und Ertrag
=	Ergebnis nach Steuern
-	sonstige Steuern
=	**Jahresüberschuss/Jahresfehlbetrag**

* = diese Posten werden im GuV-Schema des § 275 Abs. 3 HGB nicht explizit ausgewiesen.

Das **Rohergebnis** nach dem Umsatzkostenverfahren setzt sich aus dem „Bruttoergebnis vom Umsatz" und den „sonstigen betrieblichen Erträgen" zusammen.

> **Merke**
>
> Das Betriebsergebnis und auch der Jahresüberschuss/Jahresfehlbetrag sind immer identisch, egal ob sie nach dem Gesamt- oder dem Umsatzkostenverfahren ermittelt werden.

4.3.1 Erfolgsermittlung

Den Erfolg (Gewinn/oder Verlust) eines Unternehmens für einen bestimmten Zeitraum können Sie auf zwei verschiedene Arten ermitteln:

1. **Erfolg durch Eigenkapitalvergleich** (Betriebsvermögensvergleich)

	Eigenkapital am Ende des Geschäftsjahres
-	Eigenkapital am Anfang des Geschäftsjahres
+	Privatentnahmen der Inhaber
-	Privateinlagen der Inhaber
=	**Gewinn/Verlust (Unternehmenserfolg des Geschäftsjahres)**

2. **Gewinn- und Verlustrechnung**

	Erträge
-	Aufwendungen
=	**Gewinn/Verlust (Unternehmenserfolg des Geschäftsjahres)**

4.3.2 Handelsrechtliche Gewinnbegriffe

Es werden die Gewinnbegriffe „Jahresüberschuss/Jahresfehlbetrag" und „Bilanzgewinn/-verlust" benutzt.

Der **Jahresüberschuss/Jahresfehlbetrag** stellt den Gewinn/Verlust eines Geschäftsjahres nach Steuern dar.

Der **Bilanzgewinn** ist der Betrag, der nach teilweiser Verwendung des Jahresergebnisses durch die Unternehmensleitung, den Anteilseignern zur Ausschüttung, zur Verfügung gestellt wird.

Wie wird der Bilanzgewinn/Bilanzverlust ermittelt?

	Jahresüberschuss/-fehlbetrag
+	Gewinnvortrag
-	Verlustvortrag
+	Entnahmen aus den Rücklagen
-	Zuführung zu den Rücklagen
=	**Bilanzgewinn/-verlust**

4.4 Privatkonten

Während das Gewinn- und Verlustkonto als Sammelkonto aller Aufwands- und Ertragskonten das Unterkonto des Eigenkapitalkontos für alle unternehmensbedingten (erfolgswirksamen) Kapitaländerungen ist, hat das **Privatkonto** mit den Unterkonten Privateinlagen und Privatentnahmen die Aufgabe, alle privat verursachten Kapitalveränderungen festzuhalten. Privatkonten findet man nur bei Einzelkaufleuten und Personengesellschaften.

Das Privatkonto hat keinen eigenen Anfangsbestand. Auf der Sollseite werden die Privatentnahmen und auf der Habenseite werden die Privateinlagen gebucht.

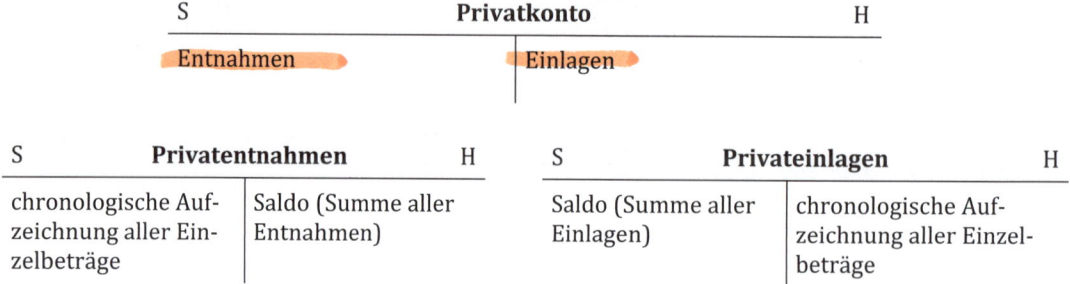

S	Privatkonto		H
Entnahmen		Einlagen	

S	Privatentnahmen	H	S	Privateinlagen	H
chronologische Aufzeichnung aller Einzelbeträge	Saldo (Summe aller Entnahmen)		Saldo (Summe aller Einlagen)	chronologische Aufzeichnung aller Einzelbeträge	

In der Praxis werden oft mehrere Privatentnahmekonten geführt, die eine spätere Herausrechnung bestimmter Posten (wie z. B. Barentnahmen, Sachentnahmen, Privatsteuern, steuerlich abzugsfähige Sonderausgaben) ersparen sollen. Bei Personengesellschaften hat jeder Gesellschafter i. d. R. mehrere Privatkonten. Abgeschlossen werden die Privatkonten unmittelbar über das Eigenkapitalkonto, bzw. mittelbar, wenn vorher noch ein **Privatsammelkonto** zur Zusammenfassung der verschiedenen Privatkonten eingeschaltet wird, das dann seinerseits mit seinem Saldo auf das Eigenkapitalkonto übertragen wird.

Merke

Privatentnahmen führen immer zu einer Bilanzverkürzung, da sich nicht nur der Bestand eines Aktivkontos verringert, sondern auch das Eigenkapital.

Beispiel: Buchungsbeispiele für Privatkonto

a) Entnahme von Bargeld für private Zwecke: 1.000 €

| Privat | | 1.000 | an | Kasse | | 1.000 |

b) Der Unternehmer zahlt einen Lottogewinn von 5.000 € auf das betriebliche Bankkonto ein.

| Bank | | 5.000 | an | Privat | | 5.000 |

c) Abschluss des Privatkontos

| Privat | | 4.000 | an | Eigenkapital | | 4.000 |

S	Privat			H		S	Eigenkapital			H
a) Kasse	1.000	b) Bank	5.000			**Saldo**	34.000	AB	30.000
c) EK (**Saldo**)	4.000							c)	4.000
	5.000		5.000				34.000		34.000

Die Buchungen auf dem Privatkonto machen die Buchführung übersichtlicher und erleichtern die Abstimmung der Gewinnermittlung durch Kapitalvergleich mit den Konten.

Beispiel: Abschluss der Erfolgskonten über das GuV-Konto

Es werden sämtliche Geschäftsvorfälle vom vorhergehenden Beispiel übernommen. Zusätzlich sind Aufwendungen in Höhe von 3.000 € und Umsatzerlöse in Höhe von 5.000 € angefallen, die zunächst über das GuV-Konto abgeschlossen werden.

d) Buchungen auf das GuV-Konto

GuV-Konto		3.000	an	Aufwendungen	3.000
Umsatzerlöse		5.000	an	GuV-Konto	5.000

S	Privatkonto			H		S	GuV-Konto			H
a) Kasse	1.000	b) Bank	5.000			d) Aufwand	3.000	d) Erlöse	5.000
c) EK (**Saldo**)	4.000					Gewinn (**Saldo**)	2.000		
	5.000		5.000				5.000		5.000

S	Eigenkapital		H
Saldo	36.000	AB	30.000
		Privat	4.000
		GuV-Konto	2.000
	36.000		36.000

Beim Abschluss des Privatkontos gibt es zwei Fälle:

Fall 1: Privatentnahmen > Privateinlagen

Eigenkapitalminderung

Buchungssatz: Eigenkapital an Privatkonto

Fall 2: Privateinlagen > Privatentnahmen

Eigenkapitalmehrung

Buchungssatz: Privatkonto an Eigenkapital

Gewinnermittlung

	Eigenkapital am Ende der Rechnungsperiode		36.000 €
-	Eigenkapital am Anfang der Rechnungsperiode	-	30.000 €
=	**Kapitalmehrung**	=	**6.000 €**
+	Privatentnahmen der Inhaber	+	1.000 €
-	Privateinlagen der Inhaber	-	5.000 €
=	**Unternehmenserfolg** (Gewinn)	=	**2.000 €**

> **Merke**
> Das Eigenkapital wird beeinflusst durch
> - das Ergebnis der unternehmerischen Tätigkeit (GuV-Konto) sowie vom
> - Privatkonto, d. h. den Privat**entnahmen** und Privat**einlagen.**

Zusammenfassung Erfolgskonten

- Aufwands- und Ertragskonten sind Erfolgskonten.

- Aufwands- und Ertragskonten haben nie einen Anfangsbestand.

- Das GuV-Konto ist das Abschlusskonto aller Erfolgskonten. Es sammelt auf der Sollseite alle Aufwendungen und auf der Habenseite alle Erträge.

- Der Saldo ergibt den Gewinn oder Verlust der Rechnungsperiode, der dem Eigenkapitalkonto zugeführt wird.

- Abschluss des GuV-Kontos: Soll-Seite   >   Haben-Seite   =   Verlust
                               Haben-Seite   >   Soll-Seite   =   Gewinn

- Verbuchung GuV-Konto an EK-Konto: Verlust wird im Soll des EK verbucht
                                            Gewinn wird im Haben des EK verbucht
- Das GuV-Konto weist den Erfolg eines Unternehmens aus.

> **Merke**
> - Der Gewinn erhöht das Eigenkapital (Verbuchung auf Haben-Seite).
> - Der Verlust vermindert das Eigenkapital (Verbuchung auf Soll-Seite).

4.5 Übersicht über die Konten

			Soll	**Haben**
Laufende Konten	Bestands-konten	**Aktivkonten** (zeigen die Vermögensposten des Unternehmens)	Anfangsbestand *Zugänge*	*Abgänge* Endbestand
		Passivkonten (zeigen die Kapitalposten des Unternehmens)	*Abgänge* Endbestand	Anfangsbestand *Zugänge*
	Erfolgs-konten	**Aufwandskonten** (zeigen den Werteverzehr)	Aufwendungen	Saldo
		Ertragskonten (zeigen den Wertezuwachs)	Saldo	Erträge
Abschluss-konten	Sammel-konten	**Schlussbilanzkonto**	Salden der aktiven Bestandskonten	Salden der passiven Bestandskonto
		Gewinn- und Verlustkonto	Salden der Aufwandskonten Gewinn	Salden der Ertragskonten Verlust

Abb. 4.4: Die verschiedenen Konten auf einen Blick

4.6   Konten und Buchungszusammenhänge

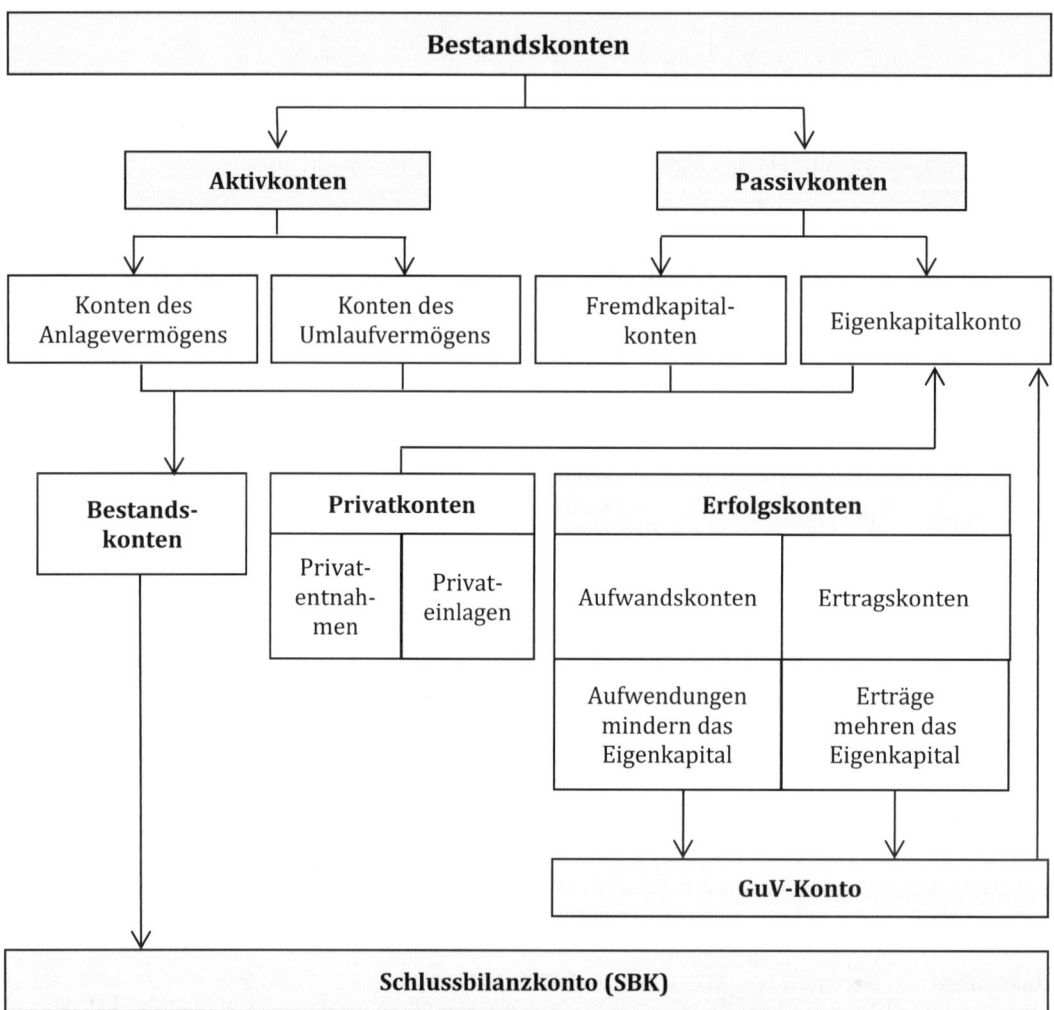

Abb. 4.5: Zusammenhänge zwischen den verschiedenen Konten

Schritt 5: Organisation der Buchführung

Lernziele

In diesem Kapitel lernen Sie die verschiedenen Bücher (Hauptbuch und Nebenbücher), den Aufbau und die wichtigsten Arten der Kontenrahmen, den Kontenplan und den Gesamtzusammenhang der in der Buchführung verwendeten Konten kennen.

Um seine Wirtschaftlichkeit mit anderen Unternehmen zu vergleichen, benötigt man einheitliche Organisationsmittel. Zu den Organisationsmitteln gehören der Kontenplan und der Kontenrahmen. Der Kontenrahmen ist ganz allgemein ein systematischer Organisations- und Gliederungsplan von Konten, die nach Bedürfnissen bestimmter Wirtschaftszweige entwickelt wurden. Als Rahmenplan dient er einer gewissen Vereinheitlichung der Buchführung.[9]

5.1 Kontenrahmen und Kontenplan

Im Rechnungswesen der Unternehmen werden zur Abwicklung der Buchungen in der Regel zahlreiche Konten geführt. Die GoB fordern für die Buchhaltung ein übersichtliches Kontierungssystem in Form eines Kontenplans. Durch einen Kontenplan wird erreicht, dass die verbuchten Geschäftsvorfälle nach einer sachlichen und zeitlichen Ordnung erfasst werden und ohne Schwierigkeiten nachprüfbar sind. Die Kontenpläne werden aus dem Kontenrahmen abgeleitet. Der Kontenrahmen und Kontenplan dienen dazu, die Konten systematisch zu ordnen.

Der **Kontenrahmen** ist ein allgemeines Ordnungsinstrument für die Konten der Buchhaltung eines Wirtschaftszweiges und beinhaltet die Obermenge aller, für die einzelnen Wirtschaftszweige möglichen Konten. Der **Kontenplan** stellt ein Ordnungsinstrument für die Konten der Buchhaltung **eines bestimmten Unternehmens** dar. Er enthält nur die im Unternehmen geführten Konten.

Aus dem **Kontenrahmen** erstellt jede Unternehmung ihren an den unternehmensspezifischen Bedürfnissen ausgerichteten **Kontenplan**. Im Kontenplan sind alle Konten systematisch zusammengestellt, die in der Geschäfts- und Betriebsbuchführung des Unternehmens verwendet werden. Im unternehmensindividuellen Kontenplan werden Konten weggelassen, die im Kontenrahmen zwar vorgesehen sind, aber im betrieblichen Rechnungswesen der betreffenden Unternehmung nicht benötigt werden. Andererseits wird der Kontenrahmen an den Stellen ergänzt oder erweitert, wo dies aufgrund der spezifischen Verhältnisse des Unternehmens erforderlich ist.

Die wichtigsten Kontenrahmen sind:

- Einzelhandels-Kontenrahmen (EKR)
- Kontenrahmen für den Groß- und Außenhandel
- Gemeinschaftskontenrahmen der Industrie (GKR)
- Industriekontenrahmen (IKR)
- DATEV-Kontenrahmen SKR 03 und
- DATEV-Kontenrahmen SKR 04

---

[9] Schierenbeck, H. u. Wöhle, C.: Grundzüge der Betriebswirtschaftslehre, 18. Auflage 2012, S. 608.

5.2 Gliederungskriterien

Die Kontenrahmen sind in der Regel dekadisch (Zehnersystem) und hierarchisch in Form von Kontenklassen, Kontengruppen und Kontenarten strukturiert.

Der Kontenrahmen nach dem **dekadischen** Ordnungsprinzip (numerische Gliederung) umfasst **zehn Kontenklassen** (von 0 bis 9), die jeweils in **zehn Kontengruppen** gegliedert sind. Die Kontengruppen können dann wiederum aus zehn Kontenarten bestehen, die sich nach Bedarf noch weiter unterteilen lassen, wie z. B. beim Industriekontenrahmen:

• Konten**klasse**	2	Umlaufvermögen und aktive Rechnungs-abgrenzung	**Konten-rahmen**
• Konten**gruppe**	20	Roh-, Hilfs- und Betriebsstoffe	
• Konten**art**	200	Rohstoffe/Fertigungsmaterial	
• Konten**unterart**	2001	Bezugskosten Rohstoffe	**Kontenplan**

Die Sachkontonummern sind standardmäßig 4-stellig, es können aber auch bis zu 8-stellige Sachkonten definiert werden.

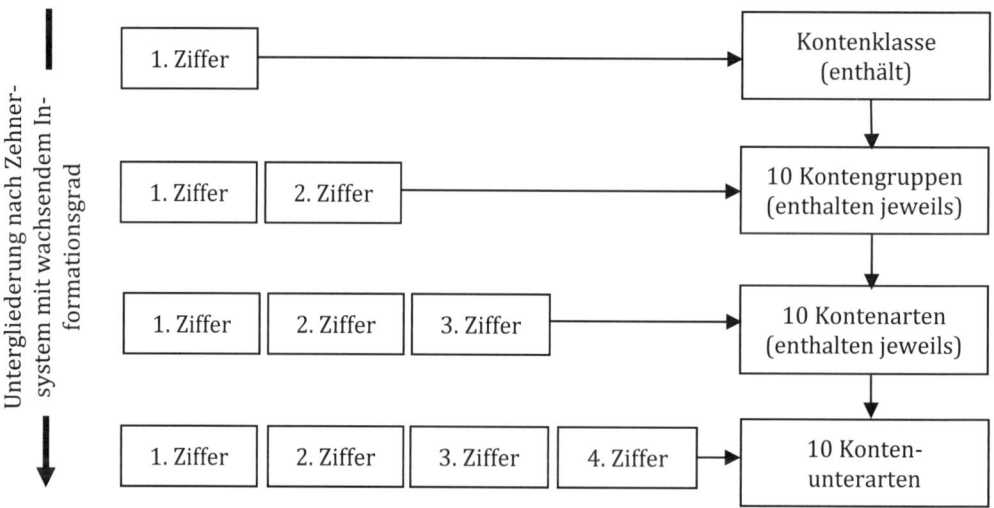

Abb. 5.1: Das Zehnersystem des Kontorahmens

Jedes Konto lässt sich durch einen Zahlenausdruck bezeichnen, der die Stellung des Kontos innerhalb des Kontenrahmens bzw. Kontenplans in eindeutiger Weise angibt.

Der häufig eingesetzte **Industriekontenrahmen (IKR)** besteht aus folgenden **Kontenklassen**:

	Konten-klasse	Ziffern	Inhalt der Kontenklasse
Finanzbuch-haltung (Rechnungs-kreis I)	**Bestands-konten** (Bilanz)	0	Immaterielle Vermögensgegenstände und Sachanlagen
		1	Finanzanlagen
		2	Umlaufvermögen und aktive Rechnungsabgrenzung
		3	Eigenkapital und Rückstellungen
		4	Verbindlichkeiten und passive Rechnungsabgrenzung
	Erfolgs-konten (GuV)	5	Erträge
		6	Betriebliche Aufwendungen
		7	Weitere Aufwendungen
		8	Ergebnisrechnungen (Eröffnungs- und Abschlusskonten)
KLR (Rechnungs-kreis II)		9	Kosten- und Leistungsrechnung (Kostenarten-, Kostenstel-len-, Kostenträgerrechnung)

Abb. 5.2: Konten des Industriekontenrahmens (IKR)

Die Kontenklassen 0 - 8 dienen dabei der Finanz- bzw. Geschäftsbuchhaltung (Rechnungskreis I), während die Kontenklasse 9 in den meisten Fällen für die Kosten- und Leistungsrechnung (Rechnungskreis II) eingesetzt wird. Innerhalb des Kontenrahmens entwickeln Unternehmen dann in der Regel auf ihre individuellen Bedürfnisse zugeschnittene Kontenpläne. Des Weiteren werden die Kontenrahmen und Kontenpläne nach dem **Abschlussgliederungsprinzip** (Bilanzgliederungsprinzip) und nach dem **Prozessgliederungsprinzip** unterschieden.

Abschlussgliederungsprinzip: Die Reihenfolge der Kontenklassen bestimmt sich nach der gesetzlich vorgeschrieben Gliederung des Jahresabschlusses (Bilanz und Gewinn- und Verlustrechnung).

Prozessgliederungsprinzip: Die Reihenfolge der Kontenklassen bestimmt sich nach dem technischen Ablauf des Betriebsgeschehens. Der Kontenrahmen wird in hierarchische Abschnitte untergliedert: Produktionsmittel und Kapital (Klasse 0), Liquidität (Klasse 1), Beschaffung (Klasse 3), Produktion/Leistungserstellung (Klasse 4-7), Absatz (Klasse 8) und Abschluss (Klasse 9).

> **Merke**
>
> Wenn die Reihenfolge der Kontenklassen nach den Betriebsabläufen bestimmt wird, spricht man vom **Prozessgliederungsprinzip**. Wenn die Reihenfolge der Kontenklassen nach der gesetzlich vorgeschriebenen Gliederung des Jahresabschlusses (Bilanz und Gewinn- und Verlustrechnung) bestimmt wird, spricht man vom **Abschlussgliederungsprinzip**.
>
> Das Buchen nach den Konten der Kontenpläne führt dazu, dass in der Praxis nicht die verbale Kontenbezeichnung, sondern die Kodierung der Konten des Kontenplans benutzt wird.

Übungsaufgabe 5.1: Kontenrahmen und Kontenplan

Wodurch unterscheidet sich der Kontenrahmen und Kontenplan?

_____

_____

_____

Die Lösung finden Sie unter www.uvk-lucius.de/schritt-fuer-schritt

5.3   Belegorganisation

Der Beleg ist für Sie in der Praxis jenes Mittel, das der Finanzbuchhaltung die notwendige Glaubwürdigkeit sichert. Der Beleg ist ein Schriftstück, aus dem sich der zu buchende Geschäftsvorfall ergibt. Der Beleg ist damit ein Bindeglied zwischen der Buchung einerseits und dem jeweiligen Geschäftsvorfall andererseits.

> **Merke**
> Die wichtigste Regel in der Buchführung lautet: keine Buchung ohne Beleg!

5.3.1   Rechnungen

Bei den Rechnungen wird unterschieden zwischen:

- **Eingangsrechnungen** – Rechnungen für die an uns gelieferten Waren und für die an uns erbrachten Leistungen,
- **Ausgangsrechnungen** – Rechnungen über Waren, die wir verkauft oder über Leistungen, die wir erbracht haben.

5.3.2   Arten der Belege

Nach der Herkunft werden die Belege unterschieden nach

- **externen Belegen** oder **Fremdbelegen**, das sind solche, die von außen in das Unternehmen gelangen, wie Eingangsrechnungen, Quittungen, Gutschriften von Lieferanten zur Korrektur der Rechnungen, Bankbelege (z. B. Kontoauszüge, Kontrollmitteilungen) und
- **internen Belegen** oder **Eigenbelegen**, die im eigenen Unternehmen erstellt werden, wie Kopien von Ausgangsrechnungen, Durchschriften von Quittungen, Materialentnahmescheine, Durchschriften der Gutschriftsanzeigen an Kunden für Rücksendungen von Produkten und nachträglichen Preisnachlass, Lohn- und Gehaltslisten eigener Mitarbeiter, Belege über Privatentnahmen, Kassenbuch.

Nach der Zahl der auf dem Beleg festgehaltenen Geschäftsvorfälle werden unterschieden:

- **Einzelbelege**, die nur einen Geschäftsvorfall enthalten, wie die Quittung, der Überweisungsträger der Bank, der Lohnschein und

■ **Sammelbelege,** auf denen mehrere gleichartige Geschäftsvorfälle erfasst werden, z. B. Bankauszüge über mehrere Buchungen, Stücklisten für die Materialentnahme, Lohnlisten.

5.3.2.1   Informationsgehalt eines Buchungsbeleges

Vor der Buchung muss jeder Beleg auf Vollständigkeit und Richtigkeit seines Inhalts überprüft und durch verschiedene Eintragungen ergänzt werden. Die wichtigsten Eintragungen sind die Belegnummer und die Buchungsvermerke. Zum Zweck der übersichtlichen Darstellung der Buchungsvermerke werden Eingangsrechnungen in der Regel mit einem Kontierungsstempel versehen.

Beispiel für einen Kontierungsstempel:

Einkauf von Rohstoffen für 2.000 € zuzüglich 19 % MwSt. auf Ziel.

Kontonummer (IKR)	Soll	Haben
2000 (Rohstoffe)	2.000,00	
2600 (Vorsteuer)	380,00	
4400 (Verbindlichkeiten aLuL)		2.380,00
gebucht: 30. März 20..		Handzeichen

Neben den Kontennummern, Beträgen, Buchungsdaten und dem Kurzzeichen des Buchhalters kann ein Beleg enthalten

■ die **Belegart**, z. B. Bankbeleg, Eingangsrechnung, Ausgangsrechnung usw.

■ **Kostenstellennummern** zur Kontierung der Kostenstelle (Abteilung) bei Belegen über Gemeinkosten,

■ **Kostenträgernummern** oder Auftragsnummern, wenn Einzelkosten einen bestimmten Auftrag belasten sollen,

■ **eine Belegnummer**, die vom buchenden Unternehmen vergeben wurde,

■ einen **Buchungstext** als verbale Erläuterung zur Buchung.

5.3.2.2   Belegbearbeitung

Für eine reibungslose Buchungsarbeit, die möglichst zügig und fehlerlos erfolgen sollte, empfiehlt sich folgende Belegbearbeitung:

1. **Überprüfen** Sie die Belege auf ihre **sachliche und rechnerische Richtigkeit**. Danach sollten Sie die Belege nach **Buchungsbereichen** – den sogenannten Buchungskreisen – (Bankbelege, Kassenbelege, Eingangsrechnungen, Ausgangsrechnungen, Lohn- und Gehaltslisten, Privatentnahmen/-einlagen) **sortieren** und danach „buchungsbereit" vorläufig geordnet, ggf. fortlaufend nummeriert ablegen.

2. Als nächstes sollten Sie die **Kontierung** vornehmen.

3. Nach den kontierten Belegen erfolgt bei der EDV die Datenerfassung, bei den manuellen und maschinellen Buchführungsformen werden hiernach die Grundaufzeichnungen gefertigt und auch - zugleich oder später - die Sach- und Personenkontenbuchungen vorgenommen.

4. Abschließend müssen die Belege **systematisch abgelegt** werden. Dabei ist eine bestimmte Ablageform nicht vorgeschrieben. Vielfach werden die Belege nach den jeweiligen Buchungskreisen (z. B. Kassenbelege, Bankbelege etc.) abgelegt. Dabei ist die Aufbewahrungsfrist von 10 Jahren zu beachten (*Aufbewahrungsfristen*).

5. Bei umfangreichem Beleganfall sollten Sie moderne Belegdokumentationsverfahren, insbesondere die Mikroverfilmung, nutzen. Das erleichtert die Aufbewahrung und schränkt die Beanspruchung von Aufbewahrungsräumen ein.

5.4 Bücher der Finanzbuchführung

Die Buchungen der einzelnen Geschäftsvorfälle müssen jederzeit nachprüfbar sein. Daher werden sie:

▦ im Grundbuch in der zeitlichen Reihenfolge erfasst,

▦ im Hauptbuch nach sachlichen Gesichtspunkten geordnet und

▦ gegebenenfalls in Nebenbuchführungen näher erläutert.

5.4.1 Systembücher

Von einem Unternehmen müssen alle Inventare und Bilanzen in einem sogenannten **Inventar- und Bilanzbuch** aufbewahrt werden. Im **Grundbuch (Journal)** werden alle Geschäftsvorfälle in der **zeitlichen (chronologischen) Reihenfolge und lückenlos** eingetragen und somit festgehalten. Das Grundbuch dient als Grundlage aller Buchungen in den übrigen Büchern. Kassenbücher, Bankbücher sowie Wareneingangs- und Warenausgangsbücher sind Grundbücher.

Beispiel: **Grundbuch** (Journal)

Zahlungseingang einer Forderung aLuL in Höhe von 5.950 € auf dem Bankkonto.

Datum	Beleg-Nr.	Buchungstext	Soll	Haben
08.08.20..	312	Zahlungseingang	5.950	

Im **Hauptbuch** werden alle Vorgänge auf den verschiedenen Sachkonten (sämtliche Bestands- und Erfolgskonten) **sachlich und systematisch geordnet**. Für jede Kontonummer wird ein Sach- bzw. T-Konto angelegt. Das Hauptbuch besteht aus allen im Unternehmen verwendeten Bestands- und Erfolgskonten und wird somit durch die verschiedenen T-Konten dargestellt.

Aus dem **Hauptbuch** lässt sich zu jeder Zeit der Stand des Vermögens, der Schulden und der Erfolg ermitteln, deshalb ist es das wichtigste Buch der Buchführung. Außerdem wird aus dem Hauptbuch der Jahresabschluss (Bilanz und Gewinn- und Verlustrechnung) ermittelt.

Beispiel: Hauptbuch (siehe Beispiel Grundbuch)

Zahlungseingang einer Forderung aLuL in Höhe von 5.950 € auf dem Bankkonto.

Beleg Nr.	Datum	Vorgang	Betrag (in €)	Bank		Forderungen aLuL		weitere Konten
				S	H	S	H	
312	08.08.20..	Zahlungs-eingang	5.950	5.950			5.950	
Grundbuch = chronologische Ordnung				**Hauptbuch** = sachliche Zuordnung				

5.4.2 Nebenbücher

Nebenbücher sind Hilfsbücher. Sie dienen der weiteren Aufgliederung und der Ergänzung der Sachkonten und werden in eigenen Nebenbuchhaltungen geführt. Die Summe der Nebenbücher wird auf das jeweilige Hauptbuchkonto übertragen. Hier sind jedoch keine spezifischen Einzeltatbestände ersichtlich. Somit erläutern Nebenbücher durch ergänzende Aufzeichnungen den Bestand auf den Hauptbuchkonten.

Übliche **Nebenbücher** sind beispielsweise:

Kassenbuch	Enthält die täglichen Aufzeichnungen der Kasse.
Wechselbuch	Dient der Kontrolle des Bestandes und der Fälligkeit an Wechseln.
Kontokorrentbuch	Erfasst den Geschäftsverkehr mit einzelnen Kunden (Debitoren) und Lieferanten (Kreditoren).
Anlagenbuchhaltung	Enthält das gesamte Anlagevermögen und erläutert die Bestände des Sachanlagevermögens. Für jedes Anlagegut wird ein eigenes Konto innerhalb der Anlagenbuchhaltung angelegt. So können die unterschiedlichen Anschaffungs- oder Herstellungskosten, die Nutzungsdauern und die Abschreibungen für jedes Anlagengut ermittelt werden.
Lagerbuchhaltung	Enthält alle Aufzeichnungen über die Bestände sowie Zu- und Abgänge einzelner Material-, Erzeugnis- und Warenarten.
Lohn- und Gehalts-buchhaltung	Führt für jeden Arbeitnehmer ein Lohn- bzw. Gehaltskonto.

Kontokorrentbuch

Das Kontokorrentbuch besteht aus den beiden Personenkonten **Debitorenkontokorrent** (Kunden) und **Kreditorenkontokorrent** (Lieferanten). Die Personenkonten werden auf den Namen jedes einzelnen Kunden und Lieferanten geführt.

Aus den Einzelkonten „Forderungen aLuL" und „Verbindlichkeiten aLuL" des Hauptbuches kann man nicht ersehen, wie hoch die Forderungen gegenüber den einzelnen Kunden (Debitoren) oder die Schulden des Unternehmens gegenüber den einzelnen Lieferanten (Kreditoren) sind. Es ist nur die Summe aller Verbindlichkeiten aLuL und Forderungen aLuL ersichtlich.

Daher werden Personenkonten angelegt, auf denen Kreditgeschäfte nach Kunden (Forderungen) und Lieferanten (Verbindlichkeiten) gebucht werden. Für jeden Kunden und Lieferanten wird ein eigenes Konto eröffnet. Diese Konten dienen vor allem der Überwachung von Zahlungsterminen und Zahlungsbereitschaft sowie der Pflege von Geschäftsverbindungen.

Die Summe aller Salden der Debitorenkonten (Kundenkonten) muss mit der Summe auf dem Hauptbuchkonto „Forderungen aLuL" übereinstimmen. Ebenso muss die Summe der Salden der Kreditorenkonten (Lieferantenkonten) mit der Summe des Hauptbuchkontos „Verbindlichkeiten aLuL" übereinstimmen.

Die Personenkontennummern sind in der Regel 5-stellig, es können jedoch auch 9-stellige Personenkonten definiert werden.

Beispiel: Die Bücher der Finanzbuchführung

Geschäftsvorfall

Grundbuch (Journal)

Datum	Beleg	Vorgang	Betrag
03.01.20..	1)	Warenverkauf auf Ziel	200 €
04.01.20..	2)	Einkauf von Rohstoffen auf Ziel	120 €
05.01.20..	3)	Warenverkauf auf Ziel	280 €

Nebenbuch

Kundenkonten

S   Kunde A   H   S   Lieferant X   H
1) 200   2)   120

S   Kunde B   H
3) 280

Hauptbuch

S Ford. aLuL H   S   U.-Erlöse   H
1)   200   1) 200
3)   280   3) 280

S   Rohstoffe H   S   Verb. aLuL   H
2)   120   2) 120

Beispiel: Debitorenbuchführung

Sachverhalt: Das Sachkonto Kundenforderungen weist zum Jahresbeginn einen Anfangsbestand von 550.000 € aus, der sich aus Warenlieferungen der vergangenen Periode gegenüber drei Kunden (A, B, C) wie folgt unterteilt:

Kunde	Datum	Betrag
A	01.01.20..	390.000 €
B	01.01.20..	4.500 €
C	01.01.20..	155.500 €

Die getätigten Zielverkäufe (Warenlieferungen) an die Kunden betragen:

Kunde	Datum	Betrag
A	20.03.20..	245.000 €
B	13.07.20..	15.000 €
C	09.11.20..	87.000 €

Die Höhe der erfolgten Zahlungseingänge von den Kunden betragen:

Kunde	Datum	Betrag
A	21.04.20..	450.000 €
B	27.09.20..	9.500 €
C	30.12.20..	196.000 €

Sachkonten

S	Forderungen aLuL		H
AB	550.000	Kunde A	450.000
Zugang	245.000	Kunde B	9.500
Zugang	15.000	Kunde C	196.000
Zugang	87.000	**Saldo**	241.500
	897.000		897.000

S	Warenverkauf		H
Saldo	347.000		245.000
			15.000
			87.000
	347.000		347.000

S	Bank		H
	450.000	**Saldo**	655.500
	9.500		
	196.000		
	655.500		655.500

Personenkonten: Debitorenkartei

Kunde A				
Datum	Beleg	Vorgang	Soll	Haben
01.01.20..	1	Anfangsbestand	390.000 €	
20.03.20..	4	Warenlieferung	245.000 €	
21.04.20..	7	Überweisung		450.000 €
		Saldo		185.000 €

Kunde B				
Datum	Beleg	Vorgang	Soll	Haben
01.01.20..	2	Anfangsbestand	4.500 €	
13.07.20..	5	Warenlieferung	15.000 €	
27.09.20..	8	Überweisung		9.500 €
		Saldo		10.000 €

Kunde C				
Datum	Beleg	Vorgang	Soll	Haben
01.01.20..	2	Anfangsbestand	155.500 €	
09.11.20..	5	Warenlieferung	87.000 €	
30.12.20..	8	Überweisung		196.000 €
		Saldo		46.500 €

Debitorensaldenliste zum 31.12.20..:

Kunde A	185.000 €
Kunde B	+ 10.000 €
Kunde C	+ 46.500 €
Gesamt	= 241.500 €

Die **Summe der Personenkontensalden** stimmt mit dem **Endbestand** auf dem Forderungs-sachkonto „Forderungen aLuL" **überein**. Bei der Verbuchung und Abstimmung des Kreditoren-kontos ist analog zu verfahren.

Anmerkung

Im Rahmen der EDV-Buchführung erfolgen die laufenden Buchungen während des Jahres zu-nächst auf den **Personenkonten** (Debitoren und Kreditoren). Beim **Abschluss der Personen-konten** werden die **Summen der Debitoren und Kreditoren** automatisch durch das Programm aufgrund von Kontokorrentziffern (1 bis 6 für Debitoren und 7 bis 9 für die Kreditoren beim Industriekontenrahmen), direkt auf die Sachkonten **Forderungen aLuL** und **Verbindlichkeiten aLuL** übertragen.

Merke

Grundbuch: Erfassung der Geschäftsvorfälle in zeitlicher Reihenfolge.

Hauptbuch: Erfassung der Geschäftsvorfälle in sachlicher Ordnung auf den Bestandskon-ten und den Erfolgskonten. Das Hauptbuch umfasst alle Konten.

Nebenbücher dienen der Erläuterung bestimmter Sachkonten im Hauptbuch.

Übungsaufgaben 5.2 bis 5.9

Alle Aufgaben und Lösungen finden Sie unter www.uvk-lucius.de/schritt-fuer-schritt

Die folgende Übersicht zeigt den Zusammenhang zwischen Sach- und Personenkonten.

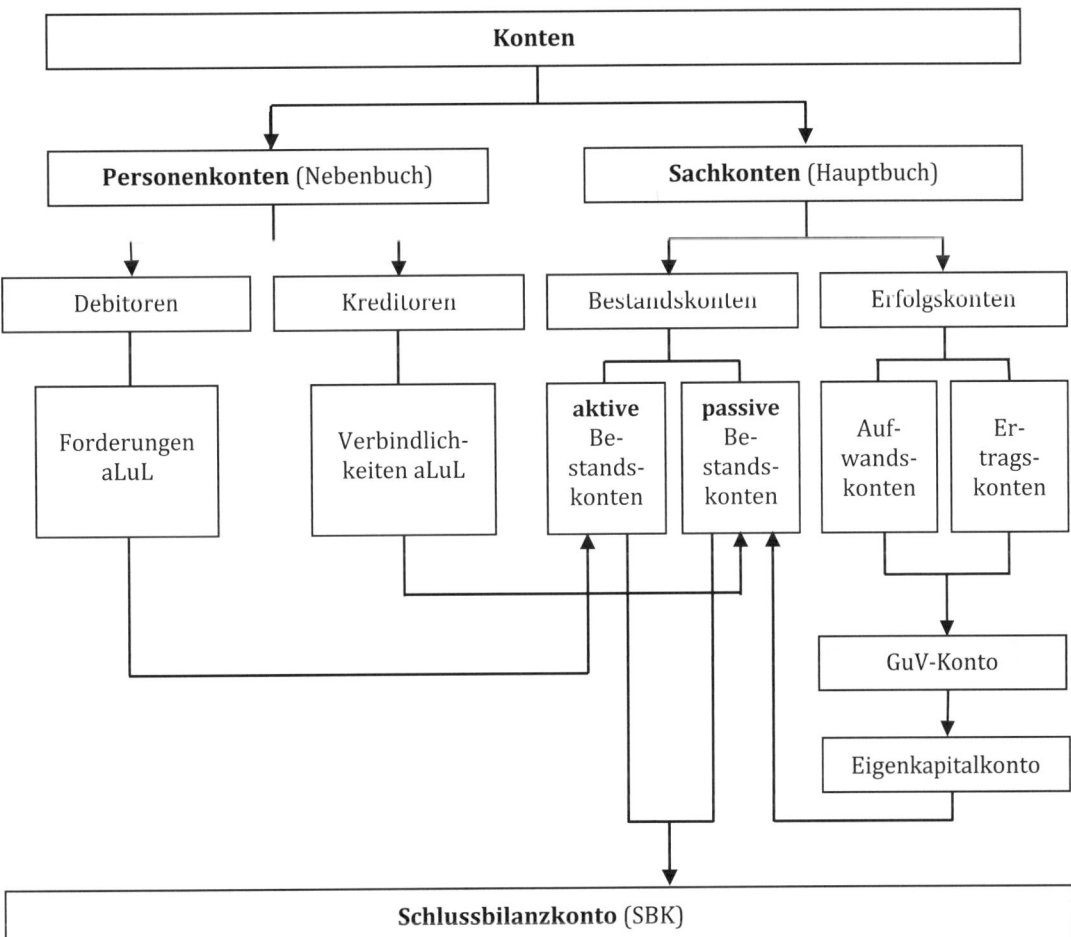

Abb. 5.3: Zusammenhang zwischen Sach- und Personenkonten

Eigene Notizen

Schritt 6: Warenverkehr

Lernziele

In diesem Kapitel lernen Sie, wie Geschäftsvorfälle im Warenverkehr verbucht werden. Darüber hinaus lernen Sie die Besonderheiten eines Handelsunternehmens kennen und wissen anschließend, was man unter Waren- bzw. Materialeinsatz versteht.

Sie werden in der Lage sein, den Verkauf und Einkauf von Waren zu verbuchen.

Des Weiteren erfahren Sie, wie ein gemischtes Warenkonto in getrennte Konten aufgegliedert wird. Sie werden lernen, wie auf diesen Konten gebucht wird und wie sie abgeschlossen werden. Dieses Kapitel wird Ihnen zudem näher bringen, wann die Umsatzsteuer erhoben wird, wie sie gebucht wird und wer der Steuerschuldner ist bzw. wer die Umsatzsteuer letztendlich zu tragen hat.

Durch die Ausführungen zum Thema „unentgeltliche Wertabgaben (Privatentnahme)" können Sie lernen, was diese bedeuten, wie sie gebucht werden und in welchen Fällen die Umsatzsteuer zu berücksichtigen ist.

Ferner werden Sie die Bedeutung des Erfolgskontos „Bestandsveränderungen von unfertigen und fertigen Erzeugnissen" verstehen.

6.1 Buchungen beim Warenverkehr im Handelsbetrieb

Waren bzw. Handelswaren sind Erzeugnisse, die ein Handels- oder Industriebetrieb bezieht und weiterveräußert (idealerweise zu einem höheren Preis), ohne sie zu bearbeiten.

Der Warenverkehr ist durch die Besonderheit gekennzeichnet, dass die Ausgaben bzw. die späteren Einnahmen nicht identisch sind mit dem Verzehr bzw. der Entstehung der entsprechenden Leistungen. Die beim Ein- und Verkauf vereinbarten unterschiedlichen Preise müssen in der Buchführung berücksichtigt werden, d. h. die **Verkäufe** sind zu **Absatzpreisen** und die **Einkäufe** dagegen zu **Einstandspreisen** zu erfassen.

Bei den Handelsunternehmen erfolgt keine Veränderung der Ware, d. h. die meisten Geschäftsvorfälle betreffen die Konten **Wareneingang** bzw. **Warenverkauf (Umsatzerlöse)**.

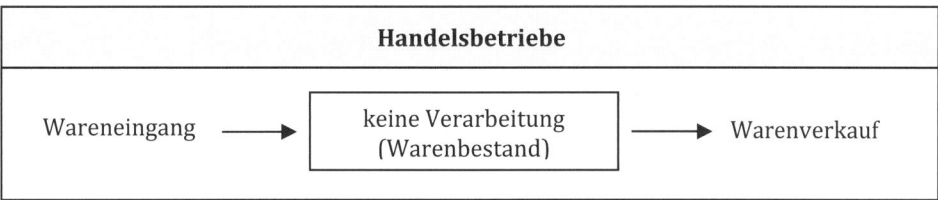

Abb. 6.1: Warenverkehr beim Handelsbetrieb

Der Warenverkauf ist ein erfolgswirksamer Geschäftsvorfall für ein Unternehmen. Der Verkauf resultiert in einem Umsatzerlös. Wenn der Umsatzerlös um den Wareneinsatz gemindert wird, ergibt sich das **Rohergebnis** (= Warenverkaufspreis – Wareneinkaufspreis). Der Begriff **„Roh-"** bringt den aus der Geschäftstätigkeit resultierenden vorläufigen Erfolg zum Ausdruck, ohne dass dabei weitere Aufwendungen (z. B. Abschreibungen, Personal-, Miet-, Verwaltungs-, Vertriebs-aufwand etc.) und sonstige Erträge (z. B. Zins- und Mieterträge) berücksichtigt werden.

6.1.1 Einheitliches Warenkonto

Beim einheitlichen Warenkonto wird zur Abwicklung des Warenverkehrs pro Warengruppe nur ein einziges Konto geführt, d. h. auf demselben Konto werden sowohl die Bestände als auch die Wareneingänge und die Warenverkäufe verbucht. Es enthält im Soll den Warenanfangsbestand und die Wareneingänge zu Einstandspreisen sowie den Warenrohgewinn, im Haben die Waren-verkäufe zu Absatzpreisen und den Warenschlussbestand. Die Bewertung der Zugänge (Einkäufe) erfolgt zu Einstandspreisen, d. h. zu Anschaffungskosten. Die Bewertung der Abgänge (Ver-käufe) erfolgt zu Absatzpreisen.

Neben den Ein- und Verkäufen müssen auch die Warenrücksendungen, die Preisnachlässe und Stornobuchungen auf dem einheitlichen Warenkonto erfasst werden. Diese Soll- und Haben-Buchungen erfolgen auf unterschiedlichen Preisebenen (Lieferantenrücksendungen werden im Haben zu Einstandspreisen und Kundenrücksendungen werden im Soll zu Absatzpreisen ge-bucht.

Abgeschlossen wird das **einheitliche Warenkonto** mit zwei Buchungen

▓ über das Schlussbilanzkonto: Übertragung des wertmäßigen Warenendbestandes auf das Schlussbilanzkonto, sofern sich am Bilanzstichtag noch Waren im Lager befinden. Der Bu-chungssatz lautet:

Schlussbilanzkonto	an	Waren

▓ über das GuV-Konto: Übertragung des Rohgewinns bzw. des Rohverlustes auf das GuV-Konto. Der Buchungssatz für den **Rohgewinn** lautet:

Waren	an	GuV-Konto

Der Buchungssatz für den **Rohverlust** lautet:

GuV-Konto	an	Waren

Im Folgenden sehen Sie, welche Buchungsposten das **einheitliche Warenkonto** aufnimmt.

Soll	**Waren**	Haben
Anfangsbestand zu Einstandspreisen (z. B. am 01.01.20..)	**Abgänge**: Warenverkäufe zu Absatzpreisen	
Zugänge: Wareneingänge zu Einstandspreisen Warenrücksendungen der Kunden zu Absatz-preisen	Warenrücksendungen an Lieferanten zu Ein-standspreisen	
	Preisnachlässe der Lieferanten zu Einstands-preisen	
Preisnachlässe gegenüber Kunden zu Absatz-preisen	Privatentnahmen von Waren durch den Unter-nehmer (Ausbuchung der entnommenen Waren zu Einstandspreisen)	
Saldo = Rohgewinn	**Schlussbestand gemäß Inventur zu Ein-standspreisen (z. B. am 31.12.20..)**	

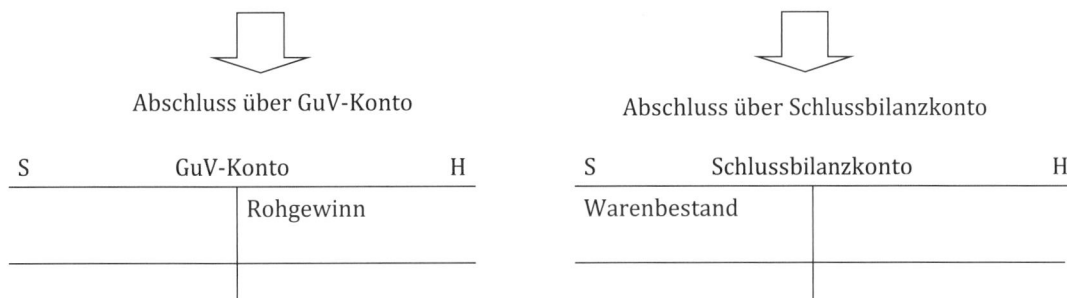

S	GuV-Konto	H
	Rohgewinn	

S	Schlussbilanzkonto	H
Warenbestand		

Abschluss über GuV-Konto   Abschluss über Schlussbilanzkonto

Abb. 6.2: Inhalt und Abschluss des einheitlichen Warenkontos

Beim **einheitlichen Warenkonto** handelt es sich um ein „gemischtes" Konto, da es neben den jeweiligen Beständen (Bestandskonto) auch den Erfolg (Erfolgskonto) ausweist. Dieser sogenannte Roherfolg ergibt sich als Saldo des gemischten Warenkontos.

Beispiel: Warenverkehr

Der Warenanfangsbestand laut Inventur beträgt 50 €. Es werden Waren für 100 € auf Ziel eingekauft und Waren für 80 € verkauft.

Buchungssatz für den Anfangsbestand:

Waren	50	an	Eröffnungsbilanzkonto	50

Buchungssatz beim Einkauf auf Ziel:

Waren	100	an	Verbindlichkeiten aLuL	100

Buchungssatz beim Verkauf auf Ziel:

Forderungen aLuL	80	an	Waren	80

Das Problem hierbei ist die Differenz zwischen den Einkaufswert (100 €) und den Verkaufswert (80 €) der abgesetzten Waren. Der Saldo hat keinerlei Aussagewert, da Zugänge mit dem Einstandspreis und die Abgänge mit dem Absatzpreis, d. h. mit unterschiedlichen Preisen bewertet werden und außerdem noch der Warenendbestand fehlt.

S	einheitliches Warenkonto		H
Anfangsbestand	50	Abgänge	80
Zugänge	100		

Das Problem der **Rohgewinnermittlung** ist nur mithilfe der **Inventur** zu lösen. Im Rahmen der körperlichen Bestandsaufnahme werden die mengenmäßigen Lagerendbestände ermittelt und mit ihren bewerteten Einstandspreisen an die Buchführung weitergeleitet. Das einheitliche Warenkonto kann dann abgeschlossen werden.

Der wertmäßige Warenendbestand laut Inventur beträgt 90 €.

Buchungssätze:

Schlussbilanzkonto	90	an	Waren	90
Waren	20	an	GuV-Konto	20

S	einheitliches Warenkonto			H
Anfangsbestand	50	Abgänge	80	
Zugänge	100	SBK (Inventurwert)	90	
Saldo (Abschluss über **GuV-Konto**) (Rohgewinn)	20			
	170		170	

Das gemischte Warenkonto kann eventuell für kleine und überschaubare Handelsunternehmen (z. B. Kiosk, kleiner Schreibwarenladen etc.) ausreichend sein, nicht jedoch für größere Handelsunternehmen oder für produzierende Unternehmen.

Erfolgsermittlung beim einheitlichen Warenkonto

	Warenanfangsbestand	50 €
+	Wareneingänge	+ 100 €
-	Warenendbestand laut Inventur	- 90 €
=	**Wareneinsatz** (Aufwand)	= 60 €

	Warenverkäufe (Ertrag)	80 €
-	Wareneinsatz (Aufwand)	- 60 €
=	**Rohgewinn** (Erfolg)	= 20 €

Nachteile des gemischten Warenkontos

- Die Wareneingänge werden zu Nettoeinstandspreisen gebucht, die Warenverkäufe zu Absatzpreisen. Hierdurch können Preisveränderungen und Absatzzahlen nicht analysiert werden. Der Wareneinsatz wird nicht ausgewiesen.
- Rücksendungen, Skonti, Boni und Rabatte können zwar erfasst werden, machen das einheitliche gemischte Warenkonto aber sehr unübersichtlich.

6.1.2 Auflösung des einheitlichen Warenkontos

Die Buchungen des Warenverkehrs sind übersichtlicher, wenn man die Wareneingänge und die Warenverkäufe auf zwei getrennten Konten erfasst:

- das Konto Wareneingang und
- das Konto Umsatzerlöse (Warenverkauf).

Auf dem **Wareneingangskonto** werden **im Soll** der Warenanfangsbestand und die Wareneingänge zu Einstandspreisen gebucht. Rücksendungen an Lieferanten und Preisnachlässe von Lieferanten werden **im Haben** gebucht. Der durch Inventur ermittelte Warenendbestand wird ebenfalls zu Einstandspreisen im Haben ausgewiesen. Nach der Verbuchung des Warenendbestands verbleibt auf der Habenseite ein **Saldo**. Dieser Saldo weist die Waren aus, die zu Einstandspreisen im laufenden Geschäftsjahr für den Verkauf verwendet wurden. Daher wird dieser Saldo als **Wareneinsatz (Aufwand)** bezeichnet. Da das Wareneingangskonto sowohl Bestandskomponenten (Anfangsbestand und Endbestand gemäß Inventur) als auch eine Aufwandskomponente in Form des Wareneinsatzes enthält, handelt es sich bei dem Wareneingangskonto um ein „**gemischtes Konto**" (in dem nur Einstandspreise berücksichtigt werden).

Soll	Wareneingang	Haben
Anfangsbestand zu Einstandspreisen Zugänge = Wareneingänge zu Einstandspreisen Bezugskosten	Rücksendungen an Lieferanten zu Einstandspreisen innerbetrieblicher Verbrauch Warenentnahmen für den Eigenverbrauch des Unternehmers (Ausbuchung der entnommenen Waren zu Einstandspreisen) Preisnachlässe von Lieferanten zu Einstandspreisen Schlussbestand gemäß Inventur zu Einstandspreisen **Saldo** = **Wareneinsatz** (Aufwand)	

Das **Konto Umsatzerlöse (Warenverkauf)** zeigt die Geschäftsvorfälle mit den Kunden und wird ausschließlich zu Verkaufspreisen geführt. Es übernimmt sämtliche **erfolgswirksamen** Geschäftsvorfälle und besitzt daher den Charakter eines Erfolgskontos. Auf der Haben-Seite sind alle Verkäufe zu Absatzpreisen erfasst. Auf der Soll-Seite stehen als Erlösminderungen die Warenrücksendungen und die Preisnachlässe. Als **Saldo** verbleibt der reine **Verkaufserlös (Umsatzerlös)** der veräußerten Waren.

Soll	Umsatzerlöse (Warenverkauf)	Haben
Rücksendungen von Kunden Preisnachlässe gegenüber Kunden (Erlösschmälerung) **Saldo** = **Umsatzerlöse** (Ertrag)	Warenverkauf zu Absatzpreisen (Umsatzerlöse)	

Die Salden auf dem Wareneingangskonto und auf dem Konto Umsatzerlöse (Warenverkauf) werden beim Bruttoverfahren unmittelbar auf das GuV-Konto gebucht. Die Differenz zwischen den Warenverkaufserlösen (Umsatzerlöse) und dem Wareneingang (Wareneinsatz) ist der Rohgewinn. Den **Reingewinn** erhält man, wenn man vom **Rohgewinn** alle Aufwendungen abzieht und alle weiteren Erträge dazu zählt.

Buchungen auf den getrennten Warenkonten:

1. Anfangsbestand am 01.01. wird in das Wareneingangskonto (im Soll) eingetragen.

2. Alle Einkäufe werden im Wareneingangskonto (im Soll) zu Einkaufspreisen gebucht.

3. Alle Verkäufe werden im Konto Umsatzerlöse (im Haben) zu Absatzpreisen gebucht.

4. Eintragen des Schlussbestands laut Inventur im Wareneingangskonto (im Haben). Das Gegenkonto ist das Schlussbilanzkonto (SBK) (im Soll).

5. Saldieren des Wareneingangskontos und des Kontos Umsatzerlöse (Gegenkonto ist das GuV-Konto) → Wareneinsatz und Warenumsatz ermitteln.

6. Restliche Konten abschließen und Schlussbilanz erstellen.

Abschluss der getrennten Warenkonten nach der Bruttomethode

Hier werden der Saldo des Wareneingangskontos (Wareneinsatz) und der Saldo des Kontos Umsatzerlöse (Warenumsatz) direkt über das GuV-Konto abgeschlossen. Auf der Habenseite des GuV-Kontos erscheint der Saldo des Kontos Umsatzerlöse (Warenumsatz) und auf der Sollseite steht der Saldo des Wareneingangskontos. Dies sieht folgendermaßen aus:

Buchungssätze:

Schlussbilanzkonto	90	an	Waren	90
GuV-Konto	60	an	Wareneingang	60
Umsatzerlöse	80	an	GuV-Konto	80

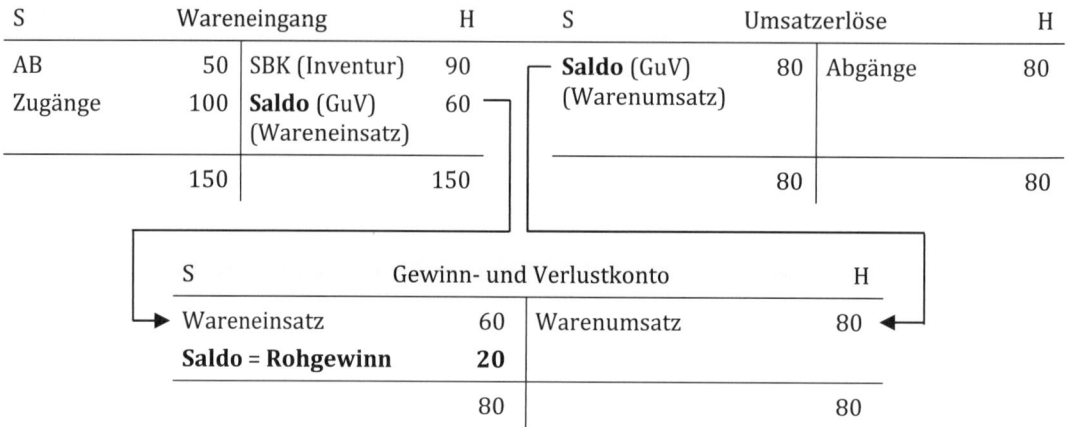

Bei der **Bruttomethode** weist das GuV-Konto den Wareneinsatz (Aufwand) und den Warenumsatz (Ertrag) unsaldiert (brutto) aus. Die Bruttomethode entspricht den Gliederungsvorschriften des § 275 HGB in Verbindung mit § 276 HGB.

Abschluss der getrennten Warenkonten nach der Nettomethode

Bei der **Nettomethode** wird der Saldo des Wareneingangskontos auf der Sollseite des Kontos Umsatzerlöse (Warenverkauf) gebucht. Auf dem Konto Umsatzerlöse (Warenverkauf) ergibt sich als Saldo dann das Rohergebnis (= Warenumsatz – Wareneinsatz). Nur das Rohergebnis wird danach auf das GuV-Konto übertragen.

Buchungssätze:

Schlussbilanzkonto	90	an	Waren	90
Umsatzerlöse	60	an	Wareneingang	60
Umsatzerlöse	20	an	GuV-Konto	20

Fallbeispiel

Der Getränkehändler Schneider hatte zu Beginn des Geschäftsjahres 100 Kästen Bio-Vitaminsaft auf Lager (Einkaufspreis pro Kasten 10 €). Im Laufe des Geschäftsjahres kaufte er insgesamt 5.000 Kästen Bio-Vitaminsaft zum Einkaufspreis von je 10 € = 50.000 € auf Ziel. Er verkaufte im Laufe des Geschäftsjahres 4.800 Kästen Bio-Vitaminsaft zum Verkaufspreis von je 25 € = 120.000 € in bar. Am **Ende** des Geschäftsjahres beträgt der **Schlussbestand** laut Inventur **300** Kästen Bio-Vitaminsaft zum Einstandspreis von je 10 € = 3.000 €.

Buchungssätze:

1)	Wareneingang (AB)	1.000	an	Eröffnungsbilanzkonto (EBK)	1.000
2)	Wareneingang	50.000	an	Verbindlichkeiten aLuL	50.000
3)	Kasse	120.000	an	Umsatzerlöse	120.000
4)	SBK (Schlussbestand)	3.000	an	Wareneingang	3.000

Ermittlung des Rohgewinns:

5)	GuV-Konto	48.000	an	Wareneingang	48.000
6)	Warenverkauf	120.000	an	GuV-Konto	120.000
7)	Verbindlichkeiten aLuL	50.000	an	SBK	50.000
8)	SBK	120.000	an	Kasse	120.000

S	Wareneingang	H
1) AB	1.000	4) SBK	3.000
2)	50.000	5) **Saldo**	48.000
		(Waren-einsatz)	
	51.000		51.000

S	Verbindlichkeiten aLuL	H
7) **Saldo**	50.000	2) 50.000
	50.000	50.000

S	Kasse	H
3)	120.000	8) **Saldo**	120.000
	120.000		120.000

S	Umsatzerlöse	H
6) **Saldo**	120.000	3)	120.000
	120.000		120.000

S	Schlussbilanzkonto	H
4) Waren	3.000	7) Verb. aLuL	50.000
8) Kasse	120.000		

S	Gewinn- und Verlustkonto		H
5) Wareneinsatz	48.000	6) Warenumsatz	120.000
Saldo = Rohgewinn	**72.000**		
	120.000		120.000

Beispiel: Verbuchen von verschiedenen Geschäftsvorfällen

Folgende Geschäftsvorfälle sollen buchhalterisch erfasst werden.

1)	Anfangsbestand:			15.000 €
2)	Einkauf auf Ziel:	3.000 St. Typ A	à 3 €/St. =	9.000 €
3)	Einkauf auf Ziel:	1.000 St. Typ B	à 6 €/St. =	6.000 €
4)	Barverkauf:	4.000 St. Typ A	à 4 €/St. =	16.000 €
5)	Barverkauf:	1.000 St. Typ B	à 8 €/St. =	8.000 €
6)	Warenschlussbestand laut Inventur:			
		3.000 St. Typ A	à 3 €/St. =	9.000 €
		500 St. Typ B	à 6 €/St. =	3.000 €
				12.000 €

Das Konto **Wareneingang** übernimmt zunächst im Soll den Anfangsbestand und sämtliche Zugänge während der Abrechnungsperiode zu Einstandspreisen. Der **Wareneinsatz** stellt grundsätzlich einen **Aufwand** des Betriebs dar und wird auf dem Konto Wareneingang als Erfolgssaldo ermittelt, nach dem der Schlussbestand gebucht worden ist. Die Differenz zwischen dem Anfangsbestand + Zugänge und dem Endbestand, stellt den Verbrauch = **Wareneinsatz** dar.

S	Wareneingang		H
1) AB	15.000	(6) SB	12.000
2) (Typ A)	9.000	**Saldo**	18.000
3) (Typ B)	6.000	(Waren-einsatz = WE)	
	30.000		30.000

S	Umsatzerlöse		H
Saldo	24.000	4) (Typ A)	16.000
(Waren-umsatz)		5) (Typ B)	8.000
	24.000		24.000

S	Kasse		H
4) (Typ A)	16.000	**Saldo**	24.000
5) (Typ B)	8.000		
	24.000		24.000

S	Verbindlichkeiten aLuL		H
Saldo	15.000	2) (Typ A)	9.000
		3) (Typ B)	6.000
	15.000		15.000

S	Schlussbilanzkonto		H
Waren	12.000	Verbind-lichkeiten	15.000
Kasse	24.000		

S	GuV-Konto		H
WE	**18.000**	Erlöse	24.000
Saldo (Roh-gewinn)	**6.000**		
	24.000		24.000

Das Konto Umsatzerlöse erfasst die Warenabgänge zu Absatzpreisen, d. h. die Verkaufsbeträge und eventuelle Retouren, die einen Teil des Verkaufs rückgängig machen und auf dem entsprechenden Konto als Gegenbuchung erfasst werden müssen.

Übungsaufgabe 6.1: Warenverkehr

Der Unternehmer Müller hat durch Inventur folgende Bestände ermittelt:

Betriebs- und Geschäftsausstattung	35.000 €
Warenanfangsbestand	18.000 €
Forderungen aLuL	20.000 €
Bankguthaben	15.000 €
Kasse	13.000 €
Eigenkapital	36.000 €
Verbindlichkeiten aLuL	65.000 €

Bilden Sie die Buchungssätze für die folgenden Geschäftsvorfälle, tragen Sie die Anfangsbestände auf den T-Konten ein und verbuchen Sie die Geschäftsvorfälle auf den T-Konten. Schließen Sie die Konten ab. Der Warenendbestand beträgt laut Inventur 25.000 €.

Geschäftsvorfälle:

1) Es werden Waren in Höhe von 90.000 € auf Ziel eingekauft.

2) Es werden Waren in Höhe von 12.000 € in bar eingekauft.

3) Es werden Waren im Wert von 85.000 € auf Ziel verkauft.

4) Es werden Waren im Wert von 95.000 € in bar verkauft.

5) Eine Lieferantenrechnung in Höhe von 40.000 € wird in bar bezahlt.

6) Ein Kunde gleicht eine offene Forderung in Höhe von 55.000 € per Banküberweisung aus.

Tragen Sie bitte die Buchungssätze der sechs Geschäftsvorfälle in die folgende Tabelle ein.

1)		an		
2)		an		
3)		an		
4)		an		
5)		an		
6)		an		

Verbuchen Sie die Geschäftsvorfälle auf den T-Konten.

S	BGA	H		S	Forderungen aLuL	H
AB				AB		
Summe	Summe			Summe	Summe	

S	Bank	H		S	Kasse	H
AB				AB		
Summe	Summe			Summe	Summe	

S	Wareneingang (WE)	H		S	Umsatzerlöse	H
AB						
Summe	Summe			Summe	Summe	

S	Verbindlichkeiten aLuL	H		S	GuV-Konto	H
	AB					
Summe	Summe			Summe	Summe	

S	Eigenkapital	H		S		H
	AB					
Summe	Summe			Summe	Summe	

S	Schlussbilanzkonto zum 31.12.01	H
Betriebs- und Geschäftsausstattung	Eigenkapital	
Waren		
Forderungen aLuL		
Bank	Verbindlichkeiten aLuL	
Kasse		

Die Lösung finden Sie unter www.uvk-lucius.de/schritt-fuer-schritt

Übungsaufgabe 6.2 und 6.3

Alle Aufgaben und Lösungen finden Sie unter www.uvk-lucius.de/schritt-fuer-schritt

6.2 Umsatzsteuer

Die Umsatzsteuer betrifft die Erlöse von Unternehmen und ist somit ein wichtiger Faktor, den jedes Unternehmen beachten muss. Mit der Umsatzsteuer werden fast alle Einkäufe und Verkäufe eines Unternehmens belastet. Die **Umsatzsteuer** ist eine **Verkehrssteuer**. Sie belastet den Verkehrsvorgang der **Lieferung bzw. Leistung gegen Entgelt**, das heißt sie wird auf Waren, die eingekauft und verkauft wurden, aufgeschlagen. Rechtsgrundlage ist das Umsatzsteuergesetz.

6.2.1 Funktion der Umsatzsteuer

Die Umsatzsteuer ist eine sogenannte Verkehrssteuer. Sie betrifft den Umsatz von wirtschaftlichen Leistungen. Jeder steuerbare Erlös eines Unternehmens unterliegt der Umsatzsteuer. „Steuerschuldner ist grundsätzlich der Unternehmer, der die Leistung ausführt."[10] Jeder Unternehmer ist folglich verpflichtet, seine Steuerschuld beim Finanzamt zu begleichen. Der Steuerschuldner ist nicht gleichzeitig auch Steuerträger der Umsatzsteuer. Die Umsatzsteuer wird auf den Verbraucher abgewälzt und zählt deshalb zu den indirekten Steuern.

6.2.2 Gesetzesgrundlage

Die gesetzlichen Grundlagen der Umsatzsteuer befinden sich

- im Umsatzsteuergesetz (UStG),
- im Umsatzsteuer-Anwendungserlass (UStAE) und
- in der Umsatzsteuerdurchführungsverordnung (UStDV).

Der Umsatzsteuer unterliegen gemäß Umsatzsteuergesetz die nachfolgenden Umsätze:

- **Lieferungen und sonstige Leistungen**, die ein Unternehmer im Inland gegen Entgelt im Rahmen seines Unternehmens ausführt (§ 1 Abs. 1 UStG),
- **die unentgeltliche Wertabgabe durch Lieferungen** eines Unternehmers (z. B. Sachentnahmen, Schenkungen) (§ 3 Abs. 1 b UStG),

---

[10] Coenenberg, A. G.; Haller, A.; Mattner, G., Schultz, W.: Einführung in das Rechnungswesen, 2014, S. 140.

■ **die unentgeltliche Wertabgabe durch Gegenstandsverwendung** eines Unternehmens (z. B. Nutzungsentnahmen) und anderer sonstige Leistungen (z. B. Leistungsentnahmen) (§ 3 Abs. 9a UStG),

■ Import von Gütern aus Nicht-EU-Staaten (Einfuhrumsatzsteuer) (§ 1 Abs. 1 Nr. 4 UStG),

■ der **innergemeinschaftliche Erwerb** im Inland gegen Entgelt (§ 1 Abs. 1 Nr. 5 UStG),

■ die Leistungen, die der **Leistungsempfänger** nach § 13b Abs. 2 UStG schuldet.

6.2.2.1 Umsatzsteuersätze

In Deutschland beträgt der **allgemeine Umsatzsteuersatz** zurzeit **19 %. Eine ermäßigte Umsatzsteuer** von **7 %** wird auf Umsätze von z. B. Büchern und Zeitschriften, Lebensmittel, künstlerische Leistungen wie Theater- oder Konzertzugangsberechtigungen, sowie auf die Beförderung von Personen **innerhalb einer Gemeinde** oder wenn die Beförderungsstrecke **nicht mehr als 50 Kilometer** beträgt, erhoben.

Daneben gibt es aber auch **steuerfreie Umsätze** (gemäß § 4 UStG).

6.2.2.2 Umsatzsteuerbefreiungen

Bestimmte steuerbare Umsätze werden gemäß § 4 UStG ausdrücklich von der Besteuerung befreit. Die wichtigsten Fälle der Umsatzsteuerbefreiung sind

■ die Umsätze der Seeschifffahrt und der Luftfahrt;

■ die Umsätze der Heilberufe (z. B. Ärzte, Zahnärzte, Heilpraktiker, Physiotherapeuten (Krankengymnasten) und Hebammen;

■ die Umsätze der Krankenhäuser, Alten- und Pflegeheime;

■ die Umsätze aus der Tätigkeit als Versicherungsvertreter/-makler;

■ die Vermietung von Wohnraum;

■ die Vermietung/Verpachtung von Grundstücken (aber Option nach § 9 UStG);

■ die Umsätze, die unter das Grunderwerbssteuergesetz (die Grunderwerbsteuer liegt zur Zeit je nach Bundesland zwischen 5,0 % und 6,5 %) fallen;

■ die Gewährung, Vermittlung und Verwaltung von Krediten;

■ Umsätze von Einrichtungen aus Bund, Ländern und Gemeinden, wie z. B. Orchester, Tierparks oder Büchereien;

■ die Umsätze von Wertpapieren;

■ die unmittelbar dem Postwesen dienenden Umsätze der Deutsche Post AG;

■ innergemeinschaftliche Lieferungen;

■ die Ausfuhrlieferungen in das Drittlandsgebiet (§ 6 UStG).

6.2.3 Steuergegenstand

Die Umsatzsteuer, die beim **Einkauf** anfällt, bezeichnet man als **Vorsteuer** (Eingangsumsatzsteuer). Die Vorsteuer stellt für ein Unternehmen eine **Forderung gegenüber** dem **Finanzamt** dar. Die **Umsatzsteuer**, die beim **Verkauf** entsteht, bezeichnet man als **Umsatzsteuertraglast** (**Ausgangs**umsatzsteuer). Sie stellt für ein Unternehmen eine **Verbindlichkeit gegenüber** dem **Finanzamt** dar.

Die positive Differenz zwischen der Umsatzsteuer(-traglast) und der Vorsteuer bezeichnet man als **Umsatzsteuerzahllast.** Falls die Vorsteuer höher als die Umsatzsteuer ist, spricht man von einem **Vorsteuerüberhang** und es kommt zu einer Umsatzsteuererstattung.

Die Umsatzsteuer wird in der Buchhaltung erfasst. **Bemessungsgrundlage** für die Umsatzsteuer ist das Entgelt. **Entgelt** ist grundsätzlich alles, was der Leistungsempfänger für die Lieferung oder Leistung tatsächlich aufwendet, z. B. der Listenpreis für die Ware zuzüglich Frachten, Verpackung, Transportversicherung usw., jedoch ohne die Umsatzsteuer selbst.

Die Umsatzbesteuerung bezieht sich auf den Grundgedanken, dass die erbrachte **Wertschöpfung** (der Mehrwert) besteuert wird. In der Umgangssprache spricht man auch von der Mehrwertsteuer. Dieser Mehrwert ergibt sich aus der Differenz der erzielten Umsatzerlöse und den bezogenen Vorleistungen.

Mehrwert (Wertschöpfung) = Nettoverkaufspreis - Nettoeinkaufspreis

Steuerschuldner ist das **Unternehmen**, d. h. dieses muss die Umsatzsteuer an das Finanzamt abführen. Die Umsatzsteuer ist ein durchlaufender Posten für die Unternehmen. Dies bedeutet, dass die Umsatzsteuer jedes Mal in den Verkaufspreis mit eingerechnet und beim Verkauf weitergegeben wird, vom Urerzeuger an den Großhändler, von diesem an den Einzelhändler und von dort an den Endverbraucher. So zahlt am Ende der **Endverbraucher als Steuerträger** die Umsatzsteuer, das Unternehmen führt sie als Steuerschuldner nur an das Finanzamt ab.

Der Besteuerungszeitraum für die Umsatzsteuer ist das Kalenderjahr. Die Umsatzsteuervoranmeldung findet in der Regel monatlich statt. Eingangsfrist ist der 10. Tag jedes Folgemonats. Zum gleichen Zeitpunkt muss ebenfalls die abzuführende Zahllast auf dem Bankkonto des Finanzamts eingegangen sein. Lag der Betrag der Zahllast des vergangenen Kalenderjahres im Bereich zwischen 1.000 € und 7.500 €, so ist die Voranmeldung im laufenden Jahr vierteljährlich abzugeben.

Hat die Zahllast jedoch nur maximal 1.000 € im vorherigen Kalenderjahr betragen, entfällt die Umsatzsteuervoranmeldung. In diesem Fall ist der Gewerbetreibende nur zur Abgabe der Jahresumsatzsteuererklärung verpflichtet.

6.2.4 Das Umsatzsteuersystem

Die Umsatzsteuer ist eine Besteuerung des Mehrwertes jeder Produktionsstufe. Dies bedeutet, dass ein umsatzsteuerpflichtiger Unternehmer die Umsatzsteuer, die ihm von anderen Unternehmen beim Einkauf in Rechnung gestellt wird, als Vorsteuer von seiner eigenen Umsatzsteuerschuld abziehen kann, sodass er nur noch den verbleibenden Restbetrag ans Finanzamt abführen muss.

Beispiel: Funktionsweise des Umsatzsteuersystems

- Der **Urerzeuger A** liefert Rohstoffe an den **Produzenten B** für 10.000 € + 19 % USt, **A** hat keinen Vorlieferanten und damit keine Vorsteuer.

- **Produzent B** verarbeitet die Rohstoffe und liefert das Fertigerzeugnis an den **Großhändler C** für 28.000 € + 19 % USt.

- Der **Großhändler C** liefert das Produkt an den Einzelhändler D für 34.000 € + 19 % USt.

- Der **Einzelhändler D** liefert die Ware an den Endverbraucher E (Privatkunde) für 40.000 € + 19 % USt.

- Die **Umsatzsteuerschuld (Zahllast)** der einzelnen Stufen berechnet sich wie folgt:

Stufe	Rechnungsbetrag		Umsatz-steuer	bezahlte Vorsteuer	Zahllast an das Finanz-amt	Mehrwert gegenüber Vorstufe
Stufe 1 Urerzeuger (A)	Nettopreis	10.000 €				
	+ 19 % USt	+ 1.900 €				
	= Verkaufspreis	11.900 €	1.900 €	0 €	1.900 €	10.000 €
Stufe 2 Produzent (B)	Nettopreis	28.000 €				
	+ 19 % USt	5.320 €				
	= Verkaufspreis	33.320 €	5.320 €	1.900 €	3.420 €	18.000 €
Stufe 3 Großhändler (C)	Nettopreis	34.000 €				
	+ 19 % USt	+ 6.460 €				
	= Verkaufspreis	40.460 €	6.460 €	5.320 €	1.140 €	6.000 €
Stufe 4 Einzel-händler (D)	Nettopreis	40.000 €				
	+ 19 % USt	+ 7.600 €				
	= Verkaufspreis	47.600 €	7.600 €	6.460 €	1.140 €	6.000 €
					7.600 €	

Abb. 6.3: Das Umsatzsteuersystem

Die Summe der Umsatzsteuerschulden über alle Stufen beträgt 7.600 €. Sie stimmt mit der Umsatzsteuer überein, die im Verkaufspreis der letzten Stufe enthalten ist.

In jeder Stufe der Wertschöpfung wird der Netto-Rechnungsbetrag besteuert. Dieser wird mit der Ausgangsumsatzsteuer (Umsatzsteuertraglast) belastet. Die bezogenen Leistungen aus der vorherigen Stufe der Wertschöpfung werden ebenfalls besteuert, aber mit der Vorsteuer. Auf jeder Stufe wird die Vorsteuer von der jeweiligen Ausgangsumsatzsteuer abgezogen. Dies nennt man Vorsteuerabzugssystem. Folglich ist die Umsatzsteuerschuld die ein Unternehmen trägt, die Umsatzsteuertraglast minus der angefallenen Vorsteuer. Die Umsatzsteuerschuld wird auch Zahllast genannt. Die Zahllast muss direkt an das Finanzamt abgeführt werden und zählt deshalb zu den sonstigen Verbindlichkeiten eines Unternehmens.

Die umsatzsteuerpflichtigen Unternehmen müssen als Zahllast nur den Betrag ans Finanzamt abführen, der sich auf den Mehrwert (die Wertschöpfung) des Produktes bezieht. Daher wird die Umsatzsteuer umgangssprachlich auch „**Mehrwertsteuer**" (MwSt.) genannt.

Merke

Die Umsatzsteuer, die an das Finanzamt zu zahlen ist, bezeichnet man als **Zahllast**, dies ist der Fall, wenn die entstandene Umsatzsteuer größer als die angefallene Vorsteuer ist.

Umsatzsteuertraglast (Ausgangsumsatzsteuer)

- **Vorsteuer** (Eingangsumsatzsteuer)

= **Zahllast** (Umsatzsteuerschuld)

6.2.5 Kleinunternehmerregelung

Eine Ausnahmeregelung gibt es für sogenannte Kleinunternehmer gemäß § 19 UStG. Kleinunternehmer können von der Umsatzsteuer befreit werden. Das bedeutet, dass diese ihre Leistungen steuerfrei anbieten können. Solche Steuerbefreiungen gelten für alle Gewerbetreibende, deren Umsatz 17.500 € des vorangegangenen Kalenderjahrs nicht überstiegen hat und deren Umsatz 50.000 € im laufenden Jahr nicht übersteigen wird.

Unternehmer, die dieser Regelung unterliegen, sind weder berechtigt Umsatzsteuer auszuweisen noch Vorsteuer abzuziehen. Die angefallene Vorsteuer wird immer zu den Anschaffungskosten gerechnet und folglich nicht separat gebucht.

Häufig wird diese Regelung von Existenzgründern genutzt. „Da die Existenzgründer kein Vorjahr haben, gilt für sie die Grenze von 17.500 € für das Gründungsjahr (anteilig, je nach Gründungsmonat)."[11] Diese Kleinunternehmerregelung muss jedoch nicht immer vorteilhaft sein. Sie ist zum Beispiel nachteilig für ein kleines Unternehmen, wenn es eine große Investition tätigen möchte. In diesem Fall fällt eine hohe Vorsteuer an. Das Unternehmen kann aufgrund der Sonderregelung die hohen Vorsteuerabzüge nicht geltend machen. Deshalb gibt es hier eine Möglichkeit für den Kleinunternehmer, auf die eigentliche Befreiung freiwillig zu verzichten. Entscheidet sich der Kleinunternehmer dafür, ist er jedoch für mindestens fünf Jahre daran gebunden und bekommt in dieser Periode keine Umsatzsteuerbefreiung.

6.2.6 Buchungen der Umsatzsteuer

Im Folgenden werden nun einige Buchungen zur Umsatzsteuer dargelegt. Dies wird mithilfe der Konten **„Vorsteuer"** und **„Umsatzsteuer"** umgesetzt. Anschließend werden die beiden Konten abgeschlossen, um die Umsatzsteuer-Zahllast zu ermitteln.

6.2.6.1 Buchen der Eingangsrechnungen

Auf dem Konto **Vorsteuer** wird die auf den Eingangsrechnungen ausgewiesene Steuer gebucht, unabhängig davon, ob die Rechnung schon bezahlt wurde oder nicht (Soll-Versteuerung). Die Vorsteuer aus den Eingangsrechnungen wird den Unternehmen vom Finanzamt erstattet (§ 15 i. V. m. § 16 Abs. 2 UStG). Das Konto **„Vorsteuer"** enthält eine Forderung gegenüber dem Finanzamt. In der Bilanz wird es unter den **„sonstigen Forderungen"** aufgeführt. Das Konto **Vorsteuer** ist ein **aktives Bestandskonto**.

Beispiel: Buchung der Vorsteuer

Einkauf von Rohstoffen für 2.000 € zuzüglich 19 % Mehrwertsteuer (MwSt.) auf Ziel.

Buchungssatz:

Rohstoffe	2.000			
Vorsteuer	380	an	Verbindlichkeiten aLuL	2.380

Der Bruttobetrag des Rohstoffeinkaufs wird aufgeteilt in den Nettobetrag der Rohstoffe und in die 19 % Umsatzsteuer, die auf diese Rohstoffe angefallen ist. Die tatsächlichen Anschaffungskosten betragen also nur 2.000 € und werden auf das Rohstoffkonto gebucht. Die darauf angefallene Umsatzsteuer wird auf das Konto Vorsteuer gebucht und die Verbindlichkeiten erhöhen sich um den Bruttobetrag von 2.380 €.

---

[11] Ratasiewicz, D.: Schnelleinstieg Finanzbuchhaltung, 2013, S. 163.

6.2.6.2   Buchen der Ausgangsrechnungen

Das Konto **Umsatzsteuer** nimmt die in den Ausgangsrechnungen ausgewiesene Umsatzsteuer auf. Die den Kunden in Rechnung gestellte Umsatzsteuer muss an das Finanzamt abgeführt werden (Umsatzsteuertraglast), egal ob die Rechnung schon beglichen wurde oder nicht. In der Bilanz wird die Umsatzsteuer unter den „**sonstigen Verbindlichkeiten**" ausgewiesen. Das Konto **Umsatzsteuer** ist ein **passives Bestandskonto**.

Beispiel: Buchung der Umsatzsteuer

Zielverkauf von Erzeugnissen, netto 5.000 € zzgl. 19 % Mehrwertsteuer.

Buchungssatz:

| Forderungen aLuL | 5.950 | an | Umsatzerlöse | 5.000 |
| | | an | Umsatzsteuer | 950 |

Da das Umsatzsteuerkonto ein passives Bestandskonto ist, wird die Umsatzsteuer auf der Haben-Seite verbucht.

Tipp

Um aus einem Bruttobetrag den Nettobetrag und die darauf entfallende Umsatzsteuer zu errechnen, gehen Sie wie folgt vor:

Bei Umsätzen mit 19 % Vorsteuer oder Umsatzsteuer:

$$\text{Nettobetrag} = \frac{\text{Bruttobetrag}}{1{,}19}$$

$$\text{Steuerbetrag} = \text{Nettobetrag} \times 0{,}19$$

Bei Umsätzen mit 7 % Vorsteuer oder Umsatzsteuer:

$$\text{Nettobetrag} = \frac{\text{Bruttobetrag}}{1{,}07}$$

$$\text{Steuerbetrag} = \text{Nettobetrag} \times 0{,}07$$

6.2.7   Zahllast

Die Zahllast ist die Verbindlichkeit gegenüber dem Finanzamt, die sich durch Saldierung von Umsatzsteuertraglast und Vorsteuer ergibt.

Zahllast (Umsatzsteuerschuld) = Umsatzsteuertraglast − Vorsteuer

Im Normalfall ist mehr Umsatzsteuer als Vorsteuer angefallen. Dann wird das Konto Vorsteuer zum Konto Umsatzsteuer abgeschlossen, indem der vollständige Betrag der Vorsteuer auf die Soll-Seite des Umsatzsteuer Kontos gebracht wird. Der **Umsatzsteuerbetrag**, der die **Vorsteuer übersteigt**, ist die **Zahllast**. Nach der Verrechnung zeigt der Saldo auf dem Konto „Umsatzsteuer" den an das Finanzamt abzuführenden Betrag, die **Zahllast,** an.

Beispiel: Ermittlung der Zahllast

In einem Industriebetrieb sind innerhalb eines Monats die folgenden Geschäftsvorfälle gebucht worden:

1. Kauf von Rohstoffen auf Ziel, netto 1.000 € zzgl. 19 % MwSt.

Rohstoffe	1.000			
Vorsteuer	190	an	Verbindlichkeiten aLuL	1.190

2. Kauf einer Maschine auf Ziel, netto 10.000 € zzgl. 19 % MwSt.

Maschine	10.000			
Vorsteuer	1.900	an	Verbindlichkeiten aLuL	11.900

3. Rechnung für Reparaturaufwendungen, netto 100 € zzgl. 19 % MwSt.

Reparaturaufwand	100			
Vorsteuer	19	an	Verbindlichkeiten aLuL	119

4. Zielverkauf von Erzeugnissen, netto 20.000 € zzgl. 19 % MwSt.

Forderungen aLuL	23.800	an	Umsatzerlöse	20.000
		an	Umsatzsteuer	3.800

Diese Buchungen führen zu folgenden Eintragungen auf den Bestandskonten Vorsteuer und Umsatzsteuer:

S	Vorsteuer	H	S	Umsatzsteuer	H
1)	190				
2)	1.900		4)		3.800
3)	19				
	2.109				3.800

Daraus ergeben sich eine **Forderung gegenüber dem Finanzamt von 2.109 €** und gleichzeitig eine **Verbindlichkeit von 3.800 €**. Forderung und Verbindlichkeit dürfen in diesem Fall saldiert werden.

Buchungen zur Ermittlung der Zahllast:

5) Umsatzsteuer	2.109	an	Vorsteuer	2.109

Überweisung der Zahllast an das Finanzamt:

6) Umsatzsteuer	1.691	an	Bank	1.691

S	Vorsteuer		H	S	Umsatzsteuer		H
1)	190	5) Saldo	2.109	5) Vorsteuer	2.109	4)	3.800
2)	1.900			6) **Saldo =**	**1.691**		
3)	19			Zahllast			
	2.109		2.109		3.800		3.800

In diesem Beispiel entspricht die Zahllast 1.691 €, die das Unternehmen an das Finanzamt abführen muss.

6.2.8 Vorsteuerüberhang

Übersteigt am Ende des Voranmeldezeitraums der Saldo des Kontos Vorsteuer den Saldo des Kontos Umsatzsteuer, liegt ein **Vorsteuerüberhang** vor. Es besteht somit eine Forderung gegenüber dem Finanzamt. Das Finanzamt überweist den Vorsteuerüberhang an das steuerpflichtige Unternehmen.

Beispiel: Ermittlung des Vorsteuerüberhangs

In einem Industriebetrieb sind innerhalb eines Monats die folgenden Geschäftsvorfälle gebucht worden:
1. Einkauf von Rohstoffen auf Ziel für netto 1.000 € zzgl. 19 % MwSt.
2. Einkauf einer Maschine auf Ziel für netto 10.000 € zzgl. 19 % MwSt.
3. Rechnung für Reparaturaufwendungen für netto 100 € zzgl. 19 % MwSt.
(Die Buchungen zu 1 - 3 entsprechen denen unter dem Beispiel für die Ermittlung der Zahllast)
4. Zielverkauf von Erzeugnissen, netto 10.000 €, zzgl. 19 % MwSt.

Forderungen	11.900	an	Umsatzerlöse	10.000
		an	Umsatzsteuer	1.900

5. Ermittlung der Zahllast bzw. des Vorsteuerüberhangs

Umsatzsteuer	1.900	an	Vorsteuer	1.900

6. Eingang der Überweisung vom Finanzamt

Bank	209	an	Vorsteuer	209

Die Buchungen haben zu folgenden Eintragungen auf den Konten Vorsteuer und Umsatzsteuer geführt:

S	Vorsteuer		H		S	Umsatzsteuer		H
1)	190	5)	1.900		5) Saldo	1.900	4)	1.900
2)	1.900	**6) Saldo** (Vorsteuerüberhang)	209					
3)	19							
	2.109		2.109			1.900		1.900

Merke: Abschluss der Umsatzsteuerkonten
Die Zusammenfassung aller Umsatzsteuerkonten erfolgt
auf dem **Umsatzsteuerkonto**, wenn die Umsatzsteuertraglast größer ist als die Vorsteuer
oder
auf dem **Vorsteuerkonto**, wenn die Umsatzsteuertraglast kleiner ist als die Vorsteuer.

Übungsaufgabe 6.4: Buchungssätze für Umsatzsteuer

Bilden Sie die Buchungssätze für die folgenden Geschäftsvorfälle:
1) Wareneingang auf Ziel für 1.000 € zuzüglich 19 % MwSt.
2) Banküberweisung der Umsatzsteuerzahllast in Höhe von 3.800 €.

3) Warenverkauf auf Ziel für 25.000 € zuzüglich 19 % MwSt.

4) Banküberweisung an einen Lieferanten zum Ausgleich einer Verbindlichkeit aLuL in Höhe von 14.200 €.

Tragen Sie bitte die Buchungssätze für die obigen Geschäftsvorfälle ein.

1)		an		
2)		an		
3)		an		
4)		an		

Die Lösung finden Sie unter www.uvk-lucius.de/schritt-fuer-schritt

Übungsaufgabe 6.5 und 6.6

Alle Aufgaben und Lösungen finden Sie unter www.uvk-lucius.de/schritt-fuer-schritt

6.2.9 Anforderungen an eine Rechnung

Die Vorsteuer aus einer Rechnung darf nur dann separat gebucht werden, wenn die Rechnung den Anforderungen des § 14 Abs. 4 i. V. mit § 14a UStG entspricht. Die folgenden Angaben muss eine ordnungsgemäß ausgestellte Rechnung enthalten

- den vollständigen Namen und die vollständige Anschrift des Rechnungsausstellers und des Rechnungsempfängers,
- die dem leistenden Unternehmen und die einem EU-Leistungsempfänger erteilte Umsatzsteueridentifikationsnummer,
- das Ausstellungsdatum der Rechnung,
- die fortlaufende Rechnungsnummer,
- die Menge und handelsübliche Bezeichnung der gelieferten Waren oder Art und Umfang der Leistung,
- den Zeitpunkt der Lieferung oder der sonstigen Leistung bzw. Vereinnahmung des Entgelts für eine noch nicht ausgeführte Lieferung oder Leistung,
- die Aufschlüsselung des Entgelts nach Steuersätzen und Steuerbefreiungen,
- jede im Voraus vereinbarte Minderung des Entgelts, sofern diese nicht bereits im Entgelt berücksichtigt ist, z. B. Skonto, Rabatt,
- bei Anzahlungen: der Zeitpunkt der Vereinnahmung des Entgelts, sofern nicht mit Ausstellungsdatum identisch,
- anzuwendender Steuersatz und Steuerbetrag oder Hinweis auf Steuerbefreiung,
- bei Lieferungen und Leistungen im Zusammenhang mit einem Grundstück der Hinweis auf die zweijährige Aufbewahrungspflicht,
- einen Hinweis auf die „Steuerschuldnerschaft des Leistungsempfängers" (§ 14a Abs. 1 oder 5 UStG). Es darf auch die offizielle Bezeichnung in der Amtssprache eines anderen Mitgliedstaates verwendet werden.

6.3   Buchung der Privatentnahmen

Wenn die Eigentümer von personenbezogenen Unternehmen (Einzelunternehmungen, Personenhandelsgesellschaften) Vermögensgegenstände ihres Unternehmens zum privaten Konsum verwenden, so handelt es sich um eine **„Entnahme von Gegenständen und sonstigen Leistungen" (kurz: Entnahme v. G. u. s. L.).**

In der Buchführung wird die private Entnahme von Vermögensgegenständen als Verkauf interpretiert. Die privat entnommenen Vermögensgegenstände werden zu Einstandspreisen bewertet, somit handelt es sich um einen „erfolgsneutralen Verkauf". Damit die erfolgsneutralen Warenentnahmen nicht mit den erfolgswirksamen Verkäufen im „Warenverkaufskonto" bzw. im Konto „Umsatzerlöse" vermischt werden, nutzt man in der Praxis dafür das besondere Ertragskonto **„Entnahme v. G. u. s. L.".** Die **Privatentnahmen** von Vermögensgegenständen durch die Eigentümer eines Unternehmens sind **umsatzsteuerpflichtig.**

Unter **„Entnahme v. G. u. s. L."** wird die Nutzung bzw. Entnahme betrieblicher Vermögensgegenstände für den Privatgebrauch verstanden. Darunter fällt zum Beispiel die Nutzung des betrieblichen Telefons für Privatgespräche oder die privaten Fahrten mit dem Firmenwagen. Geldentnahmen stellen eine Privatentnahme dar und werden selbstverständlich ohne Umsatzsteuer verbucht. Die Nutzung des Firmenwagens für den privaten Bedarf wird ebenfalls gebucht, hier sind spezielle Regelungen zur Ermittlung des privaten Anteils zu beachten. Die Buchungen erfolgen dabei auf ein extra Ertragskonto „Entnahme v. G. u. s. L.". Die Entnahme v. G. u. s. L. stellt einen Umsatz des Unternehmens an den Inhaber des Unternehmens dar. Der § 1 Abs. 1 UStG führt u. a. die folgenden Vorgänge der Entnahme v. G. u. s. L. auf:

Privatentnahmen (§ 4 Abs. 1 Satz 2 EStG)			
Sachentnahme (Waren und Erzeugnisse)	**Nutzungs**entnahme	**Leistungs**entnahme	**Geld**entnahme
Entnahme von Gegenständen	private Nutzung betrieblicher Gegenstände	andere unentgeltliche sonstige Leistungen	
unentgeltliche umsatzsteuerpflichtige Leistungen			

Abb. 6.4: umsatzsteuerpflichtige Privatentnahmen (Entnahmen v. G. u. s. L.)[12]

6.3.1   Geldentnahme

Geldentnahmen finden statt, indem der Unternehmer Geld aus der Betriebskasse entnimmt oder eine Auszahlung von dem Unternehmenskonto vornimmt. Im Falle der Geldentnahme ist die Umsatzsteuer nicht zu berücksichtigen, da Geldbewegungen nicht steuerpflichtig sind.

Beispiel: Bargeldentnahme

Der Einzelunternehmer M. Müller entnimmt 500 € für private Zwecke der betrieblichen Kasse.

Privatentnahme	500	an	Kasse	500

In diesem Beispiel wird der Wert der Geldentnahme nun auf der Soll-Seite des Kontos „Privatentnahmen" und auf der Haben-Seite des Kontos „Kasse" verbucht.

---

[12] In Anlehnung an: Bornhofen, M. u. Bornhofen M. C.: Buchführung 1, 2013, S. 136.

Bei der Geldentnahme verlässt ein Vermögensgegenstand das Unternehmen und somit verringert sich das Eigenkapital um diesen Wert. Hier liegt folglich eine Bilanzverkürzung vor.

6.3.2 Umsatzsteuerpflichtige Entnahmen

Die private Warenentnahme wird ähnlich wie der Warenverkauf verbucht. Bei der Entnahme von Waren werden diese grundsätzlich zu Einkaufspreisen bewertet. Findet eine Änderung des Preises zwischen dem Zeitpunkt der Anschaffung und der Entnahme statt, so muss die Ware mit dem Wiederbeschaffungspreis bewertet werden. Der Wiederbeschaffungspreis ist der Marktwert der Ware zum Zeitpunkt ihrer Entnahme. Waren, die im Unternehmen selbst hergestellt wurden, sind mit den Selbstkosten zu bewerten. Ist die Ermittlung der Selbstkosten schwierig, darf der Unternehmer einen Pauschalbetrag verwenden. Diese Pauschalbeträge werden vom Bundesministerium der Finanzen jedes Jahr neu festgelegt und veröffentlicht.

Bei den folgenden Privatentnahmen ist die Umsatzsteuer zu berücksichtigen:

- Die **Sachentnahme** für private Zwecke ist umsatzsteuerpflichtig. Dazu gehört die Entnahme steuerbarer Gegenstände des Anlage- und des Umlaufvermögens für Zwecke, die außerhalb des Unternehmens liegen. Die Vermögensgegenstände werden aus dem Betriebsvermögen entnommen. Jedoch wird auf die Entnahme von Grundstücken, Wertpapieren und Geldbeträgen keine Umsatzsteuer gerechnet, da diese gemäß § 4 UStG von der Besteuerung befreit sind.

- Der private Nutzungsanteil an den **Firmenwagenkosten** kann wie folgt ermittelt werden:
  1. **Fahrtenbuchregelung**: Die zurückgelegten Kilometer sind durch Einzelnachweis jeweils für Dienst- und Privatfahrten in einem Fahrtenbuch ordnungsgemäß nachzuweisen.
  2. **1 %-Regelung**: Die private Fahrzeugnutzung muss für jeden Monat mit 1 % des inländischen Listenpreises des Fahrzeugs zum Zeitpunkt der Erstzulassung zuzüglich Sonderausstattung und einschließlich Umsatzsteuer angesetzt werden. Die 1 %-Pauschalregelung darf nur angewandt werden, wenn die betriebliche Nutzung des Firmenwagens mehr als 50 % beträgt.

- Die **Leistungsentnahme für unentgeltliche Dienstleistungen** durch den Einsatz von Betriebspersonal für nicht unternehmerische (private) Zwecke zu Lasten des Unternehmens ist ebenfalls umsatzsteuerpflichtig. Dabei bleiben die privat genutzten Gegenstände, meist Fahrzeuge und Telekommunikationseinrichtungen im Betriebsvermögen. Die für Arbeiten im privaten Bereich des Unternehmers abgestellten Arbeitskräfte, wie z. B. Handwerker, Gärtner oder Reinigungskräfte, werden als Mitarbeiter des Betriebs geführt und vom Betrieb bezahlt. Diese Entnahmen v. G. u. s. L. werden prozentual zur Verwendung der privaten Nutzung verrechnet.

Auf dem Entnahmebeleg müssen der Nettowert der Entnahme und die Umsatzsteuer gesondert ausgewiesen werden.

Merke

Die Entnahme eines Gegenstandes, bei dem Vorsteuer abgezogen worden ist, wird gemäß § 10 Abs. 4 Nr. 1 UStG bemessen nach

- dem **Nettoeinkaufspreis** zuzüglich Anschaffungsnebenkosten für den Gegenstand zum Zeitpunkt des Umsatzes oder
- nach den **Selbstkosten** des Gegenstandes zum Zeitpunkt des Umsatzes.

Beispiel: Verbuchung der Privatentnahme

Ein Metzgermeister betreibt als Einzelunternehmer eine Großmetzgerei. Die folgenden Geschäftsvorfälle sind zu buchen:

1. Der Inhaber hat selbsterzeugte Wurst und Wurstwaren im Wert von netto 400 € für den privaten Verbrauch entnommen. (Es handelt sich um eine Entnahme v. G. u. s. L., die dem ermäßigten USt-Satz von 7 % unterliegt.)

2. Der im Betrieb der Großmetzgerei beschäftigte **Handwerker** hat Reparaturarbeiten im Einfamilienhaus des Inhabers ausgeführt. Für die Arbeiten wurden 20 Arbeitsstunden benötigt, die innerhalb der Betriebsausgaben zu einem Selbstkosten-Stundensatz von 40 €/Std. (einschließlich Lohnnebenkosten) abgerechnet worden sind.

3. Der Geschäfts-PKW wird zu 30 % für Privatfahrten verwendet. An Kosten für Benzin, Reparaturen, Inspektion sind 4.400 € angefallen. Für Kfz-Versicherungen und Kfz-Steuer, die nicht der Umsatzsteuer unterliegen, sind 1.500 € angefallen. Außerdem sind 7.600 € Abschreibungen zu berücksichtigen. Bei der **privaten Nutzung des betrieblichen PKW** liegt eine Entnahme v. G. u. s. L. vor.

	insgesamt netto	30 % Entnahme v. G. u. s. L.	umsatz-steuer-pflichtig	19 % USt
Benzin, Reparatur, Inspektion	4.400 €	1.320 €	ja	250,80 €
Abschreibung	7.600 €	2.280 €	ja	433,20 €
Kfz-Versicherung, Kfz-Steuer	1.500 €	450 €	nein	------
Summe	13.500 €	4.050 €		684,00 €

Buchungssätze:

1)	Privatentnahme	428	an	Entnahme v. G. u. s. L. (7 %)	400
			an	Umsatzsteuer (7 %)	28
2)	Privatentnahme	952	an	Entnahme v. G. u. s. L. (19 %)	800
			an	Umsatzsteuer (19 %)	152
3)	Privatentnahme	4.734	an	Entnahme v. G. u. s. L. (19 %)	3.600
			an	Umsatzsteuer (19 %)	684
			an	Entnahme v. G. u. s. L. (ohne USt)	450

Merke

Eine Privatentnahme führt zu einer Minderung und eine Privateinlage führt zu einer Erhöhung des Eigenkapitals.

Übungsaufgabe 6.7

Alle Aufgaben und Lösungen finden Sie unter www.uvk-lucius.de/schritt-fuer-schritt

6.4 Buchungen von Bestandsveränderungen im Industriebetrieb

Im **Handelsbetrieb** werden Waren eingekauft, zwischengelagert und in der Regel ohne jede weitere Bearbeitung zu einem über dem Einkaufspreis liegenden Absatzpreis weiter veräußert. Kennzeichen des **Industriebetriebs** ist dagegen der Produktionsprozess, d. h. die am Beschaffungsmarkt erworbenen Werkstoffe (Roh-, Hilfs- und Betriebsstoffe sowie Vorprodukte) werden mit anderen Produktionsfaktoren wie z. B. Arbeit und Maschinen so kombiniert, dass gegenüber den eingesetzten Faktoren veränderte marktgängige Produkte entstehen.

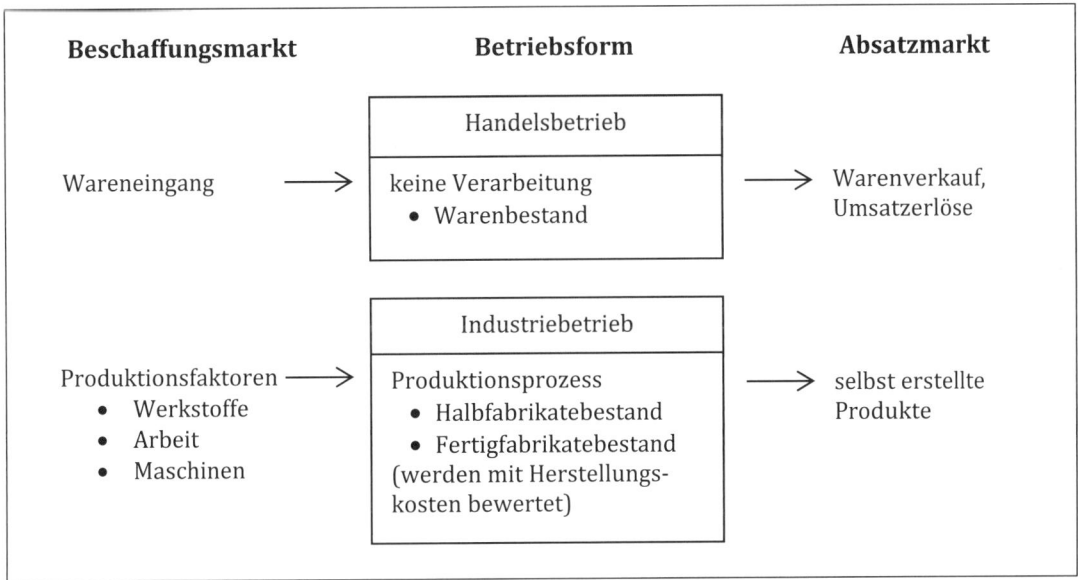

Abb. 6.5: Leistungserstellung im Handels- und Industriebetrieb

Die drei typischen Aufgaben eines Industriebetriebs beinhalten

- das Einkaufen von Roh-, Hilfs- und Betriebsstoffen,
- die Fertigung absatzfähiger Produkte mit Hilfe menschlicher Arbeitsleistung und Kapital (Maschinen),
- den Verkauf der Endprodukte an den Handel und andere Industrieunternehmen oder den Einsatz der Endprodukte im eigenen Unternehmen.

6.4.1 Bestandsveränderungen bei den Roh-, Hilfs- und Betriebsstoffen

Die Anfangsbestände der Roh-, Hilfs-, und Betriebsstoffe übernimmt man aus den Endbeständen des Vorjahres gemäß der Inventur. Die Abgänge werden getrennt davon auf Materialkonten in der Lagerbuchhaltung erfasst, und beispielsweise am Monatsende der Finanzbuchhaltung mitgeteilt. Die Belege für die Verbuchung bilden die Materialentnahmescheine.

Beispiel: Verbuchung der Rohstoffe

1) Der Anfangsbestand der Rohstoffe beträgt 6.000 €.
2) Kauf von Rohstoffen im Wert von 5.000 € zzgl. 19 % MwSt. auf Ziel.
3) Verbrauch von Rohstoffen im Wert von 4.500 €.

Buchungssätze:

1)	Rohstoffe	6.000	an	Eröffnungsbilanzkonto	6.000
2)	Rohstoffe Vorsteuer	5.000 950	an	Verbindlichkeiten aLuL	5.950
3)	Rohstoffaufwand	4.500	an	Rohstoffe	4.500
4)	SBK (Schlussbestand)	6.500	an	Rohstoffe	6.500

S	Rohstoffe		H
1) AB	6.000	3)	4.500
2)	5.000	4) **Saldo** (SBK)	6.500
	11.000		11.000

Für die Erfassung der Bestandsveränderung gibt es die Methode **mit** und **ohne** Inventur.

6.4.1.1   Methode ohne Inventur (Skontrationsmethode)

Bei dieser Methode kann der Materialverbrauch bei jeder Entnahme sofort ermittelt werden, deshalb muss die Lagerbuchhaltung einwandfrei funktionieren. Es wird bei jeder Entnahme eines Werkstoffes das Bestandskonto um den jeweiligen Wert korrigiert. Zugleich wird die Entnahme auf einem Materialentnahmeschein (Buchungsbeleg) festgehalten. Dieser bildet den Buchungsbeleg für das Aufwandskonto, aus dem sich später der Verbrauch des Werkstoffes ermitteln lässt. Beide Konten können parallel geführt werden. Da jede Entnahme sofort dokumentiert wird, spricht man auch vom direkten Verfahren.

Das Bestandskonto wird über das SBK abgeschlossen, das Aufwandskonto wird über das GuV-Konto abgeschlossen.

Die Buchungssätze lauten:

Schlussbilanzkonto		an	RHB-Stoffe
GuV-Konto		an	RHB-Aufwand

S	RHB-Stoffe	H	S	RHB-Aufwand	H
AB	Entnahme1		Verbrauch 1	**Saldo =** Material-aufwand der Periode (in GuV)	
Zugänge	Entnahme 2		Verbrauch 2		
	....		...		
	Entnahme n		Verbrauch n		
	Saldo (SBK)				

6.4.1.2 Methode mit Inventur (Inventurmethode)

Bei diesem Verfahren wird der Materialverbrauch erst am Ende der Rechnungsperiode, mithilfe der Inventur, ermittelt. Den Verbrauch kann man mit der folgenden Formel berechnen:

Verbrauch = Anfangsbestand + Zugänge – Endbestand (laut Inventur)

Es wird zunächst nur ein Bestandskonto z. B. „Rohstoffe" geführt. Der Anfangsbestand wird aus dem Endbestand des Vorjahres übernommen, die Zugänge werden auf der Soll-Seite des Bestandskontos verbucht. Den Schlussbestand erhält man aus der Inventur, und trägt ihn auf der Haben-Seite ein. Dieser kann sofort in das Schlussbilanzkonto (SBK) übernommen werden.

Buchungssatz:

Schlussbilanzkonto	an	RHB-Stoffe

Den Materialverbrauch an RHB-Stoffen ermittelt man, indem man den Saldo des Bestandskontos bildet. Der Saldo stellt den Verbrauch dar. Das Bestandskonto wird über das RHB-Aufwandskonto abgeschlossen. D. h. der Verbrauch (Saldo des Bestandskontos) wird gebucht, indem man ihn (auf die Soll-Seite) des RHB-Aufwandskontos überträgt. Das RHB-Aufwandskonto wird über das GuV-Konto abgeschlossen.

Buchungssatz:

RHB-Aufwendungen	an	RHB-Stoffe

S	RHB-Stoffe	H	S	RHB-Aufwand	H
AB	SB (laut Inventur)		RHB-Verbrauch	Saldo (GuV)	
Zugänge	Saldo = RHB-Verbrauch				

Die RHB-Stoffe werden separat gebucht.

> **Merke**
>
> Die Werkstoffe – „Roh-, Hilfs- und Betriebsstoffe" – werden auf den aktiven Bestandskonten erfasst.
>
> Durch den Einsatz in der Fertigung verringern sich diese Vorräte. Der Verbrauch wird auf einem entsprechenden Aufwandskonto (z. B. Roh- oder Hilfsstoffaufwendungen) gebucht. Es wird immer Aufwandskonto an Bestandskonto gebucht.
>
> Die Schlussbestände der Werkstoffkonten stehen auf der Aktivseite der Bilanz.
>
> Die RHB-Stoffaufwandskonten werden über das GuV-Konto abgeschlossen.

6.4.2   Bestandsveränderungen bei unfertigen und fertigen Erzeugnissen

Es kommt relativ selten vor, dass die gesamte produzierte Menge an Fertigerzeugnissen auch in derselben Periode sofort abgesetzt wird. Oft wird in einem mehrstufigen Produktionsprozess vorproduziert, um eine gleichmäßige Auslastung in der Produktion zu gewährleisten oder jederzeit lieferbereit zu sein. Häufig sind am Abschlussstichtag nicht alle Erzeugnisse fertiggestellt und/oder die Fertigerzeugnisse sind noch nicht alle verkauft.

Da in der Regel selbst erstellte Erzeugnisse sich im Lager befinden, muss sowohl ein Konto für Fertigerzeugnisse als auch eines für unfertige Erzeugnisse geführt werden. Bei beiden Konten wird der Anfangsbestand aus dem Endbestand des Vorjahres zu Beginn des Geschäftsjahres übernommen. Den **Schlussbestand** am Ende des Geschäftsjahres erhält man aus der Inventur. Dieser wird zu den **Herstellungskosten bewertet und aktiviert**, und schließlich in das SBK gebucht. Die jeweilige Bestandsveränderung ergibt sich als Saldo, wenn man auf den Konten „Fertigerzeugnisse" und „Unfertige Erzeugnisse" den Schlussbestand mit dem Anfangsbestand saldiert.

Das Konto Bestandsveränderung wird über das GuV-Konto abgeschlossen.

S	Fertigerzeugnis (FE)	H	S	Bestandsveränderung (FE)	H
Anfangsbestand	Schlussbestand				
Saldo = Bestands-erhöhung	Saldo = Bestands-minderung		Bestandsminderung	Bestandserhöhung	

Die **Bestandsveränderungen** wirken sich auf den Erfolg eines Unternehmens aus, da der Saldo des Kontos Bestandsveränderungen auf das GuV-Konto übertragen wird.

Wann liegt eine Bestandserhöhung vor?

Eine **Bestandserhöhung** liegt vor, wenn der **Anfangsbestand kleiner ist als der Schlussbestand**. Dies bedeutet, dass im Geschäftsjahr mehr Erzeugnisse produziert als verkauft wurden. Die Bestandserhöhung wird im GuV-Konto als Ertrag den entsprechenden Herstellungsaufwendungen gegenübergestellt, d. h. eine Bestandserhöhung wirkt sich gewinnerhöhend aus.

Buchungssätze:

unfertige Erzeugnisse	an	Bestandsveränderungen
Fertigerzeugnisse	an	Bestandsveränderungen

Abschlussbuchung:

Bestandsveränderungen	an	GuV-Konto

Wann liegt eine Bestandsminderung vor?

Falls der Lagerbestand an unfertigen oder an fertigen Erzeugnissen am Jahresende geringer ist, als am Jahresanfang, liegt eine Bestandsminderung vor. Es wurde mehr verkauft als produziert. Eine Bestandsverminderung wirkt sich gewinnmindernd aus.

Buchungssätze:

Bestandsveränderungen	an	unfertige Erzeugnisse
Bestandsveränderungen	an	Fertigerzeugnisse

Abschlussbuchung:

GuV-Konto	an	Bestandsveränderungen

> **Merke**
>
> Wenn die Produktions- und die Absatzmenge in einer Rechnungsperiode der unfertigen Erzeugnisse und/oder fertigen Erzeugnisse nicht übereinstimmen, ergibt sich der Erfolg des Industriebetriebs erst unter Berücksichtigung der Bestandsveränderungen.

Beispiel: Buchungen der Bestandsveränderung

Teil a) Der Anfangsbestand an Fertigerzeugnissen (FE) beträgt 20 Erzeugniseinheiten zu je 10 €/St. Der Inventur zufolge beträgt der Schlussbestand 30 Erzeugniseinheiten zu je 10 €/St. (Bestandserhöhung).

Teil b) Der bewertete Anfangsbestand der unfertigen Erzeugnisse (UFE) beträgt 170 €, und die Inventur am Jahresende ergibt einen Bestandswert von 50 € (Bestandsminderung).

Buchungssätze:

Teil a)

1)	Fertigerzeugnisse	200	an	Eröffnungsbilanzkonto	200
2)	Schlussbilanzkonto	300	an	Fertigerzeugnisse	300
3)	Fertigerzeugnisse	100	an	Bestandsveränderungen	100

Teil b)

4)	unfertige Erzeugnisse	170	an	Eröffnungsbilanzkonto	170
5)	Schlussbilanzkonto	50	an	unfertige Erzeugnisse	50
6)	Bestandsveränderungen	120	an	unfertige Erzeugnisse	120
7)	GuV-Konto	20	an	Bestandsveränderungen	20

S	Fertigerzeugnisse			H	S	unfertige Erzeugnisse			H
1) AB	200	2) SBK	300		4) AB	170	5) SBK	50	
Saldo (BV)	100						6) **Saldo** (BV)	120	
	300		300			170		170	

S	Bestandsveränderungen		H
6) UFE	120	FE	100
		7) **Saldo** = GuV	20
	120		120

S	GuV-Konto		H
BV	20	**Saldo** (EK) Verlust	20
	20		20

> **Merke**
>
> ▪ Ist die abgesetzte Menge an Erzeugnissen in einer Abrechnungsperiode geringer als die produzierte Menge, liegt eine **Bestandsmehrung** vor.
>
> ▪ Ist die abgesetzte Menge an Erzeugnissen in einer Abrechnungsperiode größer als die produzierte Menge, liegt eine **Bestandsminderung** vor.
>
> ▪ **Bestandsmehrungen und Bestandsminderungen** müssen bei der Ermittlung des Erfolges (nach dem Gesamtkostenverfahren) eines Industriebetriebes berücksichtigt werden, da im GuV-Konto die Aufwendungen nur die Werte für die in dieser Rechnungsperiode hergestellten Erzeugnisse ausweisen, die Höhe der Umsatzerlöse sich aber aus der abgesetzten Menge an Gütern ergibt.
>
> ▪ Bestandsmehrungen werden auf dem **Erfolgskonto „Bestandsveränderungen"** als Ertrag im Haben, Bestandsminderungen als Aufwand im Soll gebucht. Gegenkonto ist entweder das Aktivkonto „Fertigerzeugnisse" oder „unfertige Erzeugnisse".
>
> ▪ Die **Konten Fertigerzeugnisse** und **unfertige Erzeugnisse** werden während der Abrechnungsperiode nicht berührt. Sie enthalten nur den jeweiligen Anfangsbestand, den Schlussbestand und die sich daraus ergebende Bestandsveränderung.

Zusammenfassend kann man folgende Unterschiede zwischen einem Handels- und einem Industriebetrieb feststellen:

Kontoart	Handelsbetrieb	Industriebetrieb
Bestandskonto	Wareneingang (falls als gemischtes Konto geführt)	Rohstoffe Hilfsstoffe Betriebsstoffe Vorprodukte/Fremdbauteile
Aufwandskonto	Wareneingang (falls als gemischtes Konto geführt) (der Saldo stellt den Wareneinsatz dar)	Rohstoffaufwendungen Hilfsstoffaufwendungen Betriebsstoffaufwendungen Aufwendungen für Vorprodukte Bestandsminderungen
Ertragskonto	Umsatzerlöse (Warenverkauf)	Umsatzerlöse Bestandserhöhungen

Abb. 6.6: Analogien der Verbuchung im Handels- und Industriebetrieb

Übungsaufgaben 6.8 bis 6.14

Alle Aufgaben und Lösungen finden Sie unter www.uvk-lucius.de/schritt-fuer-schritt

6.4.3 Zusammenfassung der Buchungssätze bei Bestandsveränderungen

Abschluss der Bestandskonten

Schlussbilanzkonto	an	unfertige Erzeugnisse
Schlussbilanzkonto	an	Fertigerzeugnisse

Umbuchungen bei Bestandserhöhungen

unfertige Erzeugnisse	an	Bestandsveränderungen
Fertigerzeugnisse	an	Bestandsveränderungen

Umbuchungen bei Bestandsminderungen

Bestandsveränderungen	an	unfertige Erzeugnisse
Bestandsveränderungen	an	Fertigerzeugnisse

Abschluss des Kontos „Bestandsveränderungen"

　　bei Bestandserhöhung:

Bestandsveränderungen	an	GuV-Konto

　　bei Bestandsminderung:

GuV-Konto	an	Bestandsveränderungen

Eigene Notizen

Schritt 7: Buchungen im Absatz- und Beschaffungsbereich

Lernziele

In diesem Kapitel lernen Sie die Verbuchung von Anschaffungspreisminderungen sowie Erlösschmälerungen (Rabatte, Boni und Skonti) kennen. Anschließend wissen Sie, wodurch sich diese unterscheiden und welche Buchungen bei entsprechenden Geschäftsvorfällen erfolgen müssen. Dasselbe gilt für Bezugs- und Vertriebskosten.

Außerdem befassen Sie sich in diesem Kapitel mit Rücksendungen und Gutschriften, die die Konten Wareneingang und Umsatzerlöse (Warenverkauf) beeinflussen, dadurch sind je ein Aktiv- und ein Passivkonto betroffen.

Zum Schluss des Kapitels lernen Sie die Ermittlung der Anschaffungskosten und der Herstellungskosten sowie das Verbuchen der Anzahlungen.

7.1 Die Behandlung von Preisnachlässen und Erlösschmälerungen

Preisnachlässe kommen sowohl beim Ein- als auch beim Verkauf von Waren vor und stellen eine Minderung des ursprünglich vereinbarten Kaufpreises dar. Diese Nachlässe und Erlösschmälerungen werden als Rabatte, Skonti und Boni bezeichnet. Gemäß § 17 Abs. 1 UStG handelt es sich bei Preisnachlässen um Änderungen der Bemessungsgrundlage (sogenannte Entgeltminderungen), die zu einer Korrektur der Umsatzsteuer bzw. der Vorsteuer führen.

7.1.1 Nachlässe vom Verkäufer

Rabatte sind Preisnachlässe, die der Lieferant gewährt. Dazu zählen beispielsweise

- Barzahlungsrabatt,
- Mengenrabatt (bei Abnahme größerer Mengen),
- Treuerabatt (bei längerer dauernder Geschäftsbeziehung),
- Wiederverkäuferrabatt (bei Verkäufen an Händler),
- Personalrabatt (bei Verkäufen an Mitarbeiter) und
- Sonderrabatt (bei Sonderverkäufen, z. B. Saisonverkäufen).

In der Regel werden die Rabatte sofort bei der Ausstellung der Rechnung preismindernd berücksichtigt. Diese Rabatte werden daher auch als **Sofort-Rabatt** bezeichnet. Bei den Sofort-Rabatten berechnet der Lieferant die Umsatzsteuer schon vom verminderten Rechnungsbetrag, d. h. sie werden buchmäßig nicht gesondert erfasst, sondern direkt vom Nettopreis abgezogen.

Beispiel: Einkauf auf Ziel mit Sofortrabatt

	Listenpreis für Waren	10.000 €
-	Sofortrabatt 20 %	- 2.000 €
=	Nettobetrag	= 8.000 €
+	Umsatzsteuer 19 %	+ 1.520 €
=	Rechnungsbetrag	= 9.520 €

Buchungssatz:

Wareneingang	8.000			
Vorsteuer	1.520	an	Verbindlichkeiten aLuL	9.520

Preisreduzierungen, die von Lieferanten in Form von **Mängelrügen, nachträglichen Rabatten, Boni und Skonti** gewährt werden, **mindern beim Einkäufer den Einkaufspreis** der bezogenen Materialien, Waren, Anlagevermögensgegenstände und damit auch die darauf entfallende **Vorsteuer**. Andererseits führen Preisnachlässe beim Verkäufer zu einer **Verminderung der Umsatzerlöse** und dadurch auch zur **Verminderung der Umsatzsteuer**.

Mit **Skonto** bezeichnet man einen Preisabzug, der einem Käufer für „vorzeitige" Zahlung vom Lieferanten gewährt wird. Der Skonto ist eine **Zinsvergütung für vorzeitige Zahlung**. Wenn man innerhalb des Skontozahlungszeitraums bezahlt, kann man einen gewissen Prozentsatz vom ursprünglichen Rechnungspreis abziehen. Umsatzsteuerlich bewirkt der Abzug des Skontos beim Verkäufer eine Entgeltminderung und damit eine Verminderung der Umsatzsteuer, während sich beim Käufer die Vorsteuer verringert. Durch den Skontoabzug verringert sich beim Lieferanten der Ertrag aus dem Umsatzerlös und beim Käufer die Anschaffungskosten des Wareneingangs.

Beispiel: Tatsächliche Kosten des Skontos

Es wurden die folgenden Zahlungsbedingungen vereinbart: Bei Zahlung innerhalb 10 Tagen 3 % Skonto oder innerhalb 30 Tagen netto. Der Skonto ist ein absatzpolitisches Instrument und stellt i. d. R. eine sehr teure Kreditierung dar. Bei Nichtinanspruchnahme des Skontos bedeutet dies ein approximativer Jahresprozentsatz (i_{appr}) von:

$$i_{appr} = \frac{3\ \%}{20\ \text{Tage}} \times 360\ \text{Tage} = 54\ \%$$

Der Nominalzins beträgt 54 % p.a.

Hier im Beispiel: Für (30 - 10 =) 20 Tage: 3 % (20 Tage kosten 3 % mehr); bezogen auf ein Jahr: 360/20 = 18; 18 x 3 % = 54 % (Kreditzinssatz von 54 % p.a.!). Im Normalfall sind Skontoangebote auszunutzen, da ein Bankkredit i. d. R. zu deutlich günstigeren Konditionen in Anspruch genommen werden kann.

Der **Bonus** ist ein nachträglicher entweder viertel-, halb- oder jährlich vom Lieferanten gewährter **Nachlass**. Dieser Nachlass ist meistens nach der Höhe des Umsatzes gestaffelt, den der Kunde bei ihm erreicht hat. Mit der **Bonusgewährung** will der Verkäufer seine **Kunden veranlassen**, einen möglichst **hohen Anteil ihres Bedarfs** bei ihm zu **decken**. **Umsatzsteuerlich** werden **Boni** genauso behandelt **wie Skonti**, d. h. Boni mindern beim Verkäufer die Umsatzsteuer und die Umsatzerlöse bzw. beim Käufer die Vorsteuer und die Anschaffungskosten.

Rabatte, Skonti, Boni, die der Käufer vom Lieferanten erhält, werden als **Lieferantenrabatte, Lieferantenskonti und Lieferantenboni** bezeichnet.

Rabatte, Skonti, Boni, die der Verkäufer seinem Kunden gewährt, werden als **Kundenrabatte, Kundenskonti und Kundenboni** bezeichnet.

7.1.2 Erhaltene Nachlässe

Buchen von erhaltenen Skonti bzw. erhaltenen Boni

Beim Käufer (Einkaufsseite) fallen **Skontoerträge** an, wenn der Lieferant Skonto gewährt und der Skonto genutzt wird. **Lieferantenskonti** mindern die Anschaffungskosten des Wareneingangs.

Beispiel: Verbuchung von erhaltenen Skonti (Lieferantenskonti)

Wir haben von einem Lieferanten Waren für 100.000 € zzgl. 19 % USt = 119.000 € auf Ziel eingekauft. Zehn Tage nach der Lieferung begleichen wir die Verbindlichkeiten aLuL unter Abzug von 3 % Skonto durch Banküberweisung.

	Waren	100.000 €
+	19 % Umsatzsteuer	+ 19.000 €
=	Bruttorechnungsbetrag	= 119.000 €
-	3 % Skonto (3 % von 119.000 €)	- 3.570 €
=	Überweisungsbetrag per Bank	= 115.430 €

Buchungssatz beim Wareneingang:

Wareneingang	100.000			
Vorsteuer	19.000	an	Verbindlichkeiten aLuL	119.000

Buchungssatz bei vorzeitiger Zahlung:

Verbindlichkeiten aLuL	119.000	an	Bank	115.430
		an	erhaltene Skonti	3.000
		an	Vorsteuer	570
erhaltene Skonti	3.000	an	Wareneingang	3.000

Überweisung der Lieferantenrechnung unter Abzug von 3 % Skonto. 3 % Skonto von 119.000 € = 3.570 €. Somit beträgt die Zahlung 119.000 € - 3.570 € = 115.430 €.

Die rückgängig zu machende Vorsteuer (heraus zurechnen aus dem Bruttoskontobetrag) beträgt 570 €.

$$\text{Korrektur der Vorsteuer} = \frac{\text{Gesamtskontobetrag} \times 0{,}19}{1{,}19} = \frac{3.570\,\text{€} \times 0{,}19}{1{,}19} = 570\,\text{€}$$

Das Konto „erhaltene Skonti" ist ein Unterkonto des Kontos „Wareneingang" und wird deshalb über dieses Konto abgeschlossen.

Beispiel: Buchen von erhaltenen Boni (Lieferantenboni)

Der Lieferant aus dem vorhergehenden Beispiel gewährt uns zum Ende des Geschäftsjahres einen Bonus von 5.000 € + 950 € (USt) = 5.950 €.

Buchungssätze:

Verbindlichkeiten aLuL	5.950	an	erhaltene Boni	5.000
		an	Vorsteuer	950
erhaltene Boni	5.000	an	Wareneingang	5.000

Das Konto „erhaltene Boni" ist ein Unterkonto des Kontos „Wareneingang" und wird deshalb über dieses Konto abgeschlossen.

Wird der oben dargestellte Geschäftsvorfall so aufgefasst, dass die Boni jeweils auf die Vorjahresumsätze berechnet sind, dann lautet der Buchungssatz:

| Verbindlichkeiten aLuL | 5.950 | an | periodenfremde Erträge | 5.000 |
| | | an | Vorsteuer | 950 |

7.1.3   Nachlässe für Kunden

Sofortrabatte stellen einen im Voraus gewährten Preisnachlass dar und werden buchmäßig nicht gesondert erfasst, sondern direkt vom Nettoverkaufspreis abgezogen.

Nachträgliche Preisnachlässe schmälern beim Verkäufer die Umsatzerlöse. Sie werden nicht direkt gebucht, sondern zunächst auf der Unterkontengruppe „Erlösschmälerungen" der Umsatzerlöse erfasst und dann periodisch auf diese umgebucht. Die Umsatzsteuer ist entsprechend zu reduzieren.

Buchen von gewährten Skonti bzw. Boni

An Kunden gewährte Nachlässe für vorzeitige Zahlung stellen für den Verkäufer **Skontoaufwendungen** dar. Sie werden deshalb auch **Kundenskonti** genannt. Kundenskonti sind Erlösschmälerungen beim Verkauf von Erzeugnissen oder Handelswaren.

Beispiel: Verbuchung von gewährten Skonti (Kundenskonti)

Wir verkaufen Waren für 4.000 € zzgl. 19 % USt auf Ziel. Nach zehn Tagen begleicht der Kunde die Rechnung mit 2 % Skonto.

	Waren	4.000,00 €
+	19 % Umsatzsteuer	+ 760,00 €
=	Bruttorechnungsbetrag	= 4.760,00 €
-	2 % Skonto (2 % von 4.760 €)	- 95,20 €
=	Überweisungsbetrag per Bank	= 4.664.80 €

Buchungssatz beim Warenverkauf

| Forderungen aLuL | 4.760,00 | an | Warenverkauf (Umsatzerlöse) | 4.000 |
| | | an | Umsatzsteuer | 760 |

Buchungssatz bei vorzeitiger Zahlung

Bank	4.664,80			
gewährte Skonti	80,00			
Umsatzsteuer	15,20	an	Forderungen aLuL	4.760
Umsatzerlöse (Warenverkauf)	80,00	an	gewährte Skonti	80

Überweisung durch den Kunden unter Abzug von 2 % Skonto. 2 % Skonto von 4.760 € = 95,20 €. Somit beträgt die Zahlung 4.760,00 € - 95,20 € = 4.664,80 €.

Die rückgängig zu machende Umsatzsteuer (herauszurechnen aus dem Bruttoskontobetrag) beträgt 15,20 €.

$$\text{Korrektur der Umsatzsteuer} = \frac{\text{Gesamtskontobetrag} \times 0,19}{1,19} = \frac{95,20\ € \times 0,19}{1,19} = 15,20\ €$$

Beispiel: Buchen von gewährten Boni (Kundenboni)

Wir gewähren als Verkäufer einem Kunden zum Ende des Geschäftsjahres einen Bonus in Höhe von 500 € + 95 € (USt) = 595 €.

Buchungssatze:

gewährte Boni	500			
Umsatzsteuer	95	an	Forderungen aLuL	595
Umsatzerlöse	500	an	gewährte Boni	500

Wird der oben dargestellte Geschäftsvorfall so aufgefasst, dass die Boni jeweils auf die Vorjahresumsätze berechnet sind, dann lautet der Buchungssatz:

periodenfremder Aufwand	500			
Umsatzsteuer	95	an	Forderungen aLuL	595

Gewährte Boni mindern wie gewährte Skonti die Umsatzerlöse.

Merke

Erhaltene Boni (Lieferantenboni) und erhaltene Skonti (Lieferantenskonti) stellen für den Käufer eine Minderung der Anschaffungskosten des Wareneingangs dar.

Gewährte Boni (Kundenboni) oder gewährte Skonti (Kundenskonti) mindern die Umsatzerlöse. Dem Verkäufer entsteht eine Erlösminderung.

Die Erlösminderungen werden zur besseren Übersicht und zur Abgrenzung gegenüber den Warensendungen der Kunden auf einem Unterkonto des Erlöskontos erfasst.

Übungsaufgabe 7.1: Erlösschmälerungen

Ein Jungunternehmer bittet Sie ihm in der Buchhaltung mit Ihren neu erworbenen buchhalterischen Kenntnissen behilflich zu sein. Nachfolgend sehen Sie die vorläufige Bilanz zum 31.12.:

Aktiva		**Bilanz**	Passiva
Maschinen	50.000 €	Eigenkapital	260.000 €
Fuhrpark	85.000 €	Verbindlichkeiten aLuL	70.000 €
Handelswaren	140.000 €	Umsatzsteuer	20.000 €
Forderungen aLuL	35.000 €		
Bankguthaben	35.000 €		
Kasse	5.000 €		
Bilanzsumme	350.000 €	Bilanzsumme	350.000 €

Es sind noch folgende Geschäftsvorfälle zu buchen:

1) Wareneingang auf Ziel, netto	15.000,00 €	
+ 19 % Umsatzsteuer	+ 2.850,00 €	17.850,00 €
2) Banküberweisung an den Lieferanten für die Rechnung	17.850,00 €	
Nr. 1) abzüglich 3 % Skonto	- 535,50 €	17.314,50 €
3) Wareneingang auf Ziel, netto	27.000,00 €	
abzüglich Rabatt	- 2.000,00 €	
	= 25.000,00 €	
+ 19 % Umsatzsteuer	+ 4.750,00 €	29.750,00 €
4) Banküberweisung der Umsatzsteuerschuld		20.000,00 €
5) Kauf einer Maschine auf Ziel, netto	22.000,00 €	
+ 19 % Umsatzsteuer	+ 4.180,00 €	26.180,00 €
6) Warenverkauf auf Ziel, netto	44.000,00 €	
abzüglich Rabatt	- 4.000,00 €	
	= 40.000,00 €	
+ 19 % Umsatzsteuer	7.600,00 €	47.600,00 €
7) Der Kunde bezahlt die obige Rechnung über	47.600,00 €	
abzüglich 2 % Skonto	- 952,00 €	46.648,00 €
8) Ein Lieferant gewährt uns einen Bonus, netto	3.000,00 €	
+ 19 % Umsatzsteuer	+ 570,00 €	3.570,00 €

Berücksichtigen Sie unbedingt die folgenden Abschlussangaben

9) Warenendbestand laut Inventur		158.000,00 €
10) Abschreibung auf Maschinen		8.000,00 €

Bilden Sie die Buchungssätze, tragen Sie die Anfangsbestände auf den T-Konten vor und schließen Sie die Konten ab.

Nutzen Sie bitte die folgende Tabelle für die Buchungssätze der obigen Geschäftsvorfälle.

1)		an		
2)		an		
3)		an		
4)		an		
5)		an		

6)		an		
7)		an		
8)		an		
10)		an		

Die Lösung finden Sie unter www.uvk-lucius.de/schritt-fuer-schritt

Nutzen Sie die T-Konten für Ihre Buchungen.

S	Maschinen	H
AB		
Summe	Summe	

S	Fuhrpark	H
AB		
Summe	Summe	

S	Forderungen aLuL	H
AB		
Summe	Summe	

S	Bank	H
AB		
Summe	Summe	

S	Kasse	H
AB		
Summe	Summe	

S	Abschreibungen	H
Summe	Summe	

S	Vorsteuer	H
AB		
Summe	Summe	

S	Umsatzsteuer	H
	AB	
Summe	Summe	

S	gewährte Skonti	H		S	erhaltene Skonti/Boni	H
Summe	Summe			Summe	Summe	

S	Wareneingang (WE)	H		S	Umsatzerlöse	H
AB						
Summe	Summe			Summe	Summe	

S	Verbindlichkeiten aLuL	H		S	GuV-Konto	H
	AB					
Summe	Summe			Summe	Summe	

S	Eigenkapital	H		S		H
	AB					
Summe	Summe			Summe	Summe	

Soll	Schlussbilanzkonto zum 31.12.01	Haben
Maschinen	Eigenkapital	
Fuhrpark		
Waren		
Forderungen aLuL	Verbindlichkeiten aLuL	
Vorsteuer (sonstige Forderungen)		
Bank		
Kasse		

Übungsaufgabe 7.2, 7.3 und 7.4

Alle Aufgaben und Lösungen finden Sie unter www.uvk-lucius.de/schritt-fuer-schritt

7.2 Die Behandlung von Bezugs- und Vertriebskosten

Beim Einkauf von Handelswaren und RHB-Stoffen fallen häufig Bezugskosten an, bis die RHB-Stoffe oder die Ware ins Lager des Unternehmens genommen wird. **Bezugskosten** sind **Anschaffungsnebenkosten,** das heißt sie müssen zum ursprünglichen Anschaffungspreis hinzuaddiert werden und dürfen daher nicht als Aufwand verbucht werden. Damit sind sie neben dem Anschaffungspreis wichtiger Bestandteil der nach § 255 Abs. 1 HGB aktivierungspflichtigen Anschaffungsnebenkosten der Vermögensgegenstände. Beim **Warenbezug** können **neben** dem **Kaufpreis** folgende **Kosten** anfallen, die als Anschaffungs**nebenkosten** bezeichnet werden:

- für den Erwerb (z. B. Grunderwerbsteuer, Grundbuchgebühren, Notargebühren, Zölle, Vermittlungsprovisionen)

- für die Verbringung in das Unternehmen (z. B. Transportkosten, Verpackungskosten, Versicherungskosten)

- für die Inbetriebnahme (z. B. Montagekosten)

7.2.1 Anschaffungskosten

Handels- und steuerrechtlich gehören die Anschaffungs**nebenkosten** mit dem **Anschaffungspreis** eines Gegenstandes zu den **Anschaffungskosten**.

Gemäß § 255 Abs. 1 HGB sind Anschaffungskosten **Aufwendungen**, die geleistet werden, um einen **Vermögensgegenstand zu erwerben** und ihn in einen **betriebsbereiten Zustand zu versetzen**, soweit sie dem Vermögensgegenstand **einzeln zugerechnet werden können**.

Die **Anschaffungskosten** werden wie folgt ermittelt:

   Anschaffungspreis (Kaufpreis ohne abzugsfähige Vorsteuer)

+ einzeln zuordenbare **Aufwendungen für die Versetzung in den Zustand der Betriebsbereitschaft** (z. B. Anschlusskosten, Fundamente, betriebsinterne Aufwendungen, soweit sie einzeln zugeordnet werden können)

+ **Anschaffungsnebenkosten** (alle im Zusammenhang mit dem Erwerb anfallenden Aufwendungen wie z. B. Zölle, Eingangsfrachten, Provisionen, Grunderwerbsteuer, Versicherungen, Notariats-, Gerichtskosten- und Registerkosten)

+ **nachträgliche Anschaffungskosten** (nachträgliche Aufwendungen für beschaffte Vermögensgegenstände, soweit sie noch in einem zeitlichen Zusammenhang mit der Anschaffung stehen)

- **einzeln zuordenbare Anschaffungspreisminderungen** (z. B. Rabatte, Skonti, Boni (jedoch nicht mengen- und umsatzabhängige Boni), Gutschriften, Rückvergütungen, ggf. Zuwendungen)

= **zu aktivierende Anschaffungskosten** (§ 255 Abs. 1 HGB)

Merke

Finanzierungskosten gehören **nicht** zu den Anschaffungskosten!

Die **Anschaffungsnebenkosten** können direkt oder indirekt verbucht werden. Bei der direkten Verbuchung werden die **Warenbezugskosten**, die als Anschaffungs**nebenkosten** zu den Anschaffungskosten der bezogenen Waren gehören, **direkt** auf dem **Wareneingangskonto** gebucht. Diese **direkte** Buchung der Warenbezugskosten auf dem Wareneingangskonto hat den **Nachteil**, dass die **Höhe der Bezugskosten** nachträglich **nicht** mehr ohne Weiteres festgestellt werden kann.

Benötigt der Unternehmer die **Höhe der Warenbezugskosten** (z. B. für seine Kalkulation), werden diese als **Anschaffungsnebenkosten** indirekt auf ein **eigenes Konto** gebucht. Dieses **Anschaffungsnebenkostenkonto** ist ein **Unterkonto des Wareneingangskontos** und wird über dieses abgeschlossen.

Beispiel: Anschaffungsnebenkosten

1) Zieleinkauf von Waren, netto 10.000 € zzgl. 1.900 € MwSt.
2) Barzahlung der Eingangsfrachten auf die obige Warenlieferung, netto 200 € zzgl. 38 € MwSt.

Direkte Buchung

1)	Wareneingang	10.000			
	Vorsteuer	1.900	an	Verbindlichkeiten aLuL	11.900
2)	Wareneingang	200			
	Vorsteuer	38	an	Kasse	238

Indirekte Buchung

1)	Wareneingang	10.000			
	Vorsteuer	1.900	an	Verbindlichkeiten aLuL	11.900
2)	Anschaffungsnebenkosten	200			
	Vorsteuer	38	an	Kasse	238

Am Jahresende wird das Anschaffungsnebenkostenkonto zum Konto Wareneingang abgeschlossen:

3)	Wareneingang	200	an	Anschaffungsnebenkosten	200

Auf dem Wareneingangskonto erscheinen die Wareneingänge zu Wareneinstandswerten. Die Anschaffungsnebenkosten sind im Zeitpunkt ihrer Entstehung erfolgsneutral. Sie erhöhen den Warenwert, da sie aktiviert werden.

Durch den Verkaufsvorgang vermindern sie anteilsmäßig den Warenrohgewinn, was im Wareneinsatz zum Tragen kommt, d. h. anteilsmäßige Verrechnung auf den Wareneinsatz und den Warenendbestand.

Übungsaufgabe 7.5: Anschaffungskosten

Ein Jungunternehmer kauft während einer Messe eine Werkzeugmaschine für 59.500 € inkl. 19 % MwSt. Nach zähen Verhandlungen wird ihm ein Rabatt in Höhe von 10 % gewährt. Ferner werden ihm 3 % Skonto gewährt, wenn er die Maschine innerhalb von 10 Tagen bezahlt (er zahlt sie innerhalb von 10 Tagen). Ferner sind an Transportkosten 500 € zzgl. 19 % MwSt. angefallen.

Für die Transportversicherung hat der Jungunternehmer 400 € bezahlt. Die Inbetriebnahme und Montage durch eine Fremdfirma verursachte Kosten in Höhe von 2.000 € zzgl. 19 % MwSt.

Wie hoch sind die Anschaffungskosten für die Werkzeugmaschine?

Nutzen Sie folgende Tabelle für die Ermittlung der Anschaffungskosten der Werkzeugmaschine.

Die Lösung finden Sie unter www.uvk-lucius.de/schritt-fuer-schritt

7.2.2 Warenvertriebskosten

Beim Warenvertrieb können folgende Kosten anfallen:

- **Transportkosten**: z. B. Ausgangsfrachten, Postgebühren, Abfuhrkosten, Transportversicherungsbeiträge, Verpackungskosten etc.
- **Vertriebsprovisionen**: Industrieunternehmen, setzen häufig Handelsvertreter ein, um ihre Erzeugnisse zu verkaufen. Für ihre Dienstleistung erhalten die Handelsvertreter eine Umsatzprovision, die einen Aufwand für das in Anspruch nehmende Unternehmen darstellt.

Die **Warenvertriebskosten** gehören zu den **sofort abzugsfähigen Betriebsaufwendungen**, d. h. sie wirken sich in dem Jahr, in dem sie anfallen, in voller Höhe auf den Erfolg (Gewinn oder Verlust) aus. Die **Warenvertriebskosten** sind auf gesonderten **Aufwandskonten** zu erfassen, die **über** das **Gewinn- und Verlustkonto (GuV-Konto)** abgeschlossen werden.

> **Merke**
>
> **Eingangsfrachten** werden als Anschaffungsnebenkosten **aktiviert**, aber **Ausgangsfrachten** werden als Warenvertriebskosten als **Aufwand** gebucht!

7.3 Rücksendungen und Gutschriften

Waren werden **zurückgesandt** oder **im Preis ermäßigt**, wenn der Verkäufer den Kaufvertrag nicht ordnungsgemäß erfüllt, d. h. wenn der Verkäufer z. B. **falsche oder mangelhafte Waren** geliefert hat. Für die Rücksendung bzw. den festgestellten Mangel der Waren erteilt der Verkäufer dem Käufer eine entsprechende **Gutschrift**. Durch die Rücksendung vermindern sich beim Verkäufer die Umsatzerlöse und die Umsatzsteuer und beim Käufer der Wareneingang und die Vorsteuer.

In der Buchführung wird die Rücklieferung als Korrekturbuchung z. B. auf den Konten „RHB-Stoffe" oder „Wareneingang" und dem Konto „Verbindlichkeiten aLuL" erfasst. Außerdem ändert sich durch die Gutschrift die Bemessungsgrundlage für die Umsatzsteuer. Der Unternehmer muss auch den ursprünglich vorgenommenen Vorsteuerabzug korrigieren.

Die Verbuchung der Rücksendung erfolgt mit einer **Stornobuchung** der Kaufs- bzw. Verkaufsbuchung, d. h. die ursprüngliche Buchung wird dabei einfach umgekehrt.

> **Merke**
>
> Rücksendungen und Gutschriften mindern
>
> ■ auf der Einkaufsseite den Wareneingang, die Vorsteuer und die Verbindlichkeiten aLuL und
> ■ auf der Verkaufsseite die Umsatzerlöse, die Umsatzsteuer und die Forderungen aLuL.

Beispiel: Rücksendungen

a) Wir haben von einem Lieferanten Waren für 10.000 € + 1.900 € MwSt. = 11.900 € auf Ziel gekauft. Beim Auspacken stellen wir fest, dass ein Teil der Waren stark beschädigt und für den Verkauf ungeeignet ist. Wir senden den mangelhaften Teil der Waren an den Lieferanten zurück. Für die Rücksendung erhalten wir vom Lieferanten eine Gutschrift über 1.000 € + 190 € MwSt. = 1.190 €.

Buchungssatz beim **Wareneingang** (laut Eingangsrechnung):

Wareneingang	10.000			
Vorsteuer	1.900	an	Verbindlichkeiten aLuL	11.900

Buchungssatz bei der **Rücksendung** (laut Gutschrift):

Verbindlichkeiten aLuL	1.190	an	Wareneingang	1.000
		an	Vorsteuer	190

b) Aufgrund einer Mängelrüge schreibt uns der Lieferant 300 € + 57 € MwSt. = 357 € gut. Buchungssatz:

Verbindlichkeiten aLuL	357	an	Wareneingang	300
		an	Vorsteuer	57

c) Wir haben einem Kunden Waren für 20.000 € + 3.800 € MwSt. = 23.800 € auf Ziel geliefert. Von unserem Kunden nehmen wir die falsch gelieferte Ware im Wert von 1.000 € + 190 € MwSt. = 1.190 € zurück und erteilen ihm darüber eine **Gutschrift.**

Buchungssatz beim **Warenausgang** (laut Ausgangsrechnung):

Forderungen aLuL	23.800	an	Umsatzerlöse	20.000
		an	Umsatzsteuer	3.800

Buchungssatz bei **Rücksendung** (laut Gutschrift):

Umsatzerlöse	1.000			
Umsatzsteuer	190	an	Forderungen aLuL	1.190

Übungsaufgaben 7.6 bis 7.9
Alle Aufgaben und Lösungen finden Sie unter www.uvk-lucius.de/schritt-fuer-schritt

7.4 Anzahlungen

Anzahlungen sind Vorauszahlungen auf zukünftige Leistungen. Nach der Leistungserbringung erhält der Kunde eine Gesamtabrechnung mit der Restforderung. Anzahlungen sind **umsatz-steuerpflichtig**, soweit sie sich auf umsatzsteuerpflichtige Leistungen beziehen, d. h. die Umsatzsteuer für den Anzahlungsbetrag wird bereits mit der Anzahlung fällig.

Eine Anzahlung ist üblich

- bei Sonderanfertigungen: z. B. Sonderanfertigung von Anlagegütern, Möbel nach Kundenwunsch, Anfertigung eines Abendkleides beim Schneider,
- bei Großaufträgen: z. B. die Anzahlung dient zur Finanzierung der für die Herstellung benötigten Materialien und Personalkosten, und
- bei unbekannten bzw. unsicheren Auftraggebern.

Man unterscheidet zwischen geleisteten und erhaltenen Anzahlungen, die auf separaten Konten (Bestandskonten) erfasst werden

- **geleistete** Anzahlungen: sie stellen eine **Forderung** dar,
- **erhaltene** Anzahlungen: sie stellen eine **Verbindlichkeit** dar.

7.4.1 Anzahlungen an Lieferanten (geleistete Anzahlungen)

Eine geleistete Anzahlung (Vorauszahlung) stellt aus Sicht des Bestellers eine **Forderung** gegenüber dem Lieferanten dar, denn der Lieferant muss die Leistung bzw. die Lieferung noch erbringen. Deshalb muss die geleistete Anzahlung aktiviert werden.

Beispiel: Geleistete Anzahlungen

Der Unternehmer Knauser schließt einen Kaufvertrag über eine Maschine in Höhe von 50.000 € zuzüglich 19 % MwSt. ab. Es wird eine Anzahlung von 20 % vereinbart. Die Maschine wird sechs Monate nach dem Vertragsabschluss geliefert. Nach 30 Tagen wird der Restbetrag für die Maschine bezahlt.

Buchung der geleisteten Anzahlung beim Käufer:

Geleistete Anzahlung	10.000			
Vorsteuer	1.900	an	Bank	11.900

Buchung nach Lieferung und Bezahlung der Maschine beim Käufer:

Maschine Vorsteuer	50.000 9.500	an	Verbindlichkeit aLuL	59.500
Verbindlichkeit aLuL	11.900	an an	geleistete Anzahlungen Vorsteuer	10.000 1.900
Verbindlichkeit aLuL	47.600	an	Bank	47.600

7.4.2 Anzahlungen von Kunden (erhaltene Anzahlungen)

Eine erhaltene Anzahlung stellt eine **Verbindlichkeit** gegenüber dem Auftraggeber dar, denn „man muss" dem Kunden noch eine Leistung bzw. Lieferung erbringen. Die erhaltene Anzahlung ist noch **kein betrieblicher Erfolg**, da die Leistung noch nicht erbracht worden ist, sie ist deshalb erfolgsneutral zu behandeln. Deshalb muss die erhaltene Anzahlung passiviert werden.

Erhaltene Anzahlungen kann man nach § 268 Abs. 5 HGB entweder gesondert unter den Verbindlichkeiten ausweisen oder offen von den Vorräten absetzen.

Beispiel: Erhaltene Anzahlungen

Der Unternehmer Schleicher schließt einen Verkaufsvertrag über eine Maschine in Höhe von 70.000 € zuzüglich 19 % MwSt. ab. Er erhält eine Anzahlung von 20 %. Die Maschine liefert er 6 Monate nach dem Vertragsabschluss. Nach 30 Tagen erhält der Unternehmer Schleicher die Restzahlung.

Buchung der erhaltenen Anzahlung beim Verkäufer:

Bank	16.660	an an	erhaltene Anzahlungen Umsatzsteuer	14.000 2.660

Buchung nach Auslieferung der Maschine und Erhalt der Restzahlung:

Forderungen aLuL	83.300	an an	Umsatzerlöse Umsatzsteuer	70.000 13.300
Erhaltene Anzahlungen Umsatzsteuer	14.000 2.660	an	Forderungen aLuL	16.660
Bank	66.640	an	Forderungen aLuL	66.640

> **Merke**: Anzahlungen müssen gesondert ausgewiesen werden:
> - **Geleistete** Anzahlungen sind zu **aktivieren**.
> - **Erhaltene** Anzahlungen sind zu **passivieren**.

Übungsaufgabe 7.10 und 7.11

Alle Aufgaben und Lösungen finden Sie unter www.uvk-lucius.de/schritt-fuer-schritt

Schritt 8: Leasinggeschäfte

Lernziele

In diesem Kapitel lernen Sie die unterschiedlichen Leasingformen kennen. Sie werden

▨ den Begriff des Leasings verstehen und erklären, sowie die Arten des Leasings unter scheiden können,

▨ die Bedeutung des Leasings in der Praxis erkennen,

▨ zwischen Vollamortisations- und Teilamortisationsverträgen sowie zwischen Operating Leasing und Finanzierungsleasing differenzieren können,

▨ die Kriterien der steuerlichen Zuordnung von Leasinggegenständen, in Abhängigkeit von verschiedenen Leasingverträgen, nennen und zuordnen können, wissen bei wem der Leasinggegenstand zu bilanzieren ist und

▨ die Buchungen aus der Sicht des Leasinggebers und des Leasingnehmers je nach Vertragsgestaltung beherrschen.

8.1 Einführung Leasinggeschäfte

Der Begriff „Leasing" ist auf das englische Verb „to lease" zurückzuführen, was so viel bedeutet wie „mieten" oder „pachten". Im Deutschen wird der Begriff verwendet, um eine spezielle Form der Außenfinanzierung zu bezeichnen.

Leasing hat in den letzten Jahrzehnten eine dynamische Entwicklung erfahren und spielt heute in der Wirtschaft eine wesentliche Rolle. Vor allem in den Bereichen Kraftfahrzeuge, Produktionsmaschinen, Büroausstattung und EDV erfreut sich das Leasing zunehmender Beliebtheit. Inzwischen werden in Deutschland mehr als 20 Prozent der Investitionsgüter über Leasing finanziert.

„Unter Leasing versteht man die mittel- bis langfristige Überlassung von [mobilen oder immobilen Investitions- oder Gebrauchsgüter] gegen Zahlung eines Nutzungsentgelts, das man als Leasinggebühr bezeichnet." [14] Im Handelsrecht gibt es keine expliziten Regelungen, daher kommen die Erlasse des Bundesfinanzministeriums zur Anwendung.[15] Man unterscheidet zwischen **direktem Leasing**, bei dem der **Leasinggeber auch der Hersteller** ist und **indirektem Leasing**, bei dem der **Leasinggeber eine Finanzierungsgesellschaft ist**. Beim **indirekten Leasing** handelt es sich um eine Dreiecksbeziehung zwischen Hersteller beziehungsweise Lieferant, einem Finanzierungsunternehmen, welches der Leasinggeber ist und dem Leasingnehmer, welcher den Leasinggegenstand nutzt.[16] Der Kaufvertrag wird hierbei zwischen dem Hersteller und dem Finanzierungsunternehmen geschlossen. Der Kaufpreis wird vom Finanzierungsunternehmen (Leasinggeber) an den Hersteller gezahlt. Die Lieferung des Leasinggegenstands erfolgt vom Hersteller direkt zum Leasingnehmer, welcher den Leasinggegenstand nutzt. Dieser ist vertraglich mit dem Leasinggeber, dem Finanzierungsunternehmen verbunden und zahlt Leasingraten an ihn.

---

[14] Wöhe, G.; Döring, U.: Einführung in die Allgemeine Betriebswirtschaftslehre, 2010, S. 619.

[15] Freidank, C.; Velte, P.: Rechnungslegung und Rechnungspolitik, 2013, S. 597.

[16] Goeke, M.: Praxishandbuch Mittelstandsfinanzierung, 2008, S. 151.

Die übliche Konstellation beim indirekten Leasing zwischen Leasinggeber, Leasingnehmer und Lieferant (Verkäufer) zeigt die folgende Abbildung.

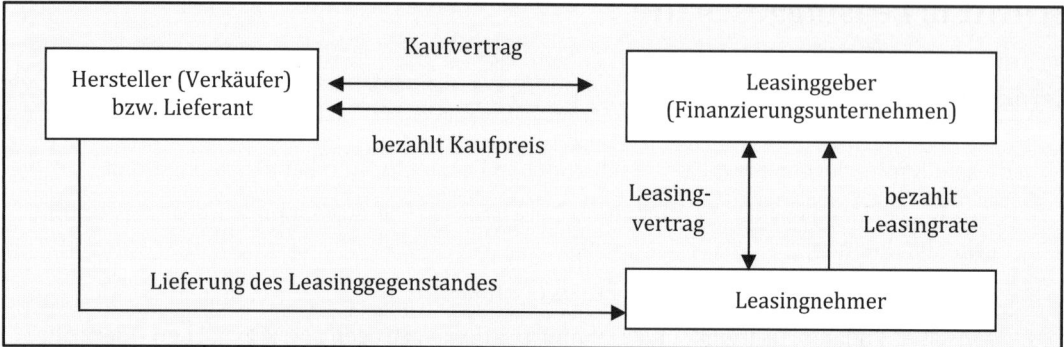

Abb. 8.1: Schematischer Ablauf beim indirekten Leasing

Somit stellt sich die entscheidende Frage: Ist der Leasinggegenstand beim Leasinggeber oder beim Leasingnehmer zu aktivieren?

8.2 Leasingformen

Leasingverträge können nach verschiedenen Gesichtspunkten systematisiert werden. Die Abbildung 8.2 orientiert sich an den im Steuerrecht unterschiedenen Formen und Unterformen des Leasings, die auch für die spätere Zurechnung des Leasingobjektes zu einer Vertragspartei von Bedeutung sind.

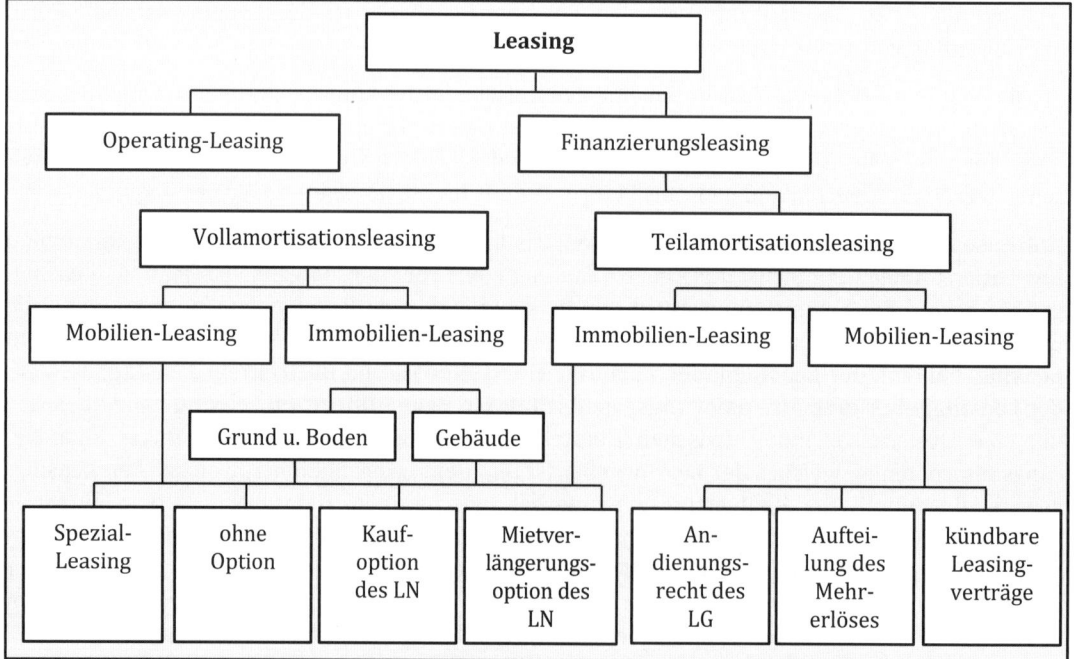

Abb. 8.2: Systematisierung von Leasingverträgen[17]

---

[17] In Anlehnung an: Bieg, H. u. Kußmaul, H.: Finanzierung, 2009, S. 242.

8.2.1 Finanzierungsleasing

Finanzierungsleasing ähnelt bei der Vertragsgestaltung dem „Ratenkauf unter Eigentumsvorbehalt."[18] Hierbei steht die Finanzierungsaufgabe im Mittelpunkt. Der Leasingnehmer führt mit dem Hersteller, bzw. dem Verkäufer, die Verhandlung über den Leasingvertrag. Üblicherweise wird der Leasinggegenstand daraufhin von einem Finanzierungsunternehmen, dem Leasinggeber, gekauft. Der Leasinggeber überlässt den Leasinggegenstand dem Leasingnehmer für eine feste Grundmietzeit, die in der Regel kürzer ist als die betriebsgewöhnliche Nutzungsdauer. Während der Grundmietzeit ist der Leasingvertrag nicht kündbar. Somit ist der Leasinggeber rechtlicher Eigentümer und der Leasingnehmer wirtschaftlicher Eigentümer des Leasinggegenstands. Außerdem liegen Chancen und Risiken des Leasinggegenstands beim Leasingnehmer.

Beim Finanzierungsleasing unterscheidet man zwei verschiedene Vertragsarten: den **Vollamortisationsvertrag (Full-Pay-out-Leasing)** und den **Teilamortisationsvertrag (Non-Pay-out-Leasing)**.

8.2.1.1 Vollamortisationsvertrag

Bei einem Vollamortisationsvertrag müssen die Leasingraten, die der Leasingnehmer, während der Grundmietzeit zahlt, die Anschaffungs- oder Herstellungskosten, die Finanzierungskosten, die Verwaltungskosten und den Gewinn des Leasinggebers voll decken. Für die Vollamortisationsverträge gibt es die folgenden Varianten, wenn die Grundmietzeit abgelaufen ist:

- **Vertrag ohne Option oder sonstigem Recht**: Bei dieser Form muss der Leasingnehmer nach Ablauf der Grundmietzeit das Leasingobjekt an den Leasinggeber zurückgeben. Der Leasingnehmer hat keinen Einfluss auf die weitere Verwendung.
- **Vertrag mit Kaufoption**: Der Leasingnehmer kann das Objekt nach Ablauf der Vertragslaufzeit zu einem, bei Beginn des Vertrags, festgelegten Preis erwerben.
- **Vertrag mit Mietverlängerungsoption**: Der Leasingnehmer kann den Leasingvertrag nach Ablauf der Grundmietzeit verlängern. In der Regel ist die Folgemiete günstiger.
- **Vollamortisationsvertrag mit Kaufoption und mit Mietverlängerungsoption**: Hier hat der Leasingnehmer die Möglichkeit, das Objekt zu kaufen oder weiter zu leasen.
- **Spezialleasing:** Spezialleasing bedeutet, dass das Objekt speziell auf die Bedürfnisse des Leasingnehmers zugeschnitten wird und eigentlich nur von ihm genutzt werden kann.

8.2.1.2 Teilamortisationsvertrag

Im Gegensatz zum Vollamortisationsvertrag werden beim Teilamortisationsvertrag nur ein Teil der Aufwendungen des Leasinggebers durch die Leasingraten während der Grundmietzeit gedeckt. Demnach ergeben sich folgende Alternativen, die nach der Grundmietzeit möglich sind:[19]

- **Andienungsrecht des Leasinggebers**: „Der Leasingnehmer hat kein Recht den Gegenstand zu kaufen. Er ist aber verpflichtet, den Gegenstand auf Verlangen des Leasinggebers zu einem bereits bei Vertragsschluss festgelegten Preis zu erwerben."[20]
- **Kündigungsrecht mit Abschlusszahlung**: Nach Ablauf der Grundmietzeit, die mindestens 40 Prozent der betriebsgewöhnlichen Nutzungsdauer beträgt, kann der Leasingnehmer den Leasingvertrag kündigen. Der Leasingnehmer zahlt dem Leasinggeber eine Abschlusszahlung.

---

[18] Coenenberg, A. G. ;Haller, A.; Mattner, G.; Schultze, W.: Einführung in das Rechnungswesen, 2014, S. 370.

[19] Beyer, M.; Haug, I.; Heyd, R.; Zorn, D.: Bilanzierung nach HGB in Schaubildern, 2014, S. 188.

[20] Beyer, M.; Haug, I.; Heyd, R.; Zorn, D.: Bilanzierung nach HGB in Schaubildern, 2014, S. 188.

Die Höhe bezieht sich auf die Differenz der bisher gedeckten Kosten und den Gesamtkosten des Leasinggebers. Auf die Abschlusszahlung werden bis zu 90 % des erzielten Verkaufserlöses des Leasinggebers angerechnet. Ist dieser anzurechnende Teil plus die Summe der bisher gezahlten Leasingraten niedriger als die Gesamtkosten des Leasinggebers, so muss der Leasingnehmer noch eine weitere Abschlusszahlung in Höher dieser Differenz begleichen. Wenn der Verkaufserlös zuzüglich der Summe der Leasingraten des Leasinggegenstands höher ist als die Gesamtkosten, erhält der Leasinggeber diesen Betrag.[21]

▪ **Aufteilung des Mehrerlöses**: Der Leasinggeber verkauft den Leasinggegenstand nach Ablauf der Grundmietzeit. Wenn der Erlös geringer ist als die Summe der bezahlten Leasingraten, so muss der Leasingnehmer noch eine Abschlusszahlung, in Höhe der Differenz zwischen Summe der Leasingraten und Erlös, zahlen. Wenn der Erlös des Leasinggegenstands höher ist als die Summe der bezahlten Leasingraten des Leasingnehmers, wird der Mehrerlös zwischen Leasinggeber und Leasingnehmer aufgeteilt. [22]

8.2.2 Operating Leasing

Beim Operating Leasing handelt es sich um kurzfristige Vermietungen von Investitionsgütern, die anschließend wieder zurückgegeben werden. Es gibt keine feste Grundmietzeit. Beide Vertragsparteien können den Operating-Leasingvertrag jederzeit unter Einhaltung der vereinbarten Fristen kündigen, d. h. der Leasingnehmer kann sich jederzeit problemlos von dem Leasingobjekt trennen. Der Leasinggeber trägt bei dieser Leasingform das gesamte Investitionsrisiko, d. h. das Risiko des zufälligen Untergangs sowie das Risiko des technischen Fortschritts. Des Weiteren muss der Leasinggeber auch für die Wartung und Reparatur sorgen. Das Leasingobjekt ist beim Leasinggeber zu aktivieren und über die betriebsgewöhnliche Nutzungsdauer abzuschreiben. Der Leasingnehmer kann die gezahlten Leasingraten als Aufwand (Betriebsausgaben) absetzen.

8.2.3 Spezialleasing

Spezialleasing bedeutet, dass der Leasingnehmer mit dem Leasinggeber ein Leasingvertrag über einen Leasinggegenstand abschließt, welcher auf die speziellen Bedürfnisse und Verhältnisse des Leasingnehmers zugeschnitten ist. Nach der Grundmietzeit ist für den Leasinggeber eine wirtschaftlich sinnvolle Nutzung von diesem Leasinggegenstand nicht mehr möglich.[23]

8.2.4 Sale-and-lease-back

Sale-and-lease-back heißt, dass ein Eigentümer, z. B. ein Unternehmen, seine bereits bezahlten werthaltigen Vermögensgegenstände an eine Leasinggesellschaft verkauft und sie sofort von dieser Leasinggesellschaft wieder zurückleast. Das Nutzungsrecht bleibt somit beim Unternehmen, dass die Vermögensgegenstände veräußert hat.[24] Diese Art von Leasing wird oft benutzt, um die Liquidität zu verbessern bzw. um die Kapitalbindung zu verringern.

---

[21] BMF-Schreiben vom 22.12.1975 - IV B 2 – S 2170 – 161/75.

[22] Beyer, M.; Haug, I.; Heyd, R.; Zorn, D.: Bilanzierung nach HGB in Schaubildern, 2014, S. 188.

[23] Beyer, M.; Haug, I.; Heyd, R.; Zorn, D.: Bilanzierung nach HGB in Schaubildern, 2014, S. 187.

[24] Heesen, B.: Bilanzgestaltung, 2009, S. 25.

8.3 Bilanzierung von Leasingverhältnissen beim Finanzierungsleasing

Das Verhältnis zwischen der Grundmietzeit (Vertragsdauer) und der wirtschaftlichen Nutzungs-dauer spielt beim Finanzierungsleasing eine entscheidende Rolle für die Frage, ob der Leasing-gegenstand beim Leasinggeber oder beim Leasingnehmer aktiviert wird.

Wird der **Leasinggegenstand dem Leasinggeber** zugeordnet, muss der Leasinggeber ihn bilan-zieren, d. h. aktivieren und über die Nutzungsdauer abschreiben. Der Leasingnehmer hingegen verbucht die Leasingraten als Aufwendungen genauso wie beim Operating Leasing.

Wird der **Leasinggegenstand dem Leasingnehmer** zugerechnet, muss dieser den Leasingge-genstand mit den Anschaffungs- oder Herstellungskosten des Leasinggebers zuzüglich weiterer Anschaffungsnebenkosten aktivieren.[25] Der Leasingnehmer passiviert eine Leasingverbindlich-keit in Höhe der Anschaffungs- oder Herstellkosten des Leasinggebers. Zudem muss er den Lea-singgegenstand entsprechend der betriebsgewöhnlichen Nutzungsdauer planmäßig abschreiben. Die Leasingraten werden in einen Zins- und Kostenanteil sowie einen Tilgungsanteil aufgespal-ten. Im Laufe der Vertragslaufzeit nimmt der Zins- und Kostenanteil ab, während der Tilgungsan-teil zunimmt. Der Zins- und Kostenanteil stellt einen sofort abzugsfähigen, betrieblichen Auf-wand dar. Dagegen reduziert der Tilgungsanteil die Leasingverbindlichkeit und ist somit erfolgs-neutral zu behandeln. Der Leasinggeber bucht den Leasinggegenstand aus und aktiviert dafür eine Kaufpreisforderung in Höhe der ermittelten Anschaffungs- oder Herstellungskosten, welche der passivierten Verbindlichkeit des Leasingnehmers entsprechen. Auch der Leasinggeber teilt die Leasingraten in einen Zins-/Kostenanteil und einen Tilgungsanteil auf. Der Zins- und Kosten-anteil der Leasingrate sind für ihn Erträge (Betriebseinnahmen), während der Tilgungsteil die Kaufpreisforderung verringert.

8.3.1 Mobilien-Leasing bei Vollamortisationsverträgen (Full-pay-out-Leasing)

Die folgenden Vertragskonstellationen sind gemäß dem Vollamortisationserlass für Mobilien (bewegliche Güter, z. B. Fahrzeuge und Maschinen) vom 19.4.1971 (BMF-Schreiben vom 19.4.1971 IV B/2 – S 2170 – 31/71, BStBl. I 1971, S. 261) in der Abbildung 8.3 dargestellt.

Zurechnungsschema für Mobilien-Leasing bei Vollamortisationsverträgen		
Vertragstypen	**Vertragsbedingungen**	**Zurechnung**
Verträge ohne Optionsrecht	Grundmietzeit beträgt mindestens 40 % und maximal 90 % der betriebsgewöhnlichen Nutzungsdauer.	Leasinggeber
	Grundmietzeit beträgt weniger als 40 % oder mehr als 90 % der betriebsgewöhnlichen Nutzungsdauer.	Leasingnehmer
Verträge mit Kaufoption	Grundmietzeit beträgt mindestens 40 % und maximal 90 % der betriebsgewöhnlichen Nutzungsdauer. Ferner entspricht der vorgesehene Kaufpreis bei Ausübung des Optionsrechts mindestens dem linear ermittelten Buchwert oder dem nied-rigeren gemeinen Wert des Leasinggegenstandes im Zeit-punkt der Veräußerung.	Leasinggeber

---

[25] BMF-Schreiben vom 19.4.1971 (BStBl I S.264)-IV B/2 – S 2170 – 31/71.

	Grundmietzeit beträgt weniger als 40 % oder mehr als 90 % der betriebsgewöhnlichen Nutzungsdauer oder der vorgesehene Kaufpreis, bei Ausübung des Optionsrechts, niedriger ist als der nach linearer AfA ermittelte Buchwert oder der niedrigere gemeine Wert des Leasinggegenstandes im Zeitpunkt der Veräußerung bei einer Grundmietzeit zwischen 40 % und 90 % der betriebsgewöhnlichen Nutzungsdauer.	Leasingnehmer
Verträge mit Mietverlänge-rungsoption	Grundmietzeit beträgt mindestens 40 % und maximal 90 % der betriebsgewöhnlichen Nutzungsdauer und die Anschlussmiete so bemessen ist, dass sie mindestens den Wertverzehr deckt, der sich auf der Basis des nach linearer AfA ermittelten Buchwertes oder des niedrigeren gemeinen Werts und der Restnutzungsdauer des Leasinggegenstandes ergibt.	Leasinggeber
	Grundmietzeit liegt unter 40 % oder über 90 % der betriebsgewöhnlichen Nutzungsdauer.	Leasingnehmer
	Grundmietzeit beträgt mindestens 40 % und maximal 90 % der betriebsgewöhnlichen Nutzungsdauer. Ferner deckt die Anschlussmiete nicht den Wertverzehr am Leasinggegenstand, der sich auf der Basis des nach linearer AfA ermittelten Buchwertes oder des niedrigeren gemeinen Werts und der Restnutzungsdauer des Leasinggegenstandes ergibt.	Leasingnehmer
Spezialleasing	Ausschluss einer anderweitigen Verwendung.	Leasingnehmer

Abb. 8.3: Mobiles Leasing bei Vollamortisation[26]

8.3.2 Mobilien-Leasing bei Teilamortisationsverträgen (Non-pay-out-Leasing)

Die folgenden Vertragskonstellationen sind gemäß Teilamortisationserlass für Mobilien vom 22.12.1975 (BMF-Schreiben vom 22.12.1975 IV B/2 – S 2170 – 161/75, BB 1976, S. 72) möglich:

Zurechnungsschema für Mobilien-Leasing bei Teilamortisationsverträgen		
Vertragstypen	**Vertragsbedingungen**	**Zurechnung**
allgemein	Die Grundmietzeit liegt unter 40 % oder über 90 % der betriebsgewöhnlichen Nutzungsdauer.	Leasingnehmer
Verträge mit Andie-nungsrecht	Die Grundmietzeit liegt zwischen 40 % und 90 % der betriebsgewöhnlichen Nutzungsdauer.	Leasinggeber
Verträge mit Kündi-gungsrecht	Kündigungsrecht nach Ablauf von 40 % der betriebsgewöhnlichen Nutzungsdauer mit Anrechnung von bis zu 90 % des Veräußerungserlöses auf die vom Leasingnehmer zu leistende Abschlusszahlung.	Leasinggeber
Verträge mit **Mehr-erlösbeteiligung** des Leasingnehmers	Leasinggeber erhält mindestens 25 % des Mehrerlöses.	Leasinggeber
	Leasinggeber erhält weniger als 25 % des Mehrerlöses.	Leasingnehmer

Abb. 8.4: Mobiles Leasing bei Teilamortisation[27]

---

[26] BMF-Schreiben vom 19.4.1971 (BStBl I S. 264)-IV B/2 – S 2170 – 31/71.

Übungsaufgaben 8.1, 8.2 und 8.3

Alle Aufgaben und Lösungen finden Sie unter www.uvk-lucius.de/schritt-fuer-schritt

8.3.3 Immobiles Leasing bei Vollamortisationsverträgen

Bei der Zurechnung von immobilen Gegenständen muss man zwischen Grund und Boden sowie Gebäuden unterscheiden. Grundsätzlich wird der Grund und Boden dem Leasinggeber zugerechnet, da er unbegrenzt nutzbar ist. Die Zurechnung zum Leasingnehmer ist nur bei einer extrem günstigen Kaufoption möglich. Bei Gebäuden gilt wieder die 40 % - 90 %-Regel. Die folgenden Vertragskonstellationen sind gemäß dem Vollamortisationserlass für Immobilien vom 21.3.1972 (BMF-Schreiben vom 21.3.1972 F/IV B2 – S 2170 – 11/72, BStBl. I 1972, S. 188) möglich:

Zurechnungsschema für Immobilen-Leasing bei Vollamortisationsverträgen			
Vertrags-typen	**Vertragsbedingungen**	**Zurechnungen**	
		Gebäude	**Grundstück**
Verträge ohne Option	Grundmietzeit beträgt mindestens 40 % und maximal 90 % der betriebsgewöhnlichen Nutzungsdauer.	Leasinggeber	Leasinggeber
	Grundmietzeit beträgt weniger als 40 % oder mehr als 90 % der betriebsgewöhnlichen Nutzungsdauer.	Leasingnehmer	Leasinggeber
Verträge mit Kauf-option	Grundmietzeit liegt unter 40 % oder über 90 % der betriebsgewöhnlichen Nutzungsdauer.	Leasingnehmer	Leasingnehmer
	Grundmietzeit beträgt mindestens 40 % und maximal 90 % der betriebsgewöhnlichen Nutzungsdauer und der Kaufpreis bei Ausübung der Option ist mindestens so hoch wie der, unter Anwendung der linearen Abschreibung ermittelte, Restbuchwert des Gebäudes zzgl. Buchwert des Grund und Bodens (oder des niedrigeren gemeinen Wertes).	Leasinggeber	Leasinggeber
	Grundmietzeit liegt zwischen 40 % und 90 % der betriebsgewöhnlichen Nutzungsdauer und der Kaufpreis liegt unter dem linearen Buchwert des Gebäudes zzgl. Buchwert des Grund und Bodens (oder des niedrigeren gemeinen Wertes).	Leasingnehmer	Leasingnehmer
Verträge mit Mietverlänge-rungs-option	Grundmietzeit liegt unter 40 % oder über 90 % der betriebsgewöhnlichen Nutzungsdauer.	Leasingnehmer	Leasinggeber
	Grundmietzeit liegt zwischen 40 % und 90 % der betriebsgewöhnlichen Nutzungsdauer und die Anschlussmiete beträgt mindestens 75 % des marktüblichen Mietpreises.	Leasinggeber	Leasinggeber

[27] BMF-Schreiben vom 22.12.1975, (BB 1976, S. 72f.) – IV B2 – S 2170 – 161/75.

	Grundmietzeit liegt zwischen 40 % und 90 % der betriebsgewöhnlichen Nutzungsdauer und Anschlussmiete weniger als 75 % des marktüblichen Mietpreises.	Leasingnehmer	Leasinggeber
Spezialleasing	Ausschluss anderweitiger Verwendung aufgrund des speziellen Zuschnitts auf den Leasingnehmer.	Leasingnehmer	Leasinggeber

Abb. 8.5: Immobiles Leasing bei Vollamortisation [28]

8.3.4   Immobiles Leasing bei Teilamortisationsverträgen

Auch bei einem Teilamortisationsvertrag von immobilen Gütern ist zwischen Gebäuden und Grund und Boden zu differenzieren. Die Zurechnung des Grund und Bodens folgt der Zurechnung von Gebäuden.[29]

Die folgenden Vertragskonstellationen sind gemäß dem Teilamortisationserlass für Immobilien vom 23.12.1991 (BMF-Schreiben vom 23.12.1991 IV B 2 – S 2170 – 115/91, BStBl. I 1992, S. 13) möglich:

Zurechnungsschema für Immobilen-Leasing bei Teilamortisationsverträgen		
Die Zurechnung von **Grund und Boden** und **Gebäuden** erfolgt kongruent nach denselben Kriterien.		
Vertragstypen	**Vertragsbedingungen**	**Zurechnung**
Verträge ohne Option		Leasinggeber
Verträge mit Kaufoption	Grundmietzeit über 90 % der betriebsgewöhnlichen Nutzungsdauer.	Leasingnehmer
	Grundmietzeit bis 90 % der betriebsgewöhnlichen Nutzungsdauer und Kaufpreis mindestens linearer Buchwert des Gebäudes zzgl. Buchwert des Grund und Bodens nach Ablauf der Grundmietzeit.	Leasinggeber
	Grundmietzeit bis 90 % der betriebsgewöhnlichen Nutzungsdauer und der vorgesehene Kaufpreis ist niedriger als der nach linearer AfA ermittelte Restbuchwert des Gebäudes.	Leasingnehmer
	Übernahme einer besonderen Verpflichtung durch den Leasingnehmer.	Leasingnehmer
Verträge mit Mietverlängerungsoption	Grundmietzeit über 90 % der betriebsgewöhnlichen Nutzungsdauer.	Leasingnehmer
	Grundmietzeit beträgt maximal 90 % der betriebsgewöhnlichen Nutzungsdauer und die Anschlussmiete beträgt mehr als 75 % der marktüblichen Miete.	Leasinggeber

---

[28] BMF-Schreiben vom 21.3.1972 (BStBl I S. 188) - F/IV B 2 – S 2170 – 11/72.

[29] Vgl. Eisele, W. u. Knobloch, A. P.: Technik des betrieblichen Rechnungswesens, 2011, S. 370.

	Grundmietzeit beträgt maximal 90 % der betriebsgewöhnlichen Nutzungsdauer und die Anschlussmiete beträgt weniger als 75 % der marktüblichen Miete.	Leasingnehmer
	Übernahme einer besonderen Verpflichtung durch den Leasingnehmer.	Leasingnehmer
Spezialleasing	Ausschluss anderweitiger Verwendung aufgrund des speziellen Zuschnitts auf den Leasingnehmer.	Leasingnehmer

Abb. 8.6: Immobiles Leasing bei Teilamortisation[30]

8.3.5 Sale-and-lease-back

Bei dieser Leasingart kann die Zurechnung sowohl beim Leasingnehmer, als auch beim Leasinggeber erfolgen. Die Kriterien für die Zurechnung sind kongruent zu den Kriterien des Operating Leasings und dem Finanzierungsleasing. Der Leasinggegenstand (immobiler oder mobiler Gegenstand), der Leasingvertrag (Vollamortisations- und Teilamortisationsvertrag) und das Verhältnis zwischen Grundmietzeit und betriebsgewöhnlicher Nutzungsdauer sind hierbei entscheidend.

Übungsaufgabe 8.4: Multiple Choice

Bewerten Sie die folgenden Aussagen bzgl. des Leasings und begründen Sie, warum Sie manche Aussagen für falsch halten.

Aussage	richtig	falsch	Begründung
Wird das Objekt eines Finanzierung-Leasingvertrages dem Leasinggeber zugerechnet, darf die Grundmietzeit genauso lang sein wie die betriebsgewöhnliche Nutzungsdauer.			
Eine Kaufoption ermöglicht dem Leasingnehmer das Objekt am Ende der Grundmietzeit zu erwerben.			
Operating-Leasing bedeutet in Deutschland, dass eine unkündbare Grundmietzeit im Vertrag vereinbart wurde.			
Der Leasingnehmer kann bei einer Mehrerlösbeteiligung bis zu 90 % am Verkaufserlös beteiligt werden.			
Bei einer Vollamortisation werden die Anschaffungs- oder Herstellungskosten, die Zinsen und die Nebenkosten des Leasinggebers gedeckt.			
Die Finanzverwaltung hat zwei Leasingerlasse veröffentlicht, einen für mobiles und einen für immobiles Leasing.			

---

[30] BMF-Schreiben vom 23.12.1991, (BStBl 1992 I S. 13) - IV B 2 – S 2170 – 115/91.

Die Zurechnung für Grund und Boden sowie Gebäude erfolgt bei Vollamortisationsverträgen zusammen.			
Der Leasinggeber aktiviert das Objekt im Umlaufvermögen, wenn es ihm zugerechnet wird.			
Leasing ist eine zeitlich unbegrenzte Nutzungsüberlassung von Wirtschaftsgütern.			
Ein kündbarer Vertrag kann aufgrund der steuerlichen Zurechnung frühestens nach 50 % der betriebsgewöhnlichen Nutzungsdauer gekündigt werden.			
Die Zurechnung des Grundstückes erfolgt bei einem Vollamortisationsvertrag immer zum Leasinggeber.			
Liegt ein Teilamortisationsvertrag vor, wird nur die Zurechnung des Gebäudes geprüft. Der Grund und Boden folgt dieser Zurechnung.			
Die 40 %-Grenze entfällt bei Teilamortisationsverträgen über Immobilien.			
Bei einer Zurechnung zum Leasinggeber hat der Leasingnehmer die Raten und die Abschreibungen als Aufwand zu verbuchen.			
Der Leasinggeber aktiviert eine Forderung, wenn das Objekt dem Leasingnehmer zugerechnet wird. Sie ist spiegelbildlich zur passivierten Verbindlichkeit des Leasingnehmers.			
Die Raten müssen bei einer Zurechnung zum Leasinggeber in einen Zins-, Kosten- und Tilgungsanteil aufgeteilt werden.			
Erfolgt die Zurechnung zum Leasingnehmer, entsteht die Umsatzsteuer zum Zeitpunkt der Lieferung.			

Die Lösung finden Sie unter www.uvk-lucius.de/schritt-fuer-schritt

Übungsaufgabe 8.5 und 8.6

Alle Aufgaben und Lösungen finden Sie unter www.uvk-lucius.de/schritt-fuer-schritt

8.4   Buchungen bei Zuordnung des Objektes zum Leasinggeber

Bei der Zuordnung zum Leasinggeber aktiviert **der Leasinggeber** den Leasinggegenstand mit den Anschaffungs- oder Herstellungskosten in seinem Anlagevermögen und schreibt ihn planmäßig über die Nutzungsdauer ab. Zu den Anschaffungskosten gehören auch die Anschaffungsnebenkosten sowie die nachträglichen Anschaffungskosten. Anschaffungspreisminderungen sind abzuziehen. Dagegen sind Kosten, die im Zusammenhang mit der Erfüllung des Leasingvertrages stehen, wie z. B. Transportkosten zum Leasingnehmer, Vertriebs- oder Refinanzierungskosten, als Betriebsausgaben dem Leasingnehmer auf seine Leasingraten zuzurechnen oder ihm gesondert in Rechnung zu stellen.[31] Falls der Leasinggegenstand über einen Kredit finanziert wurde, erfolgt die Passivierung einer Verbindlichkeit.

Aktiva	Bilanz des Leasinggebers	Passiva
Anlagevermögen	Fremdkapital	
Leasingobjekt	*Verbindlichkeit (aus der Objektfinanzierung)*	

Die Abschreibungen des Leasingobjektes und die Leasingraten des Leasingnehmers erfasst der Leasinggeber im Gewinn- und Verlustkonto als Aufwendungen und Erträge.

Soll	GuV-Konto des Leasinggebers	Haben
Aufwendungen	Erträge	
Abschreibungen des Objekts	*Leasingraten des Leasingnehmers*	
Zinsaufwand (aus der Objektfinanzierung)		

Der **Leasingnehmer** dagegen verbucht die Leasingraten als **Aufwendungen** (sofort abzugsfähige Betriebsausgaben).

Soll	GuV-Konto des Leasingnehmers	Haben
Aufwendungen	Erträge	
Leasingraten des Leasingobjekts		

8.4.1 Leasingvertrag mit Vollamortisation ohne Option

Beispiel: Vollamortisationsvertrag ohne Optionsmöglichkeiten

Unternehmen A least eine Maschine mit einer **unkündbaren Grundmietzeit von 48 Monaten**. Die betriebsgewöhnliche Nutzungsdauer der Maschine beträgt **5 Jahre** (= 60 Monate). Am Ende der Grundmietzeit muss das Unternehmen A die Maschine an den Leasinggeber zurückgeben. Es besteht weder eine Mietverlängerungsoption noch eine Kaufoption. Die monatliche Leasingrate beträgt 12.500 € zzgl. 19 % USt. Der Leasinggeber hat die Maschine für 500.000 € zuzüglich 19 % USt erworben. Die Grundmietzeit beträgt 80 % der betriebsgewöhnlichen Nutzungsdauer. Die Kosten des Leasinggebers in Höhe von 600.000 € werden durch die Leasingraten innerhalb der Grundmietzeit gedeckt (48 Monate x 12.500 €/Monat = 600.000 €). Es besteht ein Vertrag mit Vollamortisation ohne Option.[32]

Buchungen beim Leasinggeber (Vermieter)

Der Leasinggeber aktiviert den Leasinggegenstand mit den ihm entstandenen Anschaffungs- oder Herstellungskosten. Die Anschaffungskosten wurden sofort per Banküberweisung bezahlt.

a) Anschaffung und Aktivierung der Maschine:
    Der Leasinggeber kauft das Leasingobjekt für 500.000 € netto per Banküberweisung.

---

[31] Vgl. Kratzer, J.; Kreuzmair, B.: Leasing in Theorie und Praxis, 2002, S. 192.

[32] In Anlehnung an: Endriss, H. W.: Bilanzbuchhalter-Handbuch, 2013, S. 104 f.

Maschine	500.000			
Vorsteuer	95.000	an	Bank	595.000

b) Buchung der monatlichen Leasingraten:

Forderungen aLuL	14.875	an	Leasingerlöse	12.500
		an	Umsatzsteuer	2.375

Der Leasinggeber erhält die Leasingrate in Höhe von 12.500 € zzgl. 19 % USt:

Bank	14.875	an	Forderungen aLuL	14.875

c) Abschreibung am Jahresende:
Der Leasinggeber schreibt die Maschine linear über 5 Jahre ab.

Abschreibung Maschine	100.000	an	Maschine	100.000

Buchungen beim Leasingnehmer (Mieter)

Der Leasingnehmer bucht lediglich die Zahlung der monatlichen Leasingraten.

a) Buchung der gezahlten monatlichen Leasingrate:

Leasingaufwendungen	12.500			
Vorsteuer	2.375	an	Bank	14.875

Übungsaufgabe 8.7

Alle Aufgaben und Lösungen finden Sie unter www.uvk-lucius.de/schritt-fuer-schritt

8.4.2   Vertrag mit Vollamortisation und Kaufoption

Beispiel: Vollamortisationsvertrag mit Kaufoption

Unternehmen A least eine Maschine mit einer **unkündbaren Grundmietzeit von 48 Monaten**. Die betriebsgewöhnliche Nutzungsdauer der Maschine beträgt **5 Jahre** (= 60 Monate). Nach Ablauf der Grundmietzeit kann Unternehmen A den Leasinggegenstand für 120.000 € zzgl. 19 % USt kaufen. Die monatlichen Leasingraten betragen 10.500 € zzgl. 19 % USt. Der Leasinggeber hat die Maschine für 500.000 € ohne USt (netto) erworben. Die Summe der Leasingraten betragen 504.000 € und sind höher als die Anschaffungskosten des Leasinggebers. Die Grundmietzeit liegt bei 80 % der betriebsgewöhnlichen Nutzungsdauer. Der Kaufpreis ist mit 120.000 € zzgl. 19 % USt höher als der ermittelte Restbuchwert von 100.000 € (= 500.000 € - [4 x 100.000 € Abschreibung]), somit wird die Maschine dem Leasinggeber zugerechnet. [33]

---

[33] In Anlehnung an: Endriss, W. H. (Hrsg.): Bilanzbuchhalter-Handbuch, 2013, S. 105 ff. und Quick, R. et. al.: Bilanzierung in Fällen, 2009, S. 334 f.

Buchungen beim Leasinggeber (Vermieter)

Der Leasinggeber aktiviert den Leasinggegenstand mit den ihm entstandenen Anschaffungs- oder Herstellungskosten. Die Anschaffungskosten wurden sofort per Banküberweisung bezahlt.

a) Anschaffung und Aktivierung der Maschine:

Maschine Vorsteuer	500.000 95.000	an	Bank	595.000

b) Buchung der monatlichen Leasingerlöse:

Forderungen aLuL	12.495	an an	Leasingerlöse Umsatzsteuer	10.500 1.995
Bank	12.495	an	Forderungen aLuL	12.495

c) Abschreibung am Jahresende:

Abschreibung Maschine	100.000	an	Maschine	100.000

d) Buchung beim Verkauf der Maschine zum vereinbarten Übernahmepreis:

Forderungen aLuL	142.800	an an an	Maschine sonstige Erträge Umsatzsteuer	100.000 20.000 22.800
Bank	142.800	an	Forderungen aLuL	142.800

Buchungen beim Leasingnehmer (Mieter)

a) Buchung der gezahlten Leasingrate:

Leasingaufwendungen Vorsteuer	10.500 1.995	an	Bank	12.495

b) Buchung beim Kauf der Maschine zum vereinbarten Übernahmepreis:

Maschine Vorsteuer	120.000 22.800	an	Verbindlichkeiten aLuL	142.800
Verbindlichkeiten aLuL	142.800	an	Bank	142.800

8.4.3 Vertrag mit Vollamortisation und Mietverlängerungsoption

Beispiel: Vollamortisationsvertrag mit Mietverlängerungsoption

Unternehmen A least eine Maschine mit einer unkündbaren **Grundmietzeit von 48 Monaten**. Die betriebsgewöhnliche Nutzungsdauer der Maschine beträgt **5 Jahre** (= 60 Monate). Der Leasinggeber hat die Maschine für 500.000 € angeschafft. Die monatlichen Leasingraten betragen 10.500 € zzgl. 19 % USt. Nach Ablauf der Grundmietzeit kann Unternehmen A die Leasingzeit für

die Maschine verlängern. Die Grundmietzeit liegt bei 80 % der betriebsgewöhnlichen Nutzungsdauer. Die monatliche Anschlussmiete in Höhe von 9.000 € zzgl. 19 % USt für ein Jahr deckt den Werteverzehr der Maschine. Die Maschine wird daher dem Leasinggeber zugerechnet.

Buchungen beim Leasinggeber (Vermieter)

a)   Anschaffung und Aktivierung der Maschine:

Maschine	500.000			
Vorsteuer	95.000	an	Bank	595.000

b)   Buchung der empfangenen monatlichen Leasingrate:

Forderungen aLuL	12.495	an	Leasingerlöse	10.500
		an	Umsatzsteuer	1.995
Bank	12.495	an	Forderungen aLuL	12.495

c)   Abschreibung am Jahresende:

Abschreibung Maschine	100.000	an	Maschine	100.000

d)   Buchung der monatlichen Leasingrate nach der Grundmietzeit:

Forderungen aLuL	10.710	an	Leasingerlöse	9.000
		an	Umsatzsteuer	1.710
Bank	10.710	an	Forderungen aLuL	10.710

Buchungen beim Leasingnehmer (Mieter)

Beim Leasingnehmer stellt die Anschlussmiete nach wie vor Leasingaufwand dar.

a)   Buchung der gezahlten Leasingrate:

Leasingaufwendungen	10.500			
Vorsteuer	1.995	an	Bank	12.495

b)   Buchung der Leasingrate nach der Grundmietzeit:

Leasingaufwendungen	9.000			
Vorsteuer	1.710	an	Bank	10.710

8.4.4   Vertrag mit Teilamortisation und Andienungsrecht

Beispiel: Teilamortisationsvertrag mit Andienungsrecht

Unternehmen A least eine Maschine vom Leasinggeber, der diese für 500.000 € zzgl. 19 % USt erworben hat. Die Maschine hat eine betriebsgewöhnliche Nutzungsdauer von 5 Jahren (= 60 Monate). Die **Grundmietzeit** beträgt **3 Jahre** (= 36 Monate). Die jährliche Leasingrate beträgt 150.000 € zzgl. 19 % USt. Der Leasinggegenstand verursacht beim Leasinggeber Gesamtkosten in Höhe von 600.000 €. Der Leasingnehmer muss nach der Grundmietzeit die Maschine zu einem Preis von 297.500 € inkl. 19 % USt übernehmen. Es handelt sich hierbei um einen Teilamortisationsvertrag mit Andienungsrecht, da die Gesamtkosten des Leasinggebers nicht durch die Leasingraten gedeckt werden (600.000 € - 450.000 € = 150.000 €) und der Leasingnehmer die Maschine zum, bei Vertragsschluss festgelegten, Preis erwerben muss. Der Restbuchwert liegt bei 200.000 € (= 500.000 € - [3 x 100.000 €]).[34]

Buchungen beim Leasinggeber (Vermieter)

a) Anschaffung und Aktivierung der Maschine:

Maschine	500.000			
Vorsteuer	95.000	an	Bank	595.000

b) Buchung der empfangenen jährlichen Leasingrate:

Forderungen aLuL	178.500	an	Leasingerlöse	150.000
		an	Umsatzsteuer	28.500
Bank	178.500	an	Forderungen aLuL	178.500

c) Abschreibung am Jahresende:

Abschreibung Maschine	100.000	an	Maschine	100.000

d) Buchung bei Verkauf des Leasinggegenstands zum festgelegten Preis:

Forderungen aLuL	297.500	an	Maschine	200.000
		an	sonstige Erträge	50.000
		an	Umsatzsteuer	47.500
Bank	297.500	an	Forderungen aLuL	297.500

Verbuchung beim Leasingnehmer (Mieter)

a) Buchung der gezahlten jährlichen Leasingrate:

Leasingaufwendungen	150.000			
Vorsteuer	28.500	an	Bank	178.500

b) Buchung bei Kauf des Leasinggegenstands zum festgelegten Preis:

Maschine	250.000			
Vorsteuer	47.500	an	Verbindlichkeiten aLuL	297.500
Verbindlichkeiten aLuL	297.500	an	Bank	297.500

---

[34] In Anlehnung an Quick, R. et. al.: Bilanzierung in Fällen, 2012, S. 369 f.

8.4.5   Vertrag mit Teilamortisation und Kündigungsrecht

Beispiel: Teilamortisationsvertrag mit Kündigungsrecht

Unternehmen A least eine Maschine vom Leasinggeber, der diese für **500.000 € zzgl. 19 % USt** erworben hat. Die Maschine hat eine betriebsgewöhnliche Nutzungsdauer von **5 Jahren** (= 60 Monate). Die **Grundmietzeit** beträgt **3 Jahre** (= 36 Monate). Die jährliche Leasingrate beträgt 150.000 € zzgl. 19 % USt. Der Leasinggegenstand verursacht beim Leasinggeber Gesamtkosten in Höhe von 600.000 €. Das Unternehmen A kündigt den Leasingvertrag nach der Grundmietzeit und zahlt eine Abschlusszahlung in Höhe der Differenz der bisher gedeckten Kosten und den Gesamtkosten des Leasinggebers. Der Leasinggeber B verkauft die Maschine an ein weiteres Unternehmen für 297.500 € inkl. 19 % USt. Die Summe aller Leasingraten (450.000 €), plus die Summe des Verkaufserlöses in Höhe von 250.000 € ergeben 700.000 €. Das ist mehr als die Gesamtkosten des Leasinggebers. Der Leasinggeber erhält diesen Betrag. Der Restbuchwert liegt bei 200.000 € (= 500.000 € - [3 x 100.000 € Abschreibung]).

Buchungen beim Leasinggeber (Vermieter)

a)   Anschaffung und Aktivierung der Maschine:

Maschine	500.000			
Vorsteuer	95.000	an	Bank	595.000

b)   Buchung der jährlichen Leasingrate:

Forderungen aLuL	178.500	an	Leasingerlöse	150.000
		an	Umsatzsteuer	28.500
Bank	178.500	an	Forderungen aLuL	178.500

c)   Abschreibung am Jahresende:

Abschreibung Maschine	100.000	an	Maschine	100.000

d)   Buchung des Verkaufserlöses an ein weiteres Unternehmen:

Forderung	297.500	an	Maschine	200.000
		an	sonstige Erträge	50.000
		an	Umsatzsteuer	47.500

e)   Buchung der Abschlusszahlung:

Da der Verkaufserlös höher ist als die zu leistende Abschlusszahlung des Leasingnehmers, muss keine Abschlusszahlung vom Leasingnehmer geleistet werden.

Buchungen beim Leasingnehmer (Mieter)

a)   Buchung der jährlichen Leasingrate:

Leasingaufwendungen	150.000			
Vorsteuer	28.500	an	Bank	178.500

b) Buchung der Abschlusszahlung:

In diesem Fall ist keine Abschlusszahlung zu leisten.

8.4.6 Vertrag mit Teilamortisation und Aufteilung des Mehrerlöses

Beispiel: Teilamortisationsvertrag mit Mehrerlösaufteilung

Unternehmen A least eine Maschine von Leasinggeber, der diese für **500.000 € zzgl. 19 % USt** erworben hat. Die Maschine hat eine betriebsgewöhnliche Nutzungsdauer von **5 Jahren** (= 60 Monate). Die **Grundmietzeit** beträgt **3 Jahre** (= 36 Monate) und es wird vertraglich vereinbart, dass die Maschine nach 3 Jahren vom Leasinggeber verkauft wird. Eventuelle Mehrerlöse werden jeweils zur Hälfte (1/2 : 1/2) geteilt. Die jährliche Leasingrate beträgt 150.000 € zzgl. 19 % USt. Der Leasinggegenstand verursacht beim Leasinggeber Gesamtkosten in Höhe von 650.000 €. Nach 3 Jahren verkauft der Leasinggeber die Maschine für 250.000 € zzgl. 19 % USt. Es handelt sich hierbei um einen Teilamortisationsvertrag, denn die Kosten für die Maschine werden nicht innerhalb der Grundmietzeit gedeckt (650.000 € - 450.000 € = 200.000 €). Die Maschine wird dem Leasinggeber zugerechnet, da er mehr als 25 % des Mehrerlöses erhält. Die Maschine hat ein Mehrerlös von 50.000 €.[35]

Buchungen beim Leasinggeber (Vermieter)

a) Anschaffung des Leasinggegenstands:

Maschine	500.000	an	Bank	
Vorsteuer	95.000			595.000

b) Buchung der jährlichen Leasingrate:

Forderungen aLuL	178.500	an	Leasingerlöse	150.000
		an	Umsatzsteuer	28.500
Bank	178.500	an	Forderungen aLuL	178.500

c) Abschreibung am Jahresende:

Abschreibung Maschine	100.000	an	Maschine	100.000

d) Buchung bei Verkauf der Maschine:

Ermittlung des Mehrerlöses bei Verkauf am Ende der Grundmietzeit:

Verkaufserlös netto	250.000
- Restamortisation = (Gesamtkosten des Leasinggebers – in der Grundmietzeit erhaltene Leasingraten) = (650.000 € - 450.000 € =)	- 200.000
= Mehrerlös	= 50.000

---

[35] In Anlehnung an: Eisele, W., Knobloch, A. P.: Technik des betrieblichen Rechnungswesens, 2011, S. 380 ff.

Bank	297.500	an	Maschine	200.000
		an	sonstige Erträge	50.000
		an	Umsatzsteuer	47.500

e) Ausbuchung des Leasingnehmeranteils am Mehrerlös:

| Erträge aus dem Abgang von Vermögensgegenständen | 25.000 | | | |
| Umsatzsteuer | 4.750 | an | Bank | 29.750 |

Buchungen beim Leasingnehmer (Mieter)

a) Buchung der jährlichen Leasingrate:

| Leasingaufwendungen | 150.000 | | | |
| Vorsteuer | 28.500 | an | Bank | 178.500 |

b) Buchung bei Verkauf der Maschine und Anteil des Mehrerlöses:

| Bank | 29.750 | an | sonstige Erträge | 25.000 |
| | | an | Umsatzsteuer | 4.750 |

8.4.7   Vertrag mit Vollamortisation und Sonderzahlung

Beispiel: Vollamortisationsvertrag mit Sonderzahlung

Unternehmen A least eine Maschine mit einer **unkündbaren Grundmietzeit von 48 Monaten**. Die betriebsgewöhnliche Nutzungsdauer der Maschine beträgt **5 Jahre** (= 60 Monate). Am Ende der Grundmietzeit muss Unternehmen A die Anlage zurückgeben. Es besteht weder eine Mietverlängerungsoption noch eine Kaufoption. Das Unternehmen A leistet eine Sonderzahlung am Anfang der Grundmietzeit in Höhe von 57.120 € inkl. 19 % USt. Die monatliche Leasingrate beträgt 12.000 € zzgl. 19 % USt. Der Leasinggeber hat die Anlage für 500.000 € zzgl. 19 % USt erworben. Die Grundmietzeit beträgt 80 % der betriebsgewöhnlichen Nutzungsdauer. Die Kosten des Leasinggebers von 600.000 € werden durch die Sonderzahlung und die Leasingraten innerhalb der Grundmietzeit gedeckt (50.000 € + (48 Monate x 12.000 €/Monat) = 626.000 €). Hier besteht ein Vertrag mit Vollamortisation ohne Option, aber mit Sonderzahlung.

Buchungen beim Leasinggeber (Vermieter)

a) Anschaffung und Aktivierung der Maschine:

| Maschine | 500.000 | | | |
| Vorsteuer | 95.000 | an | Bank | 595.000 |

Eine Sonderzahlung zu Beginn der Grundmietzeit hat Finanzierungscharakter. Die erhaltene Sonderzahlung ist beim Leasinggeber als passiver RAP anzusetzen und während der Grundmietzeit kontinuierlich aufzulösen.

b) Buchung der Sonderzahlung:

| Bank | 57.120 | an | passiver RAP | 48.000 |
| | | an | Umsatzsteuer | 9.120 |

c) Monatliche Auflösung der Sonderzahlung:

passiver RAP	1.000	an	Leasingerlöse	1.000

d) Buchung der monatlichen Leasingrate:

Forderungen aLuL	14.280	an	Leasingerlöse	12.000
		an	Umsatzsteuer	2.280
Bank	14.280	an	Forderungen aLuL	14.280

e) Abschreibung am Jahresende:

Abschreibung Maschine	100.000	an	Maschine	100.000

Buchungen beim Leasingnehmer (Mieter)

Eine Sonderzahlung/Anzahlung wird nicht sofort als Leasingaufwand gebucht, sondern über den Leasingzeitraum verteilt. Somit bucht man die Leasingsonderzahlung als aktiver RAP und löst den Posten zeitanteilig wieder auf.

a) Buchung der Sonderzahlung:

aktiver RAP	48.000			
Vorsteuer	9.120	an	Bank	57.120

b) Monatliche Auflösung der Leasingsonderzahlung:

Leasingaufwendungen	1.000	an	aktiver RAP	1.000

c) Buchung der monatlichen Leasingrate:

Leasingaufwendungen	12.000			
Vorsteuer	2.280	an	Bank	14.280

8.5 Buchungen bei Zuordnung des Objektes zum Leasingnehmer

Erfolgt die Zurechnung des Leasinggegenstands zum Leasingnehmer, so wird der abgeschlossene Leasingvertrag nicht als Mietvertrag, sondern als **Kaufvertrag** eingestuft. Die Leasingraten gelten als Kaufpreisraten und beinhalten einen **Tilgungsanteil und einen Zins- und Kostenanteil**.

Der **Leasingnehmer** hat den Leasinggegenstand mit den Anschaffungskosten zu aktivieren. Die Anschaffungskosten beinhalten den Anschaffungspreis des Leasinggebers zuzüglich der eigenen Anschaffungsnebenkosten (z. B. Transport- oder Montagekosten). Des Weiteren muss der Leasingnehmer den Anlagegegenstand über die betriebsgewöhnliche Nutzungsdauer (nicht über die Grundmietzeit) abschreiben. Außerdem hat der Leasingnehmer eine Verbindlichkeit gegenüber dem Leasinggeber zu den, in den Leasingraten eingerechneten, Anschaffungs- oder Herstellungskosten des Leasinggebers zu passivieren. Das Leitbild des Leasingvertrages entspricht dem eines Kredit- oder Ratenkaufes.

Aktiva	Bilanz des Leasingnehmers	Passiva
Anlagevermögen	Fremdkapital	
Leasingobjekt (bewertet zum Anschaffungspreis zuzüglich Anschaffungsnebenkosten)	*Verbindlichkeit (bewertet zu dem in den Raten eingerechneten Anschaffungspreis)*	

Der **Leasingnehmer** schreibt das Leasingobjekt planmäßig über die betriebsgewöhnliche Nutzungsdauer ab. Die monatlichen/jährlichen Leasingraten sind in einen **Aufwandsanteil** (Zins- und Kostenanteil) sowie einen **Tilgungsanteil** aufzuteilen. Der Zins- und Kostenanteil ist als Betriebsausgabe (Aufwand) abzugsfähig und sinkt im Laufe der Zeit. Der Tilgungsanteil wird erfolgsneutral mit der passivierten Verbindlichkeit verrechnet und steigt im Laufe der Zeit.

Soll	GuV-Konto des Leasingnehmers	Haben
Aufwendungen		
Zinsaufwendungen für das Leasingobjekt		
Abschreibungen auf das Leasingobjekt		

Der **Leasinggeber** hat einen fiktiven Verkauf des Leasinggegenstandes zu buchen. Dabei entsprechen die Anschaffungskosten dem Verkaufserlös, d. h. der Leasinggeber aktiviert eine Forderung gegenüber dem Leasingnehmer zu den, in den Raten einkalkulierten, Anschaffungs- oder Herstellungskosten. Diese Forderung ist spiegelbildlich zu der passivierten Verbindlichkeit des Leasingnehmers. Falls das Leasingobjekt fremdfinanziert ist, muss der Leasinggeber noch eine Verbindlichkeit passivieren.

Aktiva	Bilanz des Leasinggebers	Passiva
Umlaufvermögen	Fremdkapital	
Forderung aus Lieferungen und Leistungen (bewertet zu den in den Raten einkalkulierten Anschaffungs- oder Herstellungskosten)	*Verbindlichkeit (aus der Objektfinanzierung)*	

Ferner hat der Leasinggeber die Leasingraten in einen Tilgungsanteil und einen Zins- und Kostenanteil aufzuteilen. Der Tilgungsanteil wird erfolgsneutral mit der Forderung an den Leasingnehmer verrechnet und der Zins- und Kostenanteil stellt einen Ertrag dar.

Soll	GuV-Konto des Leasinggebers	Haben
Aufwendungen	Erträge	
Zinsen (aus der Objektfinanzierung)	*Zinsen für das Objekt aus den Leasingraten*	

Die Verteilung des Zins- und Kostenanteils kann nach der **Zinsstaffelmethode** ermittelt werden. Die Zinsstaffelmethode ist eine Vereinfachung, da der Zinsanteil der Leasingrate in jeder Periode um einen konstanten Betrag reduziert wird. Man verwendet dazu die folgende Formel.

Berechnung des Zins- und Kostenanteils nach der Zinsstaffelmethode:

$$\frac{\text{Summe der Zins- und Kostenanteile aller Leasingraten}}{\text{Summe der Zahlenreihe aller Raten}} \times (\text{Anzahl der restlichen Raten} +1)$$

8.5.1   Vertrag mit Vollamortisation ohne Option

Beispiel: Vollamortisationsvertrag ohne Option

Unternehmen A least eine Maschine vom Leasinggeber. Es wird eine unkündbare Grundmietzeit von 5 Jahren vereinbart. Nach Ablauf der Grundmietzeit bestehen weder eine Mietverlängerungsoption noch eine Kaufoption. Die monatlichen Leasingraten betragen 10.000 € zzgl. 19 % USt. Der Leasinggeber hat den Leasinggegenstand für 500.000 € gekauft. Die betriebsgewöhnliche Nutzungsdauer beträgt 5 Jahre. Die Grundmietzeit liegt bei über 90 % der betriebsgewöhnlichen Nutzungsdauer, daher wird der Leasinggegenstand dem Leasingnehmer zugerechnet.[36]

Buchungen beim Leasinggeber (Vermieter)

a)   Anschaffung und Aktivierung der Maschine:

Maschine	500.000			
Vorsteuer	95.000	an	Bank	595.000

b)   Aufteilung der Leasingraten in den Zins- und Kostenanteil:

	Gesamtwert der Leasingraten (= 60 monatliche Leasingraten zu je 10.000 €/Monat)	600.000 €
-	Anschaffungskosten des Leasinggebers	- 500.000 €
=	**Zins- und Kostenanteil**	**100.000 €**

Berechnung des Zins- und Kostenanteils nach der Zinsstaffelmethode:

$$\frac{\text{Summe der Zins– und Kostenanteile aller Leasingraten}}{\text{Summe der Zahlenreihe aller Raten}} \times (\text{Anzahl der restlichen Raten} +1)$$

Durch die **Zinsstaffelmethode** wird das Leasinggeschäft in seine Bestandteile, Anschaffungsvorgang und Finanzierungsvorgang, zerlegt.

Jahr	Anteil	Zinsen/Kosten	Tilgung	jährliche Leasingrate
1	5/15	33.333,33 €	86.666,67 €	120.000,00 €
2	4/15	26.666,67 €	93.333,33 €	120.000,00 €
3	3/15	20.000,00 €	100.000,00 €	120.000,00 €
4	2/15	13.333,33 €	106.666,67 €	120.000,00 €
5	1/15	6.666,67 €	113.333,33 €	120.000,00 €
Summe	15/15	100.000,00 €	500.000,00 €	600.000,00 €

Höhe des monatlichen Tilgungs- sowie Zins- und Kostenanteils im ersten Jahr

Tilgungsanteil	86.666,67 € : 12 =	7.222,22 €/Monat
Zins- und Kostenanteil	33.333,33 € : 12 =	2.777,78 €/Monat
Monatliche Leasingrate =		10.000,00 €/Monat

---

[36]   In Anlehnung an: Endriss, W. H.: Bilanzbuchhalter-Handbuch, 2013, S. 105 ff.

Vorgehensweise für die Berechnung der Aufteilung des Tilgungsanteils und des Zins- und Kostenanteils:

[1] Zuerst berechnen Sie die Differenz zwischen dem Gesamtwert der Leasingraten und den Anschaffungskosten des Leasingobjektes.

[2] Dann bestimmen Sie die Summe der Zahlungsreihe aller Jahresraten, in diesem Fall fünf Jahre und berechnen: 5 + 4 + 3 + 2 + 1 = 15.

[3] Anschließend nehmen Sie die Differenz aus Nr. 1 und multiplizieren diese mit 5/15 für das erste Jahr. Für das zweite Jahr multiplizieren Sie die Differenz aus Nr. 1 mit 4/15 usw. Der Zähler und das jeweilige Jahr laufen quasi gegenläufig. Als Ergebnis erhalten Sie den Zins- und Kostenanteil der Leasingforderung.

[4] Den Tilgungsanteil erhalten Sie, indem Sie den Zins- und Kostenanteil von der Leasingrate subtrahieren.

c)   Übergabe des Leasinggegenstands an den Leasingnehmer:

Berechnung der Umsatzsteuer:

	Tilgungsanteil	500.000,00 €
+	Zins- und Kostenanteil	+ 100.000,00 €
=	Gesamtwert der Leasingraten	= 600.000,00 €
	19 % Umsatzsteuer auf die 600.000 €	114.000,00 €

Hinweis: Die Umsatzsteuer muss zu Beginn des Leasingzeitraumes bezahlt werden. Die nachfolgenden einzelnen Leasingraten sind umsatzsteuerfrei (analog der klassischen Kredittilgung).

Leasingforderung	500.000	an	Maschine	500.000
Umsatzsteuerforderung gegen Leasingnehmer	114.000	an	Umsatzsteuer	114.000

Hier wird das Konto „Umsatzsteuerforderungen gegenüber Leasingnehmer" anstatt des normalen Umsatzsteuerkontos verwendet, da der Leasingnehmer schon am Anfang der Vertragslaufzeit den Gesamtwert der Umsatzsteuer von der gesamten Laufzeit zahlen muss.

d)   Leasingnehmer zahlt Umsatzsteuerforderung an Leasinggeber:

Bank	114.000	an	Umsatzsteuerforderung gegen Leasingnehmer	114.000

e)   Zahlungseingang der ersten Leasingrate durch Leasingnehmer:

Bank	10.000	an	Leasingforderung	7.222,22
		an	Leasingerträge	2.777,78

Buchungen beim Leasingnehmer (Mieter)

a) Übernahme des Leasinggegenstands:

geleaste Maschine	500.000	an	Leasingverbindlichkeiten	500.000
Vorsteuer	114.000	an	Umsatzsteuerverbindlichkeiten gegenüber Leasinggeber	114.000

b) Leasingnehmer zahlt Umsatzsteuerforderung an Leasinggeber:

Umsatzsteuerverbindlichkeit gegen Leasinggeber	114.000	an	Bank	114.000

c) Überweisung der monatlichen Leasingraten:

Leasingverbindlichkeit	7.222,22			
Leasingaufwendungen	2.777,78	an	Bank	10.000

d) Jahresabschreibung des Leasinggegenstands

Abschreibung Maschine	100.000	an	geleaste Maschine	100.000

Übungsaufgabe 8.8

Alle Aufgaben und Lösungen finden Sie unter www.uvk-lucius.de/schritt-fuer-schritt

8.5.2   Vertrag mit Vollamortisation und Kaufoptionsrecht

Beispiel: Vollamortisationsvertrag mit Kaufoptionsrecht

Unternehmen A least eine Maschine vom Leasinggeber. Es wird eine unkündbare Grundmietzeit von 4 Jahren vereinbart. Nach Ablauf der Grundmietzeit kann Unternehmen A die Maschine für 50.000 € zzgl. 19 % USt kaufen. Die monatlichen Leasingraten betragen 12.500 € zzgl. 19 % USt. Der Leasinggeber hat die Maschine für 500.000 € zzgl. 19 % USt angeschafft und per Banküberweisung bezahlt. Die betriebsgewöhnliche Nutzungsdauer beträgt 5 Jahre. Die Summe der Leasingraten beträgt 600.000 € zzgl. 19 % USt und ist somit höher als die Anschaffungskosten des Leasinggebers. Die Grundmietzeit liegt bei 80 % der betriebsgewöhnlichen Nutzungsdauer. Der Kaufpreis nach vier Jahren ist mit 59.500 € inkl. 19 % USt niedriger als der ermittelte Restbuchwert in Höhe von 100.000 € (= 500.000 € - [4 x 100.000 € Abschreibung]), daher wird der Leasinggegenstand dem Leasingnehmer zugerechnet.

Buchungen beim Leasinggeber

a) Anschaffung des Leasinggegenstands:

Maschine	500.000			
Vorsteuer	95.000	an	Bank	595.000

8

b) Ermittlung der Aufteilung der Leasingraten:

	Gesamtwert der Leasingraten (= 48 monatliche Leasingraten zu je 12.500 €/Monat)	600.000 €
-	Anschaffungskosten	- 500.000 €
=	Zins- und Kostenanteil	= 100.000 €

Berechnung des Zins- und Kostenanteils:

$$\frac{\text{Summe der Zins– und Kostenanteile aller Leasingraten}}{\text{Summe der Zahlenreihe aller Raten}} \times (\text{Anzahl der restlichen Raten} +1)$$

Jahr	Anteil	Zinsen/Kosten	Tilgung	jährliche Leasingrate
1	4/10	40.000 €	110.000 €	150.000 €
2	3/10	30.000 €	120.000 €	150.000 €
3	2/10	20.000 €	130.000 €	150.000 €
4	1/10	10.000 €	140.000 €	150.000 €
Summe	10/10	100.000 €	500.000 €	600.000 €

Höhe des monatlichen Tilgungs- sowie Zins- und Kostenanteils im ersten Jahr

Tilgungsanteil	110.000 € : 12 =	9.166,67 €/Monat
Zins- und Kostenanteil	40.000 € : 12 =	3.333,33 €/Monat
monatliche Leasingrate =		12.500,00 €/Monat

c) Übergabe des Leasinggegenstands an den Leasingnehmer:

Berechnung der Umsatzsteuer:

	Tilgungsanteil	500.000 €
+	Zins- und Kostenanteil	+ 100.000 €
+	Kaufpreis nach vier Jahren (Übernahmepreis)	+ 50.000 €
=	Umsatzsteuerbemessungsgrundlage	= 650.000 €
	19 % Umsatzsteuer auf die 650.000 €	123.500 €

Leasingforderung	500.000	an	Maschine	500.000
Umsatzsteuerforderung gegenüber Leasingnehmer	123.500	an	Umsatzsteuer	123.500

d) Leasingnehmer zahlt Umsatzsteuerforderung an Leasinggeber:

Bank	123.500	an	Umsatzsteuerforderung gegen Leasingnehmer	123.500

e) Zahlungseingang der ersten Monatsleasingrate durch Leasingnehmer:

| Bank | 12.500 | an | Leasingforderung | 9.166,67 |
| | | an | Leasingerträge | 3.333,33 |

f) Buchungen beim Verkauf zum vereinbarten Übernahmepreis:

| Leasingforderung | 50.000 | an | Leasingerträge | 50.000 |

Die Umsatzsteuer wurde schon zu Beginn des Leasingverhältnisses in Rechnung gestellt.

Buchungen beim Leasingnehmer

a) Übernahme des Leasinggegenstands:

| geleaste Maschine | 500.000 | an | Leasingverbindlichkeiten | 500.000 |
| Vorsteuer | 123.500 | an | Umsatzsteuerverbindlichkeiten gegenüber Leasinggeber | 123.500 |

b) Leasingnehmer zahlt Umsatzsteuerforderung an Leasinggeber:

| Umsatzsteuerverbindlichkeit gegenüber Leasinggeber | 123.500 | an | Bank | 123.500 |

c) Überweisung der ersten Leasingrate:

| Leasingverbindlichkeit | 9.166,67 | | | |
| Leasingaufwendungen | 3.333,33 | an | Bank | 12.500 |

d) Jahresabschreibung des Leasinggegenstands:

| Abschreibung Maschine | 100.000 | an | geleaste Maschine | 100.000 |

e) Buchung beim Kauf zum vereinbarten Übernahmepreis:

| Finanzierungsaufwand | 50.000 | an | Leasingverbindlichkeit | 50.000 |

8.5.3 Vertrag mit Vollamortisation und Mietverlängerungsoption

Beispiel: Vollamortisationsvertrag mit Mietverlängerungsoption

Unternehmen A least eine Maschine von Leasinggeber B. Es wird eine unkündbare **Grundmietzeit von 4 Jahren** vereinbart. Die monatlichen Leasingraten betragen 12.500 € zzgl. 19 % USt. Der Leasinggeber hat die Maschine für 500.000 € angeschafft. Die betriebsgewöhnliche Nutzungsdauer beträgt 5 Jahre. Nach Ablauf der Grundmietzeit kann Unternehmen A die Leasingzeit um ein Jahr verlängern. Die monatliche Anschlussmiete beträgt 5.950 € inkl. 19 % USt. Der Werteverzehr von 100.000 € im fünften Jahr wird nicht gedeckt.

Verbuchung beim Leasinggeber

a) Anschaffung des Leasinggegenstands:

Maschine	500.000			
Vorsteuer	95.000	an	Bank	595.000

b) Ermittlung der Aufteilung der Leasingraten:

	Gesamtwert der Leasingraten (= 48 monatliche Leasingraten zu je 12.500 €/Monat)	600.000 €
-	Anschaffungskosten	- 500.000 €
=	Zins- und Kostenanteil	= 100.000 €

Berechnung des Zins- und Kostenanteils:

$$\frac{\text{Summe der Zins- und Kostenanteile aller Leasingraten}}{\text{Summe der Zahlenreihe aller Raten}} \times (\text{Anzahl der restlichen Raten +1})$$

Jahr	Anteil	Zinsen/Kosten	Tilgung	jährliche Leasingrate
1	4/10	40.000 €	110.000 €	150.000 €
2	3/10	30.000 €	120.000 €	150.000 €
3	2/10	20.000 €	130.000 €	150.000 €
4	1/10	10.000 €	140.000 €	150.000 €
Summe	10/10	100.000 €	500.000 €	600.000 €

Höhe des monatlichen Tilgungs- sowie Zins- und Kostenanteils im ersten Jahr

Tilgungsanteil	110.000 € : 12 =	9.166,67 €/Monat
Zins- und Kostenanteil	40.000 € : 12 =	3.333,33 €/Monat
Monatliche Leasingrate =		12.500,00 €/Monat

c) Übergabe des Leasinggegenstands an den Leasingnehmer:

Berechnung der Umsatzsteuer:

	Tilgungsanteil	500.000,00 €
+	Zins- und Kostenanteil	+ 100.000,00 €
+	Mietverlängerungsoption für das fünfte Jahr (12 x 5.000 €)	+ 60.000,00 €
=	Umsatzsteuerbemessungsgrundlage	= 660.000,00 €
	19 % Umsatzsteuer auf die 660.000 €	125.400,00 €

Leasingforderung	500.000	an	Maschine	500.000
Umsatzsteuerforderung gegen Leasingnehmer	125.400	an	Umsatzsteuer	125.400

d) Leasingnehmer zahlt Umsatzsteuerforderung an Leasinggeber:

Bank	125.400	an	Umsatzsteuerforderung gegenüber Leasingnehmer	125.400

e) Zahlungseingang der Monatsleasingraten durch Leasingnehmer:

Bank	12.500	an	Leasingforderung	9.166,67
		an	Leasingerträge	3.333,33

f) Buchung der Monatsleasingraten nach der Grundmietlaufzeit:

Bank	5.000	an	Leasingerträge	5.000

Die Umsatzsteuer wurde schon zu Beginn des Leasingverhältnisses in Rechnung gestellt.

Verbuchung beim Leasingnehmer

a) Übernahme des Leasinggegenstands:

geleaste Maschine	500.000	an	Leasingverbindlichkeiten	500.000
Vorsteuer	125.400	an	Umsatzsteuerverbindlichkeiten gegenüber Leasinggeber	125.400

b) Leasingnehmer zahlt Umsatzsteuerforderung an Leasinggeber:

Umsatzsteuerverbindlichkeit gegen Leasinggeber	125.400	an	Bank	125.400

c) Überweisung der monatlichen Leasingraten:

Leasingverbindlichkeit	9.166,67			
Leasingaufwendungen	3.333,33	an	Bank	12.500

d) Jahresabschreibung des Leasinggegenstands:

Abschreibung Maschine	100.000	an	geleaste Maschine	100.000

e) Buchung der monatlichen Leasingraten nach der Grundmietzeit:

Leasingaufwendungen	5.000	an	Bank	5.000

8.5.4 Vertrag mit Vollamortisation und Sonderzahlung

Beispiel: Vollamortisationsvertrag mit Sonderzahlung

Unternehmen A least eine Maschine von Leasinggeber. Es wird eine unkündbare Grundmietzeit von 5 Jahren vereinbart. Die monatlichen Leasingraten betragen 10.000 € zzgl. 19 % USt. Der Leasinggeber hat die Maschine am 01.01.01 für 500.000 € zzgl. 19 % USt angeschafft. Die betriebsgewöhnliche Nutzungsdauer beträgt 5 Jahre. Die Maschine wird nach fünf Jahren an den Leasinggeber zurückgegeben. Da die Grundmietzeit mehr als 90 % der betriebsgewöhnlichen Nutzungsdauer beträgt, wird die Maschine dem Leasingnehmer zugerechnet. Der Leasingnehmer leistet eine Sonderzahlung in Höhe von 24.000 € zzgl. 19 % USt am Anfang der Grundmietzeit. [37]

Verbuchung beim Leasinggeber

a) Anschaffung des Leasinggegenstands:

Maschine	500.000	an		
Vorsteuer	95.000	an	Bank	595.000

b) Buchung der Sonderzahlung:

Bank	28.560	an	passiver RAP	24.000
		an	Umsatzsteuer	4.560

c) Monatliche Auflösung der Sonderzahlung:

Es werden monatlich (24.000 € : 60 Monate =) 400 € aufgelöst:

passiver RAP	400	an	Leasingerlöse	400

d) Ermittlung der Aufteilung der Leasingraten:

	Gesamtwert der Leasingraten (= 60 monatliche Leasingraten zu je 10.000 €/Monat)	600.000 €
-	Anschaffungskosten	- 500.000 €
=	Zins- und Kostenanteil	= 100.000 €

Berechnung des Zins- und Kostenanteils nach der Zinsstaffelmethode:

$$\frac{\text{Summe der Zins– und Kostenanteile aller Leasingraten}}{\text{Summe der Zahlenreihe aller Raten}} \times (\text{Anzahl der restlichen Raten} +1)$$

Jahr	Anteil	Zinsen/Kosten	Tilgung	jährliche Leasingrate
1	5/15	33.333,33 €	86.666,67 €	120.000,00 €
2	4/15	26.666,67 €	93.333,33 €	120.000,00 €
3	3/15	20.000,00 €	100.000,00 €	120.000,00 €
4	2/15	13.333,33 €	106.666,67 €	120.000,00 €
5	1/15	6.666,67 €	113.333,33 €	120.000,00 €
Summe	15/15	100.000,00 €	500.000,00 €	600.000,00 €

---

[37] Heyd, R.: Business Wissen A-Z - Bilanzierung, 2005, S. 335.

Höhe des monatlichen Tilgungs- sowie Zins- und Kostenanteils im ersten Jahr

Tilgungsanteil	86.666,67 € : 12 =	7.222,22 €/Monat
Zins- und Kostenanteil	33.333,33 € : 12 =	2.777,78 €/Monat
Monatliche Leasingrate =		10.000,00 €/Monat

e) Übergabe des Leasinggegenstands an den Leasingnehmer:

Berechnung der Umsatzsteuer:

	Tilgungsanteil	500.000,00 €
+	Zins- und Kostenanteil	+ 100.000,00 €
=	Gesamtwert der Leasingraten	= 600.000,00 €

19 % Umsatzsteuer auf die 240.000 €   114.000,00 €

Leasingforderung	500.000	an	Maschine	500.000
Umsatzsteuerforderung gegen Leasingnehmer	114.000	an	Umsatzsteuer	114.000

f) Leasingnehmer zahlt Umsatzsteuerforderung an Leasinggeber:

Bank	114.000	an	Umsatzsteuerforderung gegen Leasingnehmer	114.000

g) Zahlungseingang der ersten Leasingrate durch Leasingnehmer:

Bank	10.000	an	Leasingforderung	7.222,22
		an	Leasingerträge	2.777,78

Verbuchung beim Leasingnehmer

a) Buchung der Sonderzahlung:

aktiver RAP	24.000			
Vorsteuer	4.560	an	Bank	28.560

b) Monatliche Auflösung der Sonderzahlung:

Leasingaufwendungen	400	an	aktiver RAP	400

c) Übernahme des Leasinggegenstands:

geleaste Maschine	500.000	an	Leasingverbindlichkeiten	500.000
Vorsteuer	114.000	an	Umsatzsteuerverbindlichkeiten gegenüber Leasinggeber	114.000

d) Leasingnehmer zahlt Umsatzsteuerforderung an Leasinggeber:

Umsatzsteuerverbindlichkeit gegen Leasinggeber	114.000	an	Bank	114.000

e) Überweisung der monatlichen Leasingraten:

| Leasingverbindlichkeit | 7.222,22 | | | |
| Leasingaufwendungen | 2.777,78 | an | Bank | 10.000 |

f) Jahresabschreibung des Leasinggegenstands:

| Abschreibung Maschine | 100.000 | an | geleaste Maschine | 100.000 |

Eigene Notizen

Schritt 9: Buchungen im Personalbereich

Lernziele

In diesem Kapitel werden Sie den Unterschied zwischen dem Bruttolohn/Bruttogehalt und dem Nettolohn/Nettogehalt begreifen. Sie lernen die Abzugsarten kennen. Ferner werden Sie sich mit den Buchungen der Entgeltabrechnung und des Personalaufwands befassen.

Des Weiteren werden Sie über die Sozialversicherungsbeiträge, die vermögenswirksamen Leistungen sowie die „Geringfügige Beschäftigung" informiert.

Die Mitarbeiter erhalten für ihre Arbeitsleistung ein Entgelt. Man spricht vom Gehalt für die Angestellten und vom Lohn für die Arbeiter. Für die Arbeitnehmer stellt dies Einkommen, für den Arbeitgeber Personalaufwendungen dar.

Die Entlohnung ist rechtlich geregelt, sie kann basieren auf

- einem Einzelarbeitsvertrag zwischen Arbeitgeber und Arbeitnehmer oder
- einer Betriebsvereinbarung zwischen Arbeitgeber und Betriebsrat oder
- einem Tarifvertrag zwischen Arbeitgeberverband und Gewerkschaft.

Die Personalaufwendungen eines Unternehmens setzen sich grundsätzlich zusammen aus:

- den **Bruttoarbeitsentgelten**: d. h. Bruttogehalt bzw. Bruttolohn einschließlich Prämien, Boni, Urlaubs- und Weihnachtsgeld, Sachleistungen und geldwerter Vorteil,
- die vom Unternehmen zu tragenden **gesetzlichen sozialen Aufwendungen**: z. B. Arbeitgeberanteil zur Sozialversicherung (i. d. R. 50 %) und die Beiträge zur Berufsgenossenschaft) und
- den **freiwilligen sozialen Aufwendungen**: z. B. freiwillige Altersversorgung, Essenszuschüsse, Fahrtkostenzuschüsse, Heirats- und Geburtsbeihilfen.

9.1 Bruttoarbeitsentgelt

Die Bruttobezüge (= Bruttoarbeitsentgelt) sind die Basis für die Ermittlung der Steuer und der Sozialversicherungsbeiträge und stellen für den Arbeitgeber Personalaufwendungen dar.

	Bruttolohn/-gehalt
+	sonstige geldliche Bezüge (z. B. Weihnachts- oder Urlaubsgeld)
+	Sachbezüge (z. B. private Nutzung von Firmenfahrzeugen, verbilligte Mahlzeiten)
+	vermögenswirksame Leistungen (vwL)
=	**Bruttobezüge**

9.2   Nettoarbeitsentgelt

Der **Arbeitgeber** muss die Abzüge vom **Bruttoarbeitsentgelt** des Arbeitnehmers einbehalten und die Lohnsteuer, die Kirchensteuer und den Solidaritätszuschlag an das Finanzamt bis zum 10. Kalendertag des Folgemonats abführen. Ferner muss der Arbeitgeber den Arbeitnehmerbeitrag zur Sozialversicherung (gesetzliche Renten-, Kranken-, Arbeitslosen- und Pflegeversicherung) einbehalten und bis zum drittletzten Bankarbeitstag des laufenden Monats an die Sozialversicherungsträger abführen. Der Arbeitnehmer erhält lediglich das nach Abzug dieser Beträge noch verbleibende **Nettoarbeitsentgelt (Nettolohn bzw. Nettogehalt)**:

Bruttogehalt bzw. Bruttolohn

-   Lohnsteuer

-   Solidaritätszuschlag (= 5,5 % der Lohnsteuer)

-   Kirchensteuer (= 8 bis 9 % der Lohnsteuer, je nach Bundesland)

-   Arbeitnehmeranteil zur Sozialversicherung

-   abzuführende vermögenswirksame Leistungen (vwL)

=   **Nettogehalt bzw. Nettolohn (Auszahlungsbetrag)**

Der Sozialversicherungsbeitrag des Arbeitnehmers wird mit seiner monatlichen Lohn- oder Gehaltszahlung abgeführt. Der Arbeitgeber führt sowohl den Arbeitnehmer- als auch den Arbeitgeberanteil am Gesamtsozialversicherungsbeitrag monatlich an die zuständige Einzugsstelle (Krankenkasse) ab. Die Einzugsstelle verteilt den Gesamtsozialversicherungsbeitrag auf die einzelnen Sozialversicherungsträger.

Das Nettoarbeitsentgelt stimmt aber nicht zwangsläufig mit dem Auszahlungsbetrag an den Arbeitnehmer überein. Falls der Arbeitnehmer einen Vertrag für vermögenswirksame Leistungen abgeschlossen hat, so ist das Nettoarbeitsentgelt noch um den Betrag der vermögenswirksamen Leistungen zu kürzen.

9.3   Vermögenswirksame Leistungen

Bei den vermögenswirksamen Leistungen handelt es sich um Geldleistungen, die der Arbeitgeber für den Arbeitnehmer in einer nach dem Vermögensbildungsgesetz vorgeschriebenen Anlageform anlegt. Der Arbeitnehmer kann aus einer großen Anzahl von Anlageformen wählen. Am häufigsten werden die vermögenswirksamen Leistungen in Bausparverträgen oder in Investmentfonds angelegt.[38] Es gibt verschiedene **Förderarten** für vermögenswirksame Leistungen.

Die **Arbeitnehmer-Sparzulage** zahlt der Staat für vermögenswirksame Leistungen jährlich bis zu einem Betrag von 470 € beim Bausparen und bis zu 400 € beim Produktivvermögen. Die Sparzulage ist jedoch an Einkommensgrenzen geknüpft.

---

[38] Schenk, G.: Buchführung schnell erfasst, 2. Auflage 2007, S. 132.

	Bausparen	Produktivvermögen
Höhe der Sparzulage Bemessungsgrundlage (max. geförderte Sparleistung)	9 % 470 €	20 % 400 €
Einkommensgrenzen (zu versteuerndes Jahreseinkommen)	17.900 € (Alleinstehende) 35.800 € (Verheiratete)	20.000 € (Alleinstehende) 40.000 € (Verheiratete)

Abb. 9.1: Förderbeiträge und Einkommensgrenzen für Arbeitnehmersparzulage

Die Personalaufwendungen sind in der folgenden Abbildung dargestellt.

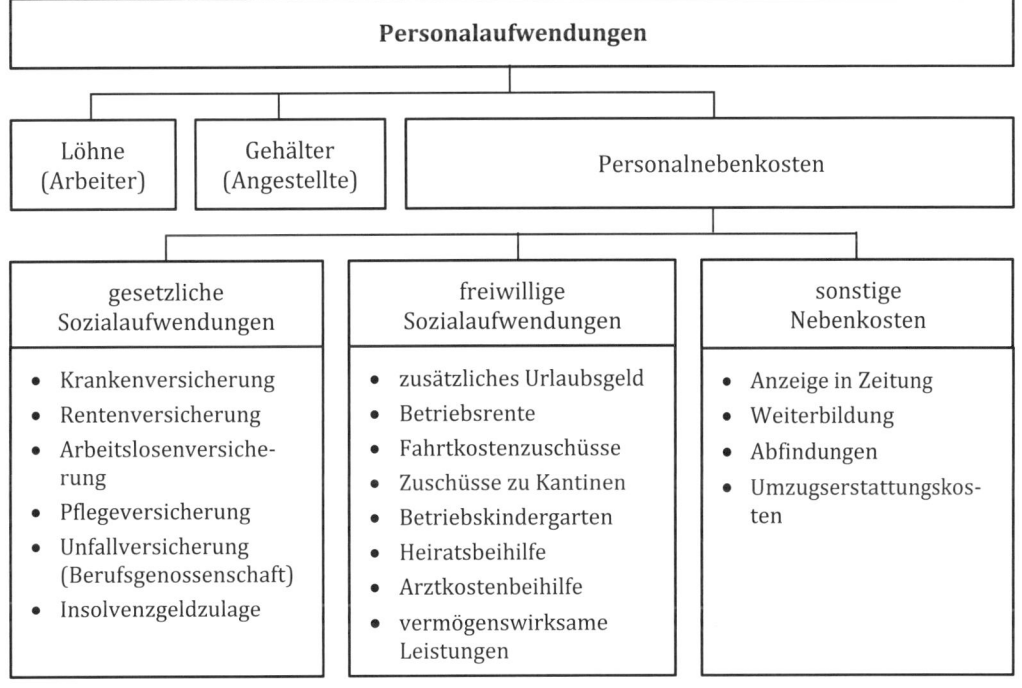

Abb. 9.2: Personalaufwendungen

9.4 Sozialaufwendungen

Die Sozialaufwendungen gehören zu den Personalaufwendungen und sind in gesetzliche und freiwillige Sozialaufwendungen zu unterteilen. Typisch für die Sozialaufwendungen ist, dass sie zusätzlich zum Arbeitsentgelt anfallen; man spricht deshalb auch von Personalneben- oder Personalzusatzkosten.

9.4.1 Gesetzliche Sozialaufwendungen

Die gesetzlichen Sozialaufwendungen sind durch Gesetze, Tarife oder Verordnungen festgelegt. Dazu gehören die Arbeitgeberanteile zur Kranken-, Pflege-, Renten-, Arbeitslosen- und gesetzlichen Unfallversicherung (Berufsgenossenschaft) und tariflich vereinbarte Krankengeldzuschüsse.

Die Sozialversicherungsbeiträge, die jährlich angepasst werden, müssen in der Regel je zur **Hälfte** vom **Arbeitnehmer** und **Arbeitgeber** bis zur Beitragsbemessungsgrenze getragen werden.

Deshalb fallen für das Unternehmen zusätzlich Aufwendungen als Arbeitgeberanteil zur Sozialversicherung seiner Arbeitnehmer an.

Sozialversicherungsbeiträge betragen im Jahr 2015 monatlich	Beitragssatz in %	Beitragsbemessungsgrenze alte Bundesländer	Beitragsbemessungsgrenze neue Bundesländer
Rentenversicherung (RV)	18,7 %	6.050,00 €	5.200,00 €
Arbeitslosenversicherung (AV)	3,0 %	6.050,00 €	5.200,00 €
Krankenversicherung (KV) (0,9 % des Beitrags sind vom Arbeitnehmer allein zu tragen)	15,5 %	4.125,00 €	4.125,00 €
Pflegeversicherung (PV) Zuschlag für kinderlose Arbeitnehmer zwischen 23 und 64 Jahren	2,05 % 0,25 %	4.125,00 €	4.125,00 €
Geringfügig Beschäftigte (450 € Mini-Jobs) (gewerblich)		450,00 €	450,00 €
Rentenversicherung (pauschal nur Arbeitgeber)	15,00 %		
Krankenversicherung (pauschal nur Arbeitgeber)	13,00 %		
Pauschale Lohnsteuer	2,00 %		
Umlage 1 (U 1) Krankheit	0,70 %		
Umlage 2 (U 2) Schwangerschaft/Mutterschaft	0,24 %		
Insolvenzgeldumlage	0,15 %		
Beiträge zur gesetzlichen Unfallversicherung		individuelle Beiträge der zuständigen Unfallversicherungsträger	

9.4.2   Freiwillige Sozialaufwendungen

Die primären freiwilligen Sozialaufwendungen sind zusätzliche Leistungen des Arbeitgebers für die Arbeitnehmer, die den Mitarbeitern direkt zugute kommen wie z. B. Betriebsrente, Fahrt- und Verpflegungszuschüsse oder die Fortbildung. Teilweise sind die freiwilligen Sozialleistungen erfolgsabhängig, das bedeutet, dass bei einer Erhöhung des Betriebsertrags eine Erhöhung der freiwilligen Sozialleistungen möglich ist; dagegen können bei sinkenden Erträgen diese Sozialleistungen abgebaut werden.

Ferner gibt es sogenannte sekundäre Sozialaufwendungen, von denen die Mitarbeiter indirekt profitieren, wie z. B. Aufwendungen für Sanitätsstation, Werksbücherei, Betriebssport, Kindergarten, Kantine, Werkszeitung etc..

Ermittlung der Höhe des Personalaufwands für das Unternehmen

    Bruttolöhne und Gehälter

\+   vermögenswirksame Leistungen, die vom Arbeitgeber getragen werden (Zuschuss)

= **Bruttoarbeitsentgelt**

+   Arbeitgeberanteil zur Sozialversicherung

+   Beiträge zur gesetzlichen Unfallversicherung (Berufsgenossenschaft)

+   freiwillige soziale Aufwendungen

+   Aufwendungen für die betriebliche Altersversorgung

=   **gesamter Personalaufwand**

Ermittlung des Auszahlungsbetrags für die Arbeitnehmer

     Bruttolöhne und Gehälter

+   Sachbezüge (z. B. Firmenwagen)

+   vermögenswirksame Leistungen des Arbeitgebers

=   **steuer- und sozialversicherungspflichtiges Bruttoarbeitsentgelt**

-    Lohnsteuer

-    Solidaritätszuschlag (5,5 % der Lohnsteuer)

-    Kirchensteuer (8 % oder 9 % der Lohnsteuer)

-    Arbeitnehmeranteil zur Sozialversicherung

=   **Nettoarbeitsentgelt**

-    vermögenswirksame Sparleistungen des Arbeitnehmers

=   **Auszahlungsbetrag**

9.4.3 Lohnsteuer

Die Einkünfte aus nicht selbstständiger Tätigkeit unterliegen der Lohnsteuer. Die Höhe des Lohnsteuerabzugs ist abhängig von der Höhe des Bruttoverdienstes, der Lohnsteuerklasse und der Kinderzahl. Für die Einteilung in die Lohnsteuerklassen ist insbesondere der Familienstand ausschlaggebend. Vereinfacht gilt für die **Lohnsteuerklassen**:

Steuerklasse I	Ledige, Verwitwete, Geschiedene, Verheiratete, die dauernd getrennt leben
Steuerklasse II	Arbeitnehmer der Steuerklasse I mit mindestens einem Kind, für das er einen Kinderfreibetrag/Kindergeld bekommt
Steuerklasse III	Verheiratete, wenn der zu Besteuernde allein verdient oder der Ehepartner in der Steuerklasse V eingestuft ist
Steuerklasse IV	Verheiratete, deren Ehepartner ebenfalls in die Steuerklasse IV eingestuft ist
Steuerklasse V	Verheiratete, deren Ehepartner in die Steuerklasse III eingestuft ist
Steuerklasse VI	Arbeitnehmer, die mehrere Arbeitsverhältnisse haben

9

9.5 Lohn- und Gehaltsabrechnung

Die Lohn- und Gehaltsabrechnung betrifft die Erfassung, Abrechnung und Buchung sämtlicher gezahlter Arbeitsentgelte (Löhne und Gehälter) in jeder Form. Des Weiteren umfasst sie auch die Personalnebenkosten mit den gesetzlichen und freiwilligen Sozialleistungen. Durch die Lohn-/Gehaltsabrechnung wird der Lohn-/Gehaltsanspruch des einzelnen Arbeitnehmers für die Lohnperiode festgestellt.

Beispiel: Lohn- und Gehaltsabrechnung eines ledigen 25-jährigen Arbeitnehmers

a) aus Sicht des Arbeitgebers:

	Bruttolohn	3.000,00 €
+	eventuell Zuschuss zur vermögenswirksamen Leistung vom Arbeitgeber	+ 13,30 €
=	Steuer- und sozialversicherungspflichtiges Gehalt	= 3.013,30 €
+	Arbeitgeberanteil zur Sozialversicherung (KV = 7,3 %, PV = 1,025 %, RV = 9,35 %, AV = 1,5 %, d. h. gesamt = 19,175 %)	+ 577,80 €
=	Personalaufwand	= 3.591,10 €

b) aus Sicht des Arbeitnehmers:

	Bruttolohn	3.000,00 €
+	eventuell Zuschuss zur vermögenswirksamen Leistung vom Arbeitgeber	+ 13,30 €
=	Steuer- und sozialversicherungspflichtiges Gehalt	= 3.013,30 €
-	Arbeitnehmeranteil zur Sozialversicherung (KV = 8,2 %, PV = 1,025 %, + 0,25 % für Kinderlose, RV = 9,35 %, AV = 1,5 %, gesamt = 20,325 %)	- 612,45 €
-	Lohnsteuer	- 462,66 €
-	Solidaritätszuschlag	- 25,44
-	Kirchensteuer (8 % in Baden-Württemberg auf Lohnsteuer)	- 37,01
=	Nettogehalt	= 1.875,74 €
-	(eventuell) vermögenswirksame Leistungen, die der Arbeitnehmer bezahlt	- 39,17 €
=	Auszahlungsbetrag	= 1.836,57 €

Die **Abzüge** sind vom Arbeitgeber einzubehalten. Die Steuern sind bis **zum 10. des folgenden Monats** an das **Finanzamt** abzuführen. Die Sozialversicherungsbeiträge sind bereits am drittletzten Bankarbeitstag im laufenden Monat an die gesetzlichen **Krankenkassen** (Einzugsstellen) abzuführen. Die **einbehaltenen aber noch nicht abgeführten Abzüge** (Steuern und Beiträge) stellen im Zeitpunkt der Auszahlung Verbindlichkeiten dar, die auf folgenden Konten erfasst werden:

- Verbindlichkeiten aus Lohn- und Kirchensteuer
- Verbindlichkeiten im Rahmen der sozialen Sicherheit

Der Nettoarbeitslohn wird in der Regel vom Arbeitgeber per Banküberweisung bezahlt.

Beispiel: Verbuchung der Lohn- und Gehaltsabrechnung

Es werden die Daten aus dem vorherigen Beispiel übernommen.

Buchungssätze:

Da die Sozialversicherungsbeiträge spätestens bis zum drittletzten Bankarbeitstag bezahlt sein müssen, werden die Vorauszahlungen zuerst gebucht.

1)	Sozialversicherungs-vorauszahlung	1.190,25	an	Bank	1.190,25
2)	Löhne	3.000,00			
	vwL	13,30			
			an	Verb. aus LSt/KSt/SolZ	525,11
			an	Sozialversicherungsvorauszahlung (Arbeitnehmeranteil)	612,45
			an	Verbindlichkeiten aus vwL	39,17
			an	Bank	1.836,57
3)	gesetzliche soziale Aufwendungen (Arbeitgeberanteil)	577,80	an	Sozialversicherungsvorauszahlung	577,80

Buchung der Zahlungen:

4)	Verb. aus LSt/KSt/SolZ	525,11	an	Bank	525,11
5)	Verbindlichkeiten aus vwL	39,17	an	Bank	39,17

Übungsaufgabe 9.1: Lohn- und Gehaltsabrechnung

Bilden Sie die Buchungssätze für die Gehaltsabrechnung vom Angestellten Müller.

1)		Vorauszahlung der Sozialversicherung am drittletzten Bankarbeitstag	
2)		Bruttogehalt	4.000,00 €
	+	vermögenswirksame Leistungen (vwL)	+ 39,17 €
			= 4.039,17 €
	-	Lohnsteuer, III/1	- 442,00 €
	-	Solidaritätszuschlag	- 15,90 €
	-	Kirchensteuer	- 23,13 €
	-	Sozialversicherungsbeiträge (Arbeitnehmeranteil)	- 810,86 €
	-	Verbindlichkeiten vwL	- 39,17 €
	=	Nettogehalt (Auszahlungsbetrag)	= 2.708,11 €
3)		Arbeitgeberanteil zur Sozialversicherung (19,275 % von 4.039,17 €)	774,51 €
4)		Banküberweisung der Steuern zum 10. des folgenden Monats	481,03 €
5)		Banküberweisung der vwL	39,17 €

Nutzen Sie bitte die folgende Tabelle zum Eintragen der Buchungssätze.

1)		an		
2)				
3)		an		
4)		an		
5)		an		

Die Lösung finden Sie unter www.uvk-lucius.de/schritt-fuer-schritt

Übungsaufgabe 9.2: Sozialversicherungsbeiträge

Ermitteln Sie für den verheirateten Angestellten Maier mit zwei Kindern und einem Monatsgehalt von 9.000 € die monatlichen Beträge zur gesetzlichen Sozialversicherung im Jahr 2015. Die Lohnsteuer beträgt 2.091,00 €, der Solidaritätszuschlag 90,06 € und die Kirchensteuer 131,00 €. Ermitteln Sie das Nettogehalt.

Nutzen Sie bitte die folgende Tabelle für die Ermittlung der gesetzlichen sozialen Aufwendungen.

	Arbeitnehmeranteil	Arbeitgeberanteil	gesamt
Rentenversicherung			
Arbeitslosenversicherung			
Krankenversicherung			
Pflegeversicherung			
gesamt			

Ermittlung des Nettogehalts (Auszahlungsbetrag):

	Bruttogehalt
-	Lohnsteuer
-	Solidaritätszuschlag
-	Kirchensteuer
-	Sozialversicherung (Arbeitnehmeranteil)
=	Nettogehalt (Auszahlungsbetrag)

Die Lösung finden Sie unter www.uvk-lucius.de/schritt-fuer-schritt

Übungsaufgabe 9.3 und 9.4
Alle Aufgaben und Lösungen finden Sie unter www.uvk-lucius.de/schritt-fuer-schritt

Schritt 10: Vorbereitende Jahresabschlussarbeiten

Lernziele

In diesem Kapitel lernen Sie die Thematik der „vorbereitenden Jahresabschlussarbeiten" kennen. Es werden die Abschreibungen auf abnutzbares Anlagevermögen, die Abschreibungen auf Forderungen mit den Wertberichtigungen und die zeitliche Abgrenzungen behandelt.

Nach dem Studium dieses Kapitels sollten Sie in der Lage sein,

- die Anschaffungs- oder Herstellungskosten zu ermitteln,
- das Wesen der Abschreibung zu verstehen und wissen, wie sich die Abschreibung auf die Bilanz und das Ergebnis auswirkt,
- die verschiedenen Abschreibungsverfahren zu beherrschen,
- die Abschreibungen zu verbuchen,
- die verschiedenen Abschreibungshöhen entsprechend den Abschreibungsverfahren zu berechnen,
- die Abschreibungen und die Wertberichtigungen auf Forderungen zu buchen,
- die transitorische und die antizipative Rechnungsabgrenzung zu verstehen,
- die verschiedenen Arten der Rechnungsabgrenzungsposten zu unterscheiden,
- den Sinn und Zweck der Verbuchung von Rechnungsabgrenzungsposten zu verstehen,
- die Bildung und Buchung von Rückstellungen zu beherrschen,
- die Ansatzregeln und die Gründe für die Bildung der verschiedenen Rückstellungsarten bzgl. den Außen- und Innenverpflichtungen zu kennen.

10.1 Abschreibungen auf Gegenstände des Anlagevermögens

Falls ein abnutzbarer Vermögensgegenstand über einen längeren Zeitraum als ein Jahr zur Erzielung eines wirtschaftlichen Nutzens eingesetzt wird, so dürfen die Anschaffungs- oder Herstellungskosten nicht im Jahr der Anschaffung oder Herstellung komplett als Aufwand verbucht werden, sondern müssen über die betriebsgewöhnliche Nutzungsdauer als Abschreibung verteilt werden.

Unter **„Abschreibungen"** werden Methoden verstanden, mit denen man den Wertverlust der Vermögensgegenstände in der Buchhaltung erfasst. Dabei differenziert man zwischen planmäßigen und außerplanmäßigen Abschreibungen:

- **Planmäßige Abschreibungen**: Die Wertminderung von abnutzbaren Vermögensgegenständen wird methodisch (planmäßig) über die betriebsgewöhnliche Nutzungsdauer des Vermögensgegenstands verteilt. Gemäß § 253 Abs. 3 HGB und § 7 Abs. 1 EStG sind bei abnutzbaren Anlagegütern, deren Verwendung oder Nutzung sich auf einen Zeitraum von mehr als einem Jahr erstreckt, die **Anschaffungskosten** (AK) oder die **Herstellungskosten** (HK) auf die **betriebsgewöhnliche Nutzungsdauer** (ND) zu verteilen.
- **Außerplanmäßige Abschreibungen**: Wenn ein nicht vorhersehbarer Wertverlust dauerhaft eintritt, so wird der Vermögensgegenstand außerplanmäßig abgeschrieben. Eine außerplan-

mäßige Abschreibung ist sowohl bei abnutzbaren als auch bei nicht abnutzbaren Vermögensgegenständen möglich. Außerplanmäßige Abschreibungen sind auf den niedrigeren beizulegenden Wert vorzunehmen, wenn die Wertminderung beim **Anlagevermögen** voraussichtlich **dauerhaft** ist. Das Finanzanlagevermögen darf auch bei einer vorübergehenden Wertminderung außerplanmäßig abgeschrieben werden. Beim **Umlaufvermögen** muss auch bei einer **vorübergehenden** Wertminderung auf einen vorhandenen Börsen- oder Marktpreis, falls dieser nicht vorhanden ist, auf den niedrigeren beizulegenden Wert außerplanmäßig abgeschrieben werden.

Merke

Liegt der tatsächliche Wert des Vermögensgegenstands des Anlagevermögens dauerhaft unter dem bilanzierten Buchwert, so ist in Höhe der Differenz eine außerplanmäßige Abschreibung vorzunehmen.

10.1.1 Abschreibungen auf abnutzbares Anlagevermögen

Abnutzbare Anlagegüter unterliegen einer **zeitlich begrenzten Nutzung** und werden planmäßig während ihrer Nutzungsdauer **abgeschrieben**. **Nicht abnutzbare Anlagegüter** unterliegen keiner zeitlich begrenzten Nutzung und können **nur außerplanmäßig abgeschrieben** werden, falls eine nachhaltige Wertminderung eintritt.

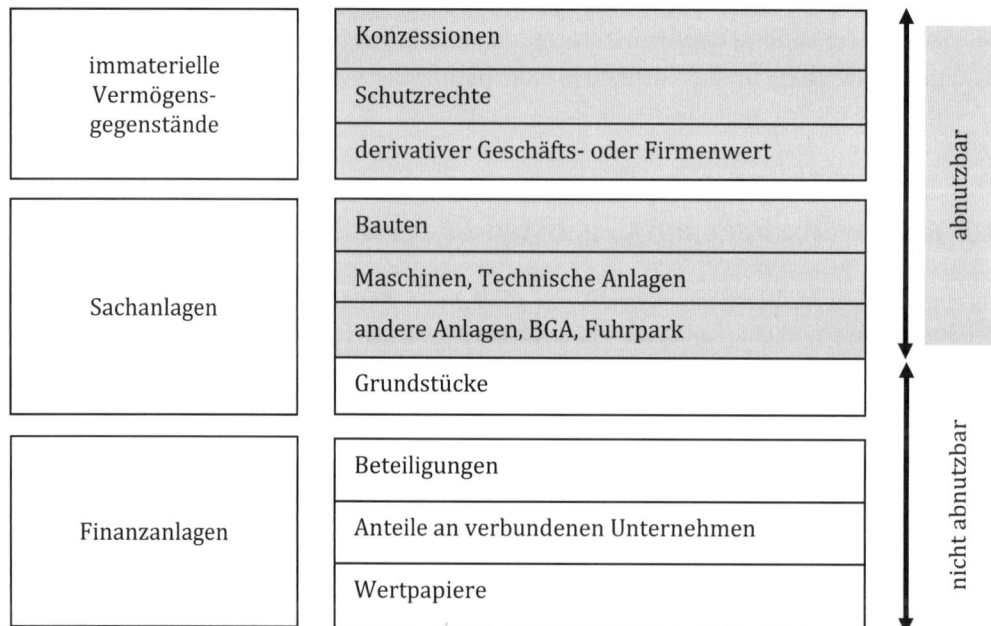

Abb. 10.1: Abnutzbares und nicht abnutzbares Anlagevermögen

Vermögensgegenstände des **abnutzbaren Anlagevermögens** sind z. B.:

▪ immaterielle Vermögensgegenstände (z. B. Geschäfts- oder Firmenwert, Software, Lizenzen etc.),

- Gebäude,
- unbewegliche Vermögensgegenstände, die keine Gebäude oder Gebäudeteile sind (z. B. Außenanlagen bei Betriebsgrundstücken) und
- bewegliche Vermögensgegenstände (z. B. Maschinen, Betriebs- und Geschäftsausstattung, Fuhrpark).

Sie dienen dem Unternehmen langfristig und verlieren während der betrieblichen Nutzungsdauer an Wert.

10.1.1.1 Abschreibungsursachen

Mögliche Abschreibungsursachen können sein

- **technische Ursachen**, wie z. B.
  - Gebrauchsverschleiß (z. B. Abnutzung),
  - substanzbedingter Verschleiß (z. B. bei Kies- und Sandgruben, Bergwerken, Steinbrüchen oder Ölfeldern),
  - natürlichen Verschleiß (z. B. Rost, Zersetzung, Fäulnis) und
- **wirtschaftliche Ursachen**, wie z. B.
  - Entwertung durch technischen Fortschritt (z. B. neue Erfindungen, neue Werkstoffe, höhere Leistungsfähigkeit bei PCs),
  - Entwertung durch Bedarfsverschiebung (z. B. Nachfrageverschiebung durch Mode- und Geschmacksverschiebungen),
  - Entwertung durch Preisverfall.
- **sonstige Ursachen**, wie z. B.
  - Katastrophenverschleiß (z. B. Feuer, Unfall, Explosion) und
  - Fristablauf (z. B. begrenzte Nutzungsdauern bei Patenten, Lizenzen oder Konzessionen).

10.1.1.2 Anschaffungs- oder Herstellungskosten

Die Anlagegüter werden im Anlagevermögen zu ihren Anschaffungs- oder Herstellungskosten aktiviert. Die **Anschaffungskosten** sind alle Aufwendungen, die anfallen, um einen Vermögensgegenstand zu erwerben (Kaufpreis) und in einen betriebsbereiten Zustand zu versetzen, soweit die Aufwendungen dem Vermögensgegenstand einzeln zugeordnet werden können (§ 255 Abs.1 Satz 1 HGB).

Die **Herstellungskosten** sind Aufwendungen, die durch den Verbrauch von Gütern und die Inanspruchnahme von Diensten für die Herstellung eines Vermögensgegenstands, seine Erweiterung oder über seinen ursprünglichen Zustand hinausgehende wesentliche Verbesserung entstehen (§ 255 Abs. 2 Satz 1).

10

Die Anschaffungskosten werden wie folgt ermittelt:

	Anschaffungspreis (Rechnungspreis ohne abziehbare Vorsteuer)
-	**einzeln zuordenbare Anschaffungspreisminderungen** (Skonti, Rabatte, Boni, ggf. staatliche Zuschüsse)
+	**nachträgliche Anschaffungskosten** (Straßenanliegerbeiträge, Kanalanschlussgebühren, Erschließungsbeiträge, Umbau- und Ausbauarbeiten)
+	**Anschaffungsnebenkosten, sofern einzeln zurechenbar** • bei **beweglichen** Anlagegütern: z. B. Transport-, Verpackung-, Versicherungs-, Überführungs- und Zulassungskosten • bei **unbeweglichen** Anlagegütern: z. B. Grunderwerbsteuer, Maklerprovision, Grundbuchgebühren und Notargebühren
+	**Kosten der Herstellung der Betriebsbereitschaft** (z. B. Kosten für Funktionstests, Fundamentierung, Montage etc.)
=	**aktivierungspflichtige Anschaffungskosten**

Abb. 10.2: Berechnungsschema für die Ermittlung der aktivierungsfähigen Anschaffungskosten

Die Anschaffungsnebenkosten sind einmalige Ausgaben im Zusammenhang mit der Anschaffung des Anlagegutes. Die nachfolgende Tabelle zeigt Ihnen anhand von Beispielen, welche Anschaffungsnebenkosten anfallen können.

	Maschinen	LKW	Grundstücke/Gebäude
Anschaffungsnebenkosten (müssen aktiviert werden)	• Transportkosten • Montagekosten	• Überführungskosten • Zulassungskosten • Werbeaufschrift • Anhängerkupplung • Spezialaufbau	• Grunderwerbssteuer (3,5 % bis 6,5 %) • Maklergebühren • Notariatskosten • Kosten für Eintragung in das Grundbuch
keine Anschaffungsnebenkosten = laufende Kosten + Finanzierungskosten		• Kfz-Steuer • Haftpflichtversicherung	• Grundsteuer • Grundbuchkosten für Grundschuld

Abb. 10.3: Beispiele für Anschaffungsnebenkosten

Die **Herstellungskosten** nach HGB umfassen **mindestens** die **Einzelkosten** und die **variablen Gemeinkosten**. Es dürfen fixe Gemeinkosten mit einbezogen werden. Die folgende Abbildung zeigt die handels- und steuerrechtlichen Herstellungskosten:

		Handelsrechtliche Herstellungskosten gemäß § 255 Abs. 2 und 3 HGB			Steuerrechtliche Herstellungskosten gemäß, EStÄR 2012 (R 6.3 EStR)
Pflicht		Materialeinzelkosten	Pflicht		Materialeinzelkosten
	+	Fertigungseinzelkosten		+	Fertigungseinzelkosten
	+	Sondereinzelkosten der Fertigung		+	Sondereinzelkosten der Fertigung
	+	Materialgemeinkosten		+	Materialgemeinkosten
	+	Fertigungsgemeinkosten		+	Fertigungsgemeinkosten
	+	Werteverzehr des Anlagevermögens		+	Werteverzehr des Anlagevermögens
	=	Wertuntergrenze		+	allg. Verwaltungsgemeinkosten
Wahlrecht	+	allgemeine Verwaltungsgemeinkosten		+	Aufwendungen für soziale Einrichtungen des Betriebs
	+	Aufwendungen für soziale Einrichtungen des Betriebs			Aufwendungen für freiwillige Sozialleistungen
	+	Aufwendungen für freiwillige Sozialleistungen			Aufwendungen für betriebliche Altersversorgung
	+	Aufwendungen für betriebliche Altersversorgung		=	Wertuntergrenze
	+	Fremdkapitalzinsen[39]		+	Fremdkapitalzinsen
	=	Wertobergrenze		=	Wertobergrenze
Verbot		Sondereinzelkosten des Vertriebs Vertriebsgemeinkosten Forschungskosten	Verbot		Sondereinzelkosten des Vertriebs Vertriebsgemeinkosten Forschungskosten

Abb. 10.4: Ermittlung der Herstellungskosten nach Handels- und Steuerrecht

Übungsaufgabe 10.1: Ermittlung der Anschaffungskosten

Beim Kauf eines Betriebsgrundstücks zum Anschaffungspreis von 600.000 € fallen weitere Kosten an:

- 5 % Grunderwerbsteuer vom Anschaffungspreis des Grundstücks
- Vermessungskosten = 7.140 € inkl. 19 % MwSt.
- Maklergebühr = 21.420 € inkl. 19 % MwSt.
- Notariatskosten = 3.800 € zuzüglich 19 % MwSt.
- Kosten für die Eintragung als Eigentümer ins Grundbuch = 900 €
- Kanalanschlussgebühren = 12.000 € zuzüglich 19 % MwSt.
- Grundsteuer für das erste Quartal = 200 €
- Abwassergebühren für das erste Quartal = 150 €

Nutzen Sie bitte für die Ermittlung der Anschaffungskosten des Grundstücks die folgende Tabelle.

---

[39] Zinsen für das Fremdkapital, das zur Finanzierung der Herstellung eines Vermögensgegenstandes notwendig ist.

Anschaffungspreis	600.000 €
+	
+	
+	
+	
+	
+	
=	

Die Lösung finden Sie unter www.uvk-lucius.de/schritt-fuer-schritt

Die **Abschreibungen** erfassen den Wertverlust der Vermögensgegenstände. Die Anschaffungs- bzw. Herstellungskosten werden dabei auf die betriebliche Nutzungsdauer verteilt. Die **bilanziellen Abschreibungen** stellen Aufwendungen dar und mindern den Gewinn bzw. die Steuern.

Durch die Buchung von Abschreibungen z. B. auf Sachanlagen wird die hauptsächlich durch den Verschleiß bedingte Wertminderung des Anlagevermögens erfasst.

10.1.2 Direkte und indirekte Abschreibung

Es können zwei verschiedene Abschreibungsformen verwendet werden, und zwar die **direkte** Abschreibung und die **indirekte** Abschreibung.

10.1.2.1 Direkte Abschreibung

Bei der **direkten Abschreibung** wird die Wertminderung direkt auf dem entsprechenden Anlagekonto (z. B. Maschinen) gebucht, d. h. auf dem Anlagekonto und somit in der Schlussbilanz wird der um die Abschreibungen verminderte Restbuchwert ausgewiesen.

Beispiel: Direkte Abschreibung

Eine Maschine, die im **Januar 01** mit Anschaffungskosten in Höhe von 60.000 € angeschafft wurde, wird linear jährlich mit 10.000 € direkt abgeschrieben. Nehmen Sie die **Buchungen zum 31.12.03** vor.

Buchungssätze zum 31.12.03:

1) Abschreibungen	10.000	an	Maschinen	10.000

Abschlussbuchungen

2) Gewinn- und Verlustkonto	10.000	an	Abschreibungen	10.000
3) Schlussbilanzkonto (SBK)	30.000	an	Maschinen	30.000

S	Maschinen		H
AB	40.000	1)	10.000
		Saldo	30.000
Summe	40.000	Summe	40.000

S	Abschreibungen		H
1)	10.000	**Saldo**	10.000
Summe	10.000	Summe	10.000

S	Schlussbilanzkonto		H
Maschinen	30.000		

S	GuV-Konto		H
Abschr.	10.000		

Die ursprünglichen Anschaffungswerte sind bei der **direkten Abschreibung** aus der Bilanz der Einzelkaufleute und der Personengesellschaften bereits nach der ersten Abschreibung nicht mehr zu ersehen. Für den externen Bilanzleser haben die Restbuchwerte nur einen begrenzten Aussagewert, da daraus nicht auf den Umfang des Anlagevermögens geschlossen werden kann. Bei Kapitalgesellschaften und haftungsbeschränkten Personenhandelsgesellschaften kann man die ursprünglichen Anschaffungs- oder Herstellungskosten aus dem **Anlagenspiegel** entnehmen.

10.1.2.2 Indirekte Abschreibung

Die **indirekte Methode der Abschreibung** berücksichtigt die Wertminderung der Aktivseite durch einen Wertberichtigungsposten auf der Passivseite. Die Anlagenwerte erscheinen während ihrer gesamten Nutzungsdauer nominell unverändert auf der Aktivseite der Bilanz mit ihren Anschaffungs- oder Herstellungskosten; die dem Aufwandskonto belasteten Abschreibungen werden als **Wertberichtigungen auf Anlagen** auf der Passivseite in der Schlussbilanz erfasst. Das Wertberichtigungskonto erfasst die kumulierten Abschreibungen.

Beispiel: Indirekte Abschreibung

Eine Maschine, die im **Januar 01** mit Anschaffungskosten in Höhe von 60.000 € angeschafft wurde, wird linear jährlich mit 10.000 € indirekt abgeschrieben. Nehmen Sie die **Buchungen zum 31.12.03** vor.

Buchungssätze zum 31.12.03:

1) Abschreibungen	10.000	an	Wertberichtigungen auf Anlagen	10.000

Abschlussbuchungen

2) Gewinn- und Verlustkonto	10.000	an	Abschreibungen	10.000
3) Schlussbilanzkonto (SBK)	60.000	an	Maschinen	60.000
4) Wertberichtigungen auf Anl.	30.000	an	SBK	30.000

S	Maschinen		H
AB	60.000	**Saldo**	60.000
Summe	60.000	Summe	60.000

S	Abschreibungen		H
1)	10.000	**Saldo**	10.000
Summe	10.000	Summe	10.000

S	Wertberichtigungen auf Anlagen	H
Saldo 30.000	AB	20.000
	1)	10.000
Summe 30.000	Summe	30.000

S	Schlussbilanzkonto	H
Maschinen 60.000	Wertberich.	30.000

S	GuV-Konto	H
Abschr. 10.000		

Kapitalgesellschaften dürfen in der offengelegten Bilanz keine Wertberichtigungen ausweisen. Die AG oder die GmbH würden deshalb die oben abgeschriebene Maschine am Ende des 3. Jahres nur mit 30.000 € auf der Aktivseite der Bilanz ausweisen. Kapitalgesellschaften müssen jedoch im Jahresabschluss einen Anlagenspiegel veröffentlichen, der die sogenannten historischen – die ursprünglichen – Anschaffungs- oder Herstellungskosten und die „kumulierten" – die aufgelaufenen – Abschreibungen, die den Wertberichtigungen entsprechen, enthält.

10.1.3 Abschreibungsverfahren

Je nachdem, ob der Zeit- oder der Leistungsfaktor die dominierende Entwertungsursache darstellt, unterscheidet man zwischen der **Zeit-** und der **Leistungsabschreibung**. Es sind folgende Abschreibungsverfahren handelsrechtlich möglich:

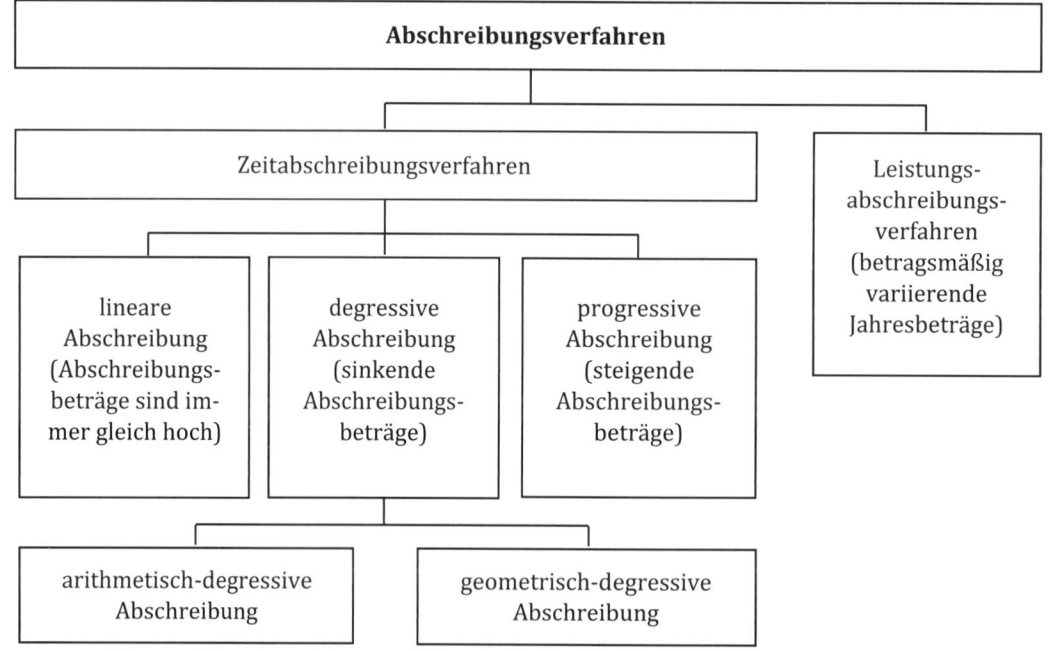

Abb. 10.5: Abschreibungsverfahren

10.1.3.1 Lineare Abschreibung

Bei der linearen Abschreibung handelt es sich um jährlich **gleichbleibende** Abschreibungsbeträge. Die Abschreibung erfolgt durch Anwendung eines konstanten Abschreibungsprozentsatzes, jeweils von der **Abschreibungsbasis,** d. h. von den **Anschaffungs- oder Herstellungskosten,** die gegebenenfalls um einen **Restwert** am Ende der Nutzungsdauer **vermindert** werden. Sie ist auch steuerrechtlich bei allen abnutzbaren Anlagegütern zulässig. Die Abschreibung erfolgt ganz bzw. bis zu einem **Erinnerungswert** von **einem Euro.**

Der **jährliche Abschreibungsbetrag** ergibt sich, indem man die **Abschreibungsbasis** durch die Anzahl der Jahre der betriebsgewöhnlichen Nutzungsdauer dividiert.

$$\text{Jahresabschreibungsbetrag} = \frac{\text{Anschaffungskosten/Herstellungskosten} - \text{Restwert am Ende der Nutzungsdauer}}{\text{Nutzungsdauer in Jahren}}$$

Der **Abschreibungssatz** ergibt sich, indem man **100** durch die Anzahl der Jahre der betriebsgewöhnlichen Nutzungsdauer dividiert.

$$\text{Linearer Abschreibungssatz} = \frac{100 \, \%}{\text{Nutzungsdauer in Jahren}}$$

Beispiel: Ermittlung des linearen Abschreibungsbetrags

- Anschaffungskosten (AK) = 20.000 €
- a) der Restwert beträgt 0 € bzw. b) der Restwert beträgt 4.000 €
- Nutzungsdauer (ND) = 8 Jahre

$$\text{jährlicher linearer Abschreibungsbetrag} = \frac{20.000 \, €}{8 \, \text{Jahre}} = 2.500 \, €/\text{Jahr}$$

a) Lineare jährliche Abschreibung **ohne Restwert**

Jahr	Buchwert Jahresbeginn	Abschreibung	Buchwert Jahresende
1	20.000 €	2.500 €	17.500 €
2	17.500 €	2.500 €	15.000 €
3	15.000 €	2.500 €	12.500 €
4	12.500 €	2.500 €	10.000 €
5	10.000 €	2.500 €	7.500 €
6	7.500 €	2.500 €	5.000 €
7	5.000 €	2.500 €	2.500 €
8	2.500 €	2.500 €	0 €

b) Lineare jährliche Abschreibung **mit einem Restwert** in Höhe von 4.000 €

$$\text{jährlicher linearer Abschreibungsbetrag} = \frac{20.000 \, € - 4.000 \, €}{8 \, \text{Jahre}} = 2.000 \, €/\text{Jahr}$$

Jahr	Buchwert Jahresbeginn	Abschreibung	Buchwert Jahresende
1	20.000 €	2.000 €	18.000 €
2	18.000 €	2.000 €	16.000 €
3	16.000 €	2.000 €	14.000 €

10

4	14.000 €	2.000 €	12.000 €
5	12.000 €	2.000 €	10.000 €
6	10.000 €	2.000 €	8.000 €
7	8.000 €	2.000 €	6.000 €
8	6.000 €	2.000 €	4.000 €

Die planmäßige Abschreibung (steuerlich = Absetzung für Abnutzung [AfA]) **beginnt** bei der **Anschaffung** von abnutzbaren Anlagegütern mit dem **Zeitpunkt der Lieferung (Betriebsbereitschaft)** und bei der **Herstellung** von selbst erstellten abnutzbaren Anlagegütern mit dem **Zeitpunkt der Fertigstellung.** Werden die Vermögensgegenstände/Wirtschaftsgüter im **Laufe eines Geschäftsjahres** angeschafft oder hergestellt, so ist die Abschreibung in diesem Geschäftsjahr grundsätzlich **zeitanteilig (pro-rata-temporis)** zu berechnen, wobei der Monat der Anschaffung oder Herstellung als voller Monat zählt, d. h. es wird aufgerundet.

Bei Ausscheiden eines Anlagegutes im Laufe eines Geschäftsjahres sind die planmäßigen Abschreibungen im Abgangsjahr ebenfalls nur zeitanteilig (es erfolgt im Allgemeinen eine Abrundung auf volle Monate) vorzunehmen, d. h. bei der monatsgenauen Berechnung wird der Monat des Anlagenabgangs in der Regel nicht berücksichtigt.

Beispiel: Berechnung der zeitanteiligen Abschreibung

Unternehmer Glückspilz, dessen Geschäftsjahr mit dem Kalenderjahr übereinstimmt, kauft am 12.03.20... eine Werkzeugmaschine für 30.000 €. Die betriebsgewöhnliche Nutzungsdauer im 3-Schichtbetrieb beträgt 5 Jahre. Nach der **pro-rata-temporis-Regel** wird die Abschreibung wie folgt berechnet:

Jahresbetrag der Abschreibung: $\frac{30.000\ €}{5\ \text{Jahre}} = 6.000\ €/\text{Jahr}$

Ermittlung des zeitanteiligen Abschreibungsbetrags:

zeitanteiliger Abschreibungsbetrag des ersten Jahres: $\frac{10\ \text{Monate}}{12\ \text{Monate}} \times 6.000\ €/\text{Jahr} = 5.000\ €/\text{Jahr}$

Die **zeitanteilige Jahresabschreibung** des ersten Jahres beträgt für die 10 Monate: 5.000 €.

Übungsaufgabe 10.2: Verkauf von Anlagegütern

Am 04.09.05 wird eine Maschine gegen Bankscheck verkauft:

Nettoverkaufspreis		5.000 €
+ Umsatzsteuer (19 %)		+ 950 €
= Rechnungsbetrag (inkl. 19 % USt)		= 5.950 €

Zum 01.01.05 betrug der Buchwert der Maschine 3.600 €. Der jährliche lineare Abschreibungsbetrag beträgt 1.200 €.

Ermitteln Sie die zeitanteilige lineare Abschreibung für das Jahr 05 und ermitteln Sie den Erfolg des Maschinenverkaufs. Nutzen Sie die folgenden Tabellen.

Berechnung der zeitanteiligen Abschreibung (für 8 Monate) = 1.200 €/Jahr × $\frac{8}{12}$ =

	Buchwert zum 01.01.05	3.600 €
-	Abschreibung vom 01.01. bis 31.08.05	
=	Buchwert zum 31.08.05	

	Nettoverkaufspreis	5.000 €
-	Buchwert zum 31.08.05	
=	sonstiger Ertrag	

Die Lösung finden Sie unter www.uvk-lucius.de/schritt-fuer-schritt

10.1.3.2 Degressive Abschreibungsverfahren

Bei den degressiven Abschreibungsverfahren nehmen die jährlichen Abschreibungsbeträge im Zeitablauf ab. Handelsrechtlich sind die **geometrisch-degressive** und die **arithmetisch-degressive Abschreibung** zulässig. Steuerlich sind beide nicht mehr erlaubt.

Arithmetisch degressive Abschreibung (digitale Abschreibung)

Steuerlich zulässig war die **arithmetisch-degressive** Abschreibung bis **1985**. Bei der arithmetisch-degressiven Abschreibung, die auch als **digitale Abschreibung** bezeichnet wird, verringern sich die Abschreibungsbeträge jedes Jahr um denselben absoluten **Degressionsbetrag**. Der Degressionsbetrag wird ermittelt, indem man die Jahresziffern der voraussichtlichen Nutzungsdauer addiert und die Anschaffungs- oder Herstellungskosten abzüglich eines voraussichtlichen Resterlöses durch die Jahresziffern (= Summe der Nutzungsjahre) dividiert.

$$\text{Degressionsbetrag D} = \frac{\text{Anschaffungskosten/Herstellungskosten} - \text{Restwert am Ende der Nutzungsdauer}}{\text{Summe der Nutzungsjahre (Jahresziffern)}}$$

Beispiel: arithmetisch-degressive Abschreibung

Ein Unternehmen kauft eine Maschine für 63.000 € und rechnet mit einer voraussichtlichen Nutzungsdauer von sechs Jahren.

Summe der Nutzungsjahre = 1 + 2 + 3 + 4 + 5 + 6 = 21

Degressionsbetrag = 63.000 € : 21 = 3.000 €

Jährliche Abschreibungsbeträge		
im 1. Jahr =	6/21 von 63.000 € =	18.000 €
im 2. Jahr =	5/21 von 63.000 € =	15.000 €
im 3. Jahr =	4/21 von 63.000 € =	12.000 €
im 4. Jahr =	3/21 von 63.000 € =	9.000 €
im 5. Jahr =	2/21 von 63.000 € =	6.000 €
im 6. Jahr =	1/21 von 63.000 € =	3.000 €
Summe der Abschreibungsbeträge =		63.000 €

10

Geometrisch-degressive Abschreibung

Die geometrisch-degressive Abschreibung wird auch als **Restwert- oder Buchwertabschreibung** bezeichnet. Die Abschreibungsbeträge sind jährlich fallend, wobei in den ersten Nutzungsjahren i. d. R. die Abschreibungen höher und in den letzten Jahren niedriger sind als bei der linearen Abschreibung. Der Abschreibungsbetrag wird nur im ersten Jahr von den Anschaffungs- oder Herstellungskosten berechnet. In den **folgenden Jahren** werden die **Abschreibungsbeträge** mit **demselben Abschreibungsprozentsatz vom jeweiligen Restbuchwert** ermittelt.

Abschreibungsbetrag im ersten Jahr = Abschreibungsprozentsatz x AK/HK

Abschreibungsbeträge folgende Jahre = Abschreibungsprozentsatz x Restwert$_{(t-1)}$, für t > 1

Die bis 2010 steuerlich zulässige **geometrisch-degressive Abschreibung** für bewegliche Wirtschaftsgüter des Anlagevermögens hat eine wechselvolle Vergangenheit:

- Bis zum Jahr 2000 galt ein steuerlicher Abschreibungssatz von 30 % mit der Begrenzung auf das Dreifache des linearen AfA-Satzes.

- Von 2001 bis 2005 wurde der Abschreibungssatz vermindert und betrug in dieser Zeit das Zweifache des linearen AfA-Satzes, maximal 20 Prozent.

- Für bewegliche Wirtschaftsgüter des Anlagevermögens, die 2006 oder 2007 angeschafft oder hergestellt wurden, galt wieder die alte steuerliche Regelung mit dem Dreifachen des linearen AfA-Satzes, maximal 30 %.

- Zum 01.01.2008 wurde im Rahmen der Unternehmenssteuerreform das Wahlrecht der steuerlich degressiven AfA abgeschafft, sodass für Investitionen ab diesem Zeitpunkt nur die lineare Abschreibung in Betracht kam.

- Aufgrund der Finanzkrise und der damit verbundenen Wirtschaftskrise wurde die geometrisch-degressive Abschreibung zeitlich begrenzt für die Jahre 2009 und 2010 wieder eingeführt. Der Abschreibungssatz betrug maximal 25 %, jedoch höchstens das 2,5-fache des linearen AfA-Satzes.

- 2011 wurde steuerlich die degressive Abschreibung abgeschafft.

Anschaffungs- oder Herstellungsjahr	Höchstprozentsatz	jedoch höchstens
01.01.2001 bis 31.12.2005	20 %	2-fache lineare AfA
01.01.2006 bis 31.12.2007	30 %	3-fache lineare AfA
2008	abgeschafft	
01.01.2009 bis 31.12.2010	25 %	2,5-fache lineare AfA
Seit 2011	abgeschafft	

Abb. 10.6: steuerlich geometrisch-degressive Abschreibungssätze

Die degressive Abschreibung führt **in den ersten Jahren** der Nutzung des abnutzbaren Anlagegegenstandes zu **höheren Abschreibungsbeträgen** als die lineare Abschreibung. Der höhere Abschreibungsaufwand bewirkt außerdem eine **stärkere Minderung des Gewinns**. Der Ausweis eines geringeren Gewinns führt i. d. R. auch zu geringeren Ausschüttungen, dies führt zu einer geringeren Liquiditätsbelastung. Die degressive Abschreibung wird in der Praxis gerne benutzt. Die **pro-rata-temporis-Regel** ist dabei ebenfalls zu berücksichtigen. Ein Wechsel des

Abschreibungsverfahrens während der Nutzungsdauer ist möglich, jedoch nur von der degressiven auf die lineare Methode, niemals umgekehrt!

Bei der geometrisch-degressiven Abschreibung wird der jährliche Abschreibungsbetrag für Anlagegegenstände, die 2009 und 2010 angeschafft oder hergestellt wurden wie folgt berechnet:

- **Abschreibungsprozentsatz** = $\frac{100}{\text{Nutzungsdauer}}$ × 2,5; höchstens jedoch 25 %

- degressiver Abschreibungsbetrag **im ersten Jahr** = AK/HK x Abschreibungsprozentsatz

- degressiver Abschreibungsbetrag **ab dem zweiten Jahr** = Restbuchwert$_{(t-1)}$ x Abschreibungsprozentsatz

Beispiel: Ermittlung der geometrisch-degressiven Abschreibung

Die betriebsgewöhnliche Nutzungsdauer für eine am 06.04.2010 für 30.000 € angeschaffte Maschine beträgt 8 Jahre. Die Maschine wird geometrisch-degressiv abgeschrieben.

Der degressive Abschreibungssatz berechnet sich wie folgt:

linearer Abschreibungssatz = $\frac{100\,\%}{8}$ = **12,5** %

degressiver Abschreibungssatz = 12,5 % x 2,5 = 31,25 %, jedoch höchstens 25 %

Berechnung des Abschreibungsbetrags **im ersten Jahr**:

$$30.000\,€ \times 25\,\%/\text{Jahr} = 7.500\,\frac{€}{\text{Jahr}} \times \frac{9\,\text{Monate}}{12\,\text{Monate}} = \mathbf{5.625\,€/Jahr}$$

Berechnung des Abschreibungsbetrages **im zweiten Jahr**:

Zunächst wird der Restbuchwert zum Ende des ersten Jahres ermittelt:
30.000 € - 5.625 € = 24.375 €

Dieser Restbuchwert wird mit dem Abschreibungsprozentsatz multipliziert:
24.375 € x 25 %/Jahr = **6.093,75 €/Jahr**

Berechnung des Abschreibungsbetrages **im dritten Jahr**:

Zunächst wird der Restbuchwert zum Ende des zweiten Jahres ermittelt:
30.000 € - 5.625 € - 6.093,75 €= 18.281,25 €

Dieser Restbuchwert wird mit dem Abschreibungsprozentsatz multipliziert:
18.281,25 € x 25 %/Jahr = **4.570,31 €/Jahr**

10.1.3.3 Abschreibungsverlauf bei linearer und degressiver Abschreibung

Beispiel: Vergleich zwischen linearer und geometrisch-degressiver Abschreibung

Der Anschaffungswert eines im Januar 01 angeschafften abnutzbaren Anlagegegenstandes beträgt 20.000 €. Der Restwert beträgt 0 €.

Die Nutzungsdauer des abnutzbaren Anlagegegenstands beträgt 8 Jahre.

	lineare Abschreibung	geometrisch-degressive Abschreibung
	12,5 % vom Anschaffungswert, d. h. immer gleicher Betrag	25 % vom Restbuchwert, d. h. immer gleicher Prozentsatz
Anschaffungswert	20.000,00 €	20.000,00 €
- AfA 1. Jahr	- 2.500,00 €	- 5.000,00 €
= Restwert 1. Jahr	= 17.500,00 €	= 15.000,00 €
- AfA 2. Jahr	- 2.500,00 €	- 3.750,00 €
= Restwert 2. Jahr	= 15.000,00 €	= 11.250,00 €
- AfA 3. Jahr	- 2.500,00 €	- 2.812,50 €
= Restwert 3. Jahr	= 12.500,00 €	= 8.437,50 €
- AfA 4. Jahr	- 2.500,00 €	- 2.109,38 €
= Restwert 4. Jahr	= 10.000,00 €	=6.328,12 €
- AfA 5. Jahr	- 2.500,00 €	- 1.582,03 €
= Restwert 5. Jahr	= 7.500,00 €	= 4.746,09 €
- AfA 6. Jahr	- 2.500,00 €	- 1.186,52 €
= Restwert 6. Jahr	= 5.000,00 €	= 3.559,57 €
- AfA 7. Jahr	- 2.500,00 €	- 889,89 €
= Restwert 7. Jahr	= 2.500,00 €	= 2.669,68 €
- AfA 8. Jahr	- 2.500,00 €	- 667,42 €
= Restwert 8. Jahr	= 0,00 €	= 2.002,26 €

Im Rahmen der **geometrisch-degressiven Abschreibungsmethode** kann der abnutzbare Anlagegegenstand nicht auf einen Buchwert von null abgeschrieben werden. In dem obigen Beispiel verbleibt am Ende der achtjährigen Nutzungsdauer immer noch ein Restbuchwert in Höhe von 2.002,26 €. In der Regel wird dieser so genannte Restbuchwert in der letzten Periode der Nutzungsdauer komplett abgeschrieben.

Da die geometrisch-degressive Abschreibung nie dazu führt, dass der Vermögensgegenstand auf null € abgeschrieben wird, ist ein Wechsel zur linearen Abschreibung zulässig. Es bietet sich an, den Wechsel in dem Jahr zu vollziehen, indem der jährliche Abschreibungsbetrag nach der degressiven Methode geringer ist als der Abschreibungsbetrag nach der linearen Methode. Der zu diesem Zeitpunkt noch bestehende Buchwert wird dann linear über die restlichen Jahre der Nutzungsdauer abgeschrieben.

Soll mit der degressiven-geometrischen Abschreibung auf einen vorgegebenen Restwert abgeschrieben werden, d. h. die Differenz zwischen den Anschaffungs- oder Herstellungskosten (AK/HK) und dem Restwert (RW) am Ende der Nutzungsdauer (n) auf die Jahre der Nutzung verteilt sein, so errechnet sich der Abschreibungsprozentsatz (p) nach folgender Formel:

$$p = \left(1 - \sqrt[n]{\frac{\text{Restwert (RW)}}{\text{Anschaffungskosten oder Herstellungskosten}}}\right) \times 100$$

Beispiel: Degressive Abschreibung mit Restwert

Die Anschaffungskosten (AK) für eine Maschine betragen 50.000 €. Nach der geplanten Nutzungsdauer (n) von 8 Jahren, wird ein sicherer Resterlös (RW) in Höhe von 10.000 € erzielt. Es wird zunächst der Abschreibungsprozentsatz (p) berechnet und anschließend die jährlichen Abschreibungsbeträge.

$$p = 100 \times \left(1 - \sqrt[8]{\frac{10.000\,€}{50.000\,€}}\right) = 18{,}2234566042\ \%$$

	Geometrisch-degressive Abschreibung mit Restwert
	18,22 % vom Restbuchwert, d. h. immer mit dem gleichen Prozentsatz
Anschaffungswert	50.000,00 €
- AfA 1. Jahr	- 9.111,73 €
= Restwert 1. Jahr	= 40.888,27 €
- AfA 2. Jahr	- 7.451,26 €
= Restwert 2. Jahr	= 33.437,01 €
- AfA 3. Jahr	- 6.093,38 €
= Restwert 3. Jahr	= 27.343,63 €
- AfA 4. Jahr	- 4.982,95 €
= Restwert 4. Jahr	= 22.360,68 €
- AfA 5. Jahr	- 4.074,89 €
= Restwert 5. Jahr	= 18.285,79 €
- AfA 6. Jahr	- 3.332,30 €
= Restwert 6. Jahr	= 14.953,49 €
- AfA 7. Jahr	- 2.725,04 €
= Restwert 7. Jahr	= 12.228,45 €
- AfA 8. Jahr	- 2.228,45 €
= Restwert 8. Jahr	= 10.000,00 €

Beispiel: Kombinierte Abschreibung – geometrisch-degressiv/linear

- Der Anschaffungswert eines im Januar 01 angeschafften abnutzbaren Anlagegegenstandes beträgt 20.000 €.
- Die Nutzungsdauer des abnutzbaren Anlagegegenstandes beträgt 8 Jahre.
- Der Abschreibungssatz bei der geometrisch-degressiven Abschreibung beträgt 25 %.

10

	lineare Abschreibung	degressive Abschreibung	Übergang von degressiv zu linear
Anschaffungskosten AfA 1. Jahr	20.000,00 € - 2.500,00 €	20.000,00 € 5.000,00 €	Berechnung: $ÜJ = 1 + n - \frac{100}{p}$
Buchwert für AfA im 2. Jahr AfA 2. Jahr	17.500,00 € - 2.500,00 €	15.000,00 € 3.750 €	ÜJ = Übergangsjahr n = Nutzungsdauer
Buchwert für AfA im 3. Jahr AfA 3. Jahr	15.000,00 € - 2.500,00 €	11.250,00 € - 2.812,50 €	p = Abschreibungssatz
Buchwert für AfA im 4. Jahr AfA 4. Jahr	12.500,00 € - 2.500,00 €	8.437,50 € - 2.109,38 €	$ÜJ = 1 + 8 - \frac{100}{25} = 5$ **lineare Abschreibung**
Buchwert für AfA im 5. Jahr AfA 5. Jahr	10.000,00 € - 2.500,00 €	6.328.12 € - 1.582,03 €	6.328.12 € - 1.582,03 €
Buchwert für AfA im 6. Jahr AfA 6. Jahr	7.500,00 € - 2.500,00 €	4.746,09 € - 1.186,52 €	4.746,09 € - 1.582,03 €
Buchwert für AfA im 7. Jahr AfA 7. Jahr	5.000,00 € - 2.500,00 €	3.559,57 € - 889,89 €	3.164,06 € - 1.582,03 €
Buchwert für AfA im 8. Jahr AfA 8. Jahr	2.500,00 € - 2.500,00 €	2.669,68 € - 667,42€	1.582,03 € - 1.582,03 €
Buchwert am Ende der Nutzungsdauer	0,00 €	2.002,26 €	0,00 €

Im 5. Jahr kann ein Wechsel von der geometrisch-degressiven Abschreibung hin zur linearen Abschreibung vorgenommen werden, da der degressive Abschreibungsbetrag niedriger ist als der lineare Abschreibungsbetrag.

Rechnerisch lässt sich das Übergangsjahr (ÜJ) wie folgt berechnen:

$$\text{Übergangsjahr} = 1 + \text{Nutzungsdauer} - \frac{100\,\%}{\text{degressiver Abschreibungsprozentsatz}}$$

$$\text{Übergangsjahr} = 1 + 8\,\text{Jahre} - \frac{100\,\%}{25\,\%} = 5.\,\text{Jahr}$$

Der Wechsel wird idealerweise vollzogen, wenn die linearen Abschreibungsbeträge bezogen auf die Restnutzungsdauer größer als die degressiven Abschreibungsbeträge sind.

Der jährlich anzusetzende lineare Abschreibungsbetrag beim Übergang von der geometrisch-degressiven Abschreibung zur linearen Abschreibung wird wie folgt berechnet:

$$\text{linearer Abschreibungsbetrag} = \frac{\text{Restbuchwert zum Zeitpunkt des Wechsels}}{\text{Restnutzungsdauer}}$$

10.1.3.4 Progressive Abschreibung

Bei der progressiven Abschreibung werden am Anfang die ersten Jahre der Nutzung weniger belastet als die folgenden Jahre mit den Abschreibungsbeträgen, d. h. es werden jährlich ansteigende Abschreibungsbeträge verrechnet. Auch bei der progressiven Abschreibung kann zwischen der geometrisch- und arithmetisch-progressiven Abschreibung unterschieden werden. In der Steuerbilanz ist die progressive Abschreibung nicht erlaubt.

10.1.3.5 Abschreibungen nach Maßgabe der Leistung (Leistungsabschreibung)

Das Besondere dieses Abschreibungsverfahrens liegt darin, dass nicht die Nutzungsdauer des Vermögensgegenstandes geschätzt wird, sondern die voraussichtliche Leistungsabgabe in den einzelnen Jahren der Nutzungsdauer, die sich z. B. in Stückzahlen, Maschinenstunden, Kilometerleistung eines Fahrzeugs oder sonstigen Leistungseinheiten ausdrücken lässt.

$$\textbf{Jahresabschreibung} = \frac{\text{Anschaffungs- oder Herstellungskosten abzüglich Restwert am Ende der Nutzung}}{\text{voraussichtliche Gesamtleistungsmenge über die gesamte Nutzungsdauer}} \times \text{tatsächliche Leistungsabgabe}$$

Die Leistungsabschreibung setzt voraus, dass sich die Gesamtleistungsmenge zuverlässig schätzen und auf die auf das einzelne Jahr entfallende Leistung messen lässt. Der Nachweis kann z. B. bei einer Spezialmaschine durch ein Zählwerk erfolgen, das die Anzahl der Arbeitsgänge registriert. Bei einem Fahrzeug bietet sich das Fahrtenbuch als Nachweis an.

Sie kann zweckmäßig sein, wenn die Abnutzung eines Vermögensgegenstandes in den einzelnen Jahren erheblich schwankt. Diese Abschreibungsmethode spiegelt die technische Abnutzung am besten wider.

Dieses Abschreibungsverfahren ist in der Handelsbilanz zulässig, soweit es den Grundsätzen ordnungsmäßiger Buchführung entspricht. In der Steuerbilanz ist die Übernahme der Leistungsabschreibung unter zwei Bedingungen gestattet:

1. Die Leistungsabschreibung muss sich wirtschaftlich begründen lassen (z. B. bei erheblichen Schwankungen in der Leistungsabgabe) (§ 7 Abs. 1 Satz 5 EStG).

2. Der jährliche Umfang der Leistungsabgabe muss nachweisbar sein (z. B. durch Kilometerzähler bei Kfz) (R 7.4 Abs. 5 Satz 4 EStR 2008).

Über die Leistungsabschreibung kann es damit zur Verrechnung progressiver Abschreibungsbeiträge in der Steuerbilanz kommen, wenn die tatsächliche Inanspruchnahme im Zeitablauf zunimmt und in ihrer Höhe nachweisbar ist.

Beispiel: Leistungsabschreibung

Die Anschaffungskosten eines LKW betragen 70.000 €, die geschätzte Gesamtlaufleistung 300.000 km und die betriebsgewöhnliche Nutzungsdauer 7 Jahre.

Periodenende	Jahresleistung	Abschreibungsbetrag	Restbuchwert
1	30.000 km	7.000 €	63.000 €
2	15.000 km	3.500 €	59.500 €
3	45.000 km	10.500 €	49.000 €
4	60.000 km	14.000 €	35.000 €
5	90.000 km	21.000 €	14.000 €
6	30.000 km	7.000 €	7.000 €
7	30.000 km	7.000 €	0 €

Ein Übergang von der Leistungsabschreibung zur linearen Abschreibung ist zulässig, sofern er nicht völlig willkürlich ist.

> **Merke**
>
> Falls die abnutzbaren Vermögensgegenstände des Anlagevermögens über ihre planmäßige betriebsgewöhnliche Nutzungsdauer hinaus genutzt werden, sind sie gemäß den GoB (Vollständigkeitsgrundsatz nach § 246 Abs. 1 Satz 1 HGB) mit einem **Erinnerungswert von 1 €** im Inventar und im Jahresabschluss anzusetzen.

10.2 Geringwertige Wirtschaftsgüter (GWG) und Sammelposten

Der Begriff „geringwertige Wirtschaftsgüter" stammt aus dem Einkommensteuerrecht (§ 6 Abs. 2 EStG). Geringwertige Wirtschaftsgüter sind

- bewegliche,
- abnutzbare Wirtschaftsgüter des Anlagevermögens,
- die selbstständig bewertbar und selbstständig nutzbar sind
- und deren Anschaffungswert oder Herstellungskosten netto 410 €, d. h. ohne Umsatzsteuer nicht überschreiten.

Die GWG können im Zugangsjahr komplett abgeschrieben werden, sie müssen aber in einem besonderen Verzeichnis erfasst werden.

Die Grenze für die GWG von 410,00 € gilt ohne Umsatzsteuer und nach Abzug möglicher Nachlässe (Skonto oder Rabatt). Selbstständig nutzbar sind beispielsweise Bürostühle, Tischleuchten, Regale etc.

Alternativ kann aber auch ein **Sammelposten** mit **Poolabschreibung** eingerichtet werden, in dem alle Wirtschaftsgüter eines Geschäftsjahres zusammengefasst werden, deren Anschaffungs- oder Herstellungskosten ohne Umsatzsteuer über 150 € und unter 1.000 € liegen. Der Sammelposten wird linear über fünf Jahre abgeschrieben.

> **Achtung**
>
> Man muss sich für eine der beiden Alternativen, d. h. entweder für die GWG (bis 410 €) oder für den Sammelposten (150 € bis 1.000 €) entscheiden. Der Steuerpflichtige darf innerhalb eines Wirtschaftsjahres die beiden Alternativen nicht miteinander kombinieren, d. h. die Inanspruchnahme der einen Alternative schließt die Inanspruchnahme der anderen Alternative für das betrachtete Wirtschaftsjahr aus. Der Steuerpflichtige muss sich entweder für die GWG oder den Sammelposten entscheiden.

Gemäß § 6 Abs. 2a Satz 4 EStG besteht für GWG mit einem Wert bis 150 € netto im Anschaffungs- oder Herstellungsjahr ein Wahlrecht. Sie können in voller Höhe als Betriebsausgaben oder alternativ über den Zeitraum ihrer betriebsgewöhnlichen Nutzungsdauer abgeschrieben werden.

Beispiel: GWG bis 150 € netto

Unternehmer Schneider kauft am 01.12.01 ein Büroregal für Anschaffungskosten von 152 € zuzüglich 19 % MwSt. und bezahlt die Rechnung in Höhe von 180,88 € abzüglich 2 % Skonto = 177,26 € inkl. 19 % MwSt. Der Nettobetrag des Regals beträgt somit 148,96 € (= 177,26 € : 1,19), dies bedeutet, dass der Anschaffungspreis unter 150 € liegt.

Falls Herr Schneider einen niedrigen steuerlichen Gewinn ausweisen möchte, wird er das Regal sofort in voller Höhe als Betriebsausgabe absetzen. Falls er ein möglichst hohes Ergebnis ausweisen möchte, wird er das Regal über die betriebsgewöhnliche Nutzungsdauer von 13 Jahren abschreiben.

Berechnung der planmäßigen Abschreibung im Jahr 01 $= \frac{148{,}96\ €}{13\ \text{Jahre}} \times \frac{1}{12} = 0{,}95\ €/\text{J.}$

Die folgende Übersicht zeigt die verschiedenen bilanzpolitischen Möglichkeiten für die Abschreibung von (geringwertigen) Wirtschaftsgütern seit 2010.

	Sofortabzug GWG (§ 6 Abs. 2 EStG)	Sammelpostenverfahren (§ 6 Abs. 2a EStG)	zeitanteilige AfA (§ 6 Abs. 1 Nr. 1 EStG)
AHK ≤ 150 €	Sofortabzug zulässig, keine Aufzeichnungspflichten, kein Anlagenspiegel	Sammelposten nicht zulässig, Sofortabzug zulässig, keine Aufzeichnungspflichten, kein Anlagenspiegel	generell zulässig
150 € < AHK ≤ 410 €	Sofortabzug zulässig, Aufzeichnungspflichten, Anlagenspiegel	Sammelposten zwingend, keine Aufzeichnungspflichten, Anlagenspiegel	generell zulässig
410 € < AHK ≤ 1.000 €	Sofortabzug nicht zulässig, zeitanteilige AfA zwingend	Sammelposten zwingend, keine Aufzeichnungspflichten, Anlagenspiegel	generell zulässig
AHK > 1.000 €	Sofortabzug nicht zulässig, zeitanteilige AfA zwingend	Sammelposten nicht zulässig, zeitanteilige AfA zwingend	zeitanteilige AfA ist zwingend

Abb. 10.7: Übersicht der Abschreibungsmöglichkeiten bei GWG[40]

Beispiel: Poolabschreibung der Sammelpostenmethode

Ein Unternehmen erwirbt mittelwertige Wirtschaftsgüter (Anschaffungskosten je Wirtschaftsgut: > 150 € und ≤ 1.000 €). Es wurden in den folgenden Jahren 01, 02 und 03 Gegenstände im Wert zwischen 150 € und 1.000 € eingekauft. Die Gesamtjahreswerte der einzelnen Wirtschaftsjahre betragen:

- Jahr 01: 30.000 €
- Jahr 02: 45.000 €
- Jahr 03: 40.000 €

Das Unternehmen muss in den Geschäftsjahren 01 bis 03 jeweils einen Sammelposten in der vorgenannten Höhe bilden. Die Posten sind über fünf Jahre abzuschreiben und entsprechend der nachfolgenden Tabelle fortzuentwickeln:

	Sammelposten 01	Sammelposten 02	Sammelposten 03
Bildung 01	30.000 €		
Teilauflösung 01	6.000 €		
Restbuchwert 31.12.01	24.000 €		

---

[40] In Anlehnung an: Püttner, R.: Geringwertige Wirtschaftsgüter ab 2010, BBK 2/2010, S. 66 ff.

Bildung 02 Teilauflösung 02 Restbuchwert 31.12.02	6.000 € 18.000 €	45.000 € 9.000 € 36.000 €	
Bildung 03 Teilauflösung 03 Restbuchwert 31.12.03	6.000 € 12.000 €	9.000 € 27.000 €	40.000 € 8.000 € 32.000 €
Teilauflösung 04 Restbuchwert 31.12.04	6.000 € 6.000 €	9.000 € 18.000 €	8.000 € 24.000 €
Teilauflösung 05 Restbuchwert 31.12.05	6.000 € 0 €	9.000 € 9.000 €	8.000 € 16.000 €
Teilauflösung 06 Restbuchwert 31.12.06	0 €	9.000 € 0 €	8.000 € 8.000 €
Teilauflösung 07 Restbuchwert 31.12.07	0 €	0 €	8.000 € 0 €

Übungsaufgabe 10.3: Abschreibungsvarianten

Der Einzelunternehmer Schneider kauft am 15.08.01 zwei Bürodrehstühle zu einem Brutto-listenpreis inkl. 19 % MwSt. zu je 550 €. Herr Schneider erhält einen Rabatt in Höhe von 10 % und bezahlt die Rechnung innerhalb von 8 Tagen unter Abzug von 3 % Skonto. Die betriebsge-wöhnliche Nutzungsdauer der Bürodrehstühle beträgt 13 Jahre.

a) Ermitteln Sie die Anschaffungskosten für einen Bürodrehstuhl. Nutzen Sie die folgende Tabelle.

Bruttolistenpreis

b) Welche Möglichkeiten hat Herr Schneider bezüglich der Bewertung der Bürodrehstühle? Nennen Sie auch die jeweilige Abschreibungshöhe zum 31.12.01 eines Bürodrehstuhls.

_____

_____

_____

_____

_____

_____

c) Herr Schneider möchte einen möglichst geringen steuerlichen Gewinn ausweisen. Was empfehlen Sie ihm?

_____

_____

Die Lösung finden Sie unter www.uvk-lucius.de/schritt-fuer-schritt

Übungsaufgabe 10.4, 10.5 und 10.6

Alle Aufgaben und Lösungen finden Sie unter www.uvk-lucius.de/schritt-fuer-schritt

10.3 Abschreibungen und Wertberichtigungen auf Forderungen aLuL

Forderungen aLuL sind erst in der Zukunft zu realisierende und deshalb mit Unsicherheiten behaftete Vermögenswerte. Bei der Aufstellung des Inventars und der Bilanz sind Forderungen aLuL, soweit nicht ein niedrigerer Wertansatz durch das strenge Niederstwertprinzip (§ 253 Abs. 3 HGB) geboten ist, **höchstens zum Nennwert** anzusetzen. Ein wesentlicher Grund für die Wertminderung einer Forderung aLuL resultiert aus dem Ausfallrisiko. Diejenigen Forderungen aLuL, die eine Gefährdung erkennen lassen, müssen entsprechend ihrem Ausfallrisiko einzeln wertberichtigt werden.

10.3.1 Bewertung der Kundenforderungen

Zum Schluss eines jeden Geschäftsjahres sind Forderungen aLuL hinsichtlich ihrer Güte (Bonität) zu überprüfen und zu bewerten. Je nach dem Grad der jeweiligen Forderung anhaftenden Ausfallrisikos wird zwischen

- **einwandfreien (vollwertigen) Forderungen**, d. h. es ist davon auszugehen, dass der Schuldner seine Schuld bei Fälligkeit in voller Höhe zahlt,
- **zweifelhaften Forderungen**, d. h. man rechnet damit, dass ein Teil der Forderung wahrscheinlich ausfallen wird,
- **uneinbringlichen Forderungen**, d. h. der Forderungsausfall ist sicher und mit einem Zahlungseingang ist nicht zu rechnen

unterschieden.

Bei den **einwandfreien Kundenforderungen** wird mit einem Zahlungseingang in voller Höhe gerechnet. Eine einwandfreie Forderung ist grundsätzlich mit dem Nennwert, d. h. inkl. der Umsatzsteuer anzusetzen.

Bei den **zweifelhaften Kundenforderungen**, die auch „Dubiose" genannt werden, ist der Eingang einer Forderung ungewiss, es wird ein vollständiger oder teilweiser Forderungsausfall erwartet. Das ist in der Regel der Fall, wenn sich der Kunde in Zahlungsverzug befindet, Mahnungen unbeachtet bleiben, ein Wechsel zu Protest ging, ein Mahnbescheid erlassen wurde oder ein Insolvenzverfahren eingeleitet wurde. Hat der Kunde Mängelrügen erhoben (§ 462 BGB) oder bestreitet er das Bestehen der Forderung überhaupt, bedeutet dies meist ebenfalls eine Minderung des wirtschaftlichen Wertes der Forderung. Die zweifelhaften Forderungen werden buchhalterisch abgesondert und auf das Konto „**Dubiose**" umgebucht.

Buchungssatz: Umbuchung der zweifelhaften Forderungen (Dubiose)

Dubiose	an	Forderungen aLuL (inkl. MwSt.)

Die zweifelhaften Forderungen (Dubiose) sind mit ihrem wahrscheinlichen Wert anzusetzen. In Höhe des erwarteten Forderungsausfalls müssen Abschreibungen vom Netto-Forderungsbetrag vorgenommen werden. Hierbei ist zu beachten, dass die Dubiosen brutto (inkl. Umsatzsteuer) ausgewiesen, aber die Wertberichtigung (Abschreibung) stets nur vom Nettowert der Dubiosen (d. h. ohne Umsatzsteuer) vorgenommen werden dürfen. Die Umsatzsteuer darf erst korrigiert werden, wenn der Forderungsausfall endgültig feststeht (§ 17 Abs. 2 Nr. UStG).

Die **uneinbringlichen Kundenforderungen** müssen voll abgeschrieben werden, d. h. auch die Umsatzsteuer muss korrigiert werden. Die Vollabschreibung einer Forderung ist zum Beispiel geboten, wenn der Schuldner in Insolvenz gegangen und die Insolvenz mangels Masse eingestellt worden ist. Fruchtlos verlaufende Beitreibungsversuche durch Zwangsvollstreckung dokumentieren ebenfalls die Wertlosigkeit der entsprechenden Forderung. Die Uneinbringlichkeit ist weiterhin anzunehmen, wenn der Aufenthaltsort des Schuldners nicht mehr ermittelt werden kann. In diesen und ähnlichen Fällen liegt die Möglichkeit der künftigen Realisierung der Forderung so fern, dass im Wirtschaftsleben nicht mehr mit ihr gerechnet wird.

> **Merke**
>
> Bei einer uneinbringlichen Forderung muss der Nettowert der Forderung voll und direkt abgeschrieben sowie gleichzeitig die Umsatzsteuer berichtigt werden.

10.3.2 Bewertungsverfahren bei den Forderungen aLuL

Es gibt handels- und steuerrechtlich für die Bewertung der Forderungen grundsätzlich drei Möglichkeiten:

- **Einzelbewertung** für das spezielle Ausfallrisiko (z. B. Eröffnung des Insolvenzverfahrens),
- **Pauschalwertbewertung** für das allgemeine Ausfallrisiko und
- **Einzel- und Pauschalwertbewertung** (gemischtes Verfahren, d. h. hier werden Teile der Forderungen einzeln und der Rest pauschal bewertet).

Die Bewertung von Forderungen aLuL bedingt auch Abschreibungen auf Forderungen aLuL. Dabei ist zu beachten, dass die **Abschreibung** wegen eines zu erwartenden oder bereits eingetretenen Forderungsverlustes **stets nur vom Nettowert** der Forderung, d. h. ohne die darin enthaltene Umsatzsteuer, vorgenommen werden kann. Die in der Forderung enthaltene **Umsatzsteuer** wird erst bei Ausfall der Forderung vom Finanzamt in entsprechender Höhe erstattet. Sie darf deshalb auch grundsätzlich **erst dann berichtigt** werden, **wenn der Ausfall (Verlust) der Forderung endgültig feststeht**.

> **Merke**
>
> Die Abschreibung wegen eines zu erwartenden oder bereits eingetretenen Forderungsausfalls darf nur **zum Nettowert der Forderung** erfolgen. Bei Abschreibungen auf Forderungen aLuL darf die Umsatzsteuer grundsätzlich erst berichtigt werden, wenn der Ausfall der Forderung endgültig feststeht.

10.3.2.1 Einzelwertberichtigung auf Forderungen aLuL

Bei der Einzelwertberichtigung werden die einzelnen Forderungen aLuL nach ihrer Werthaltigkeit untersucht und die voraussichtlichen Verluste daraus, insbesondere unter Berücksichtigung der Bonität des Kunden, geschätzt. Die durch Einzelprüfung errechnete Forderungsabschreibung erfolgt bei den uneinbringlichen Forderungen **direkt** und bei zweifelhaften Forderungen, die einzelberichtigt werden, **indirekt**.

Beispiel: Ermittlung der Höhe der Einzelwertberichtigung

Es liegen zweifelhafte Forderungen in Höhe von 47.600 € (inkl. 19 % MwSt.) vor. Die Forderungen verteilen sich wie folgt:

Kunden	Brutto-Forderungsbeträge	vermutlicher Forderungsausfall	absolut
X	11.900 €	20 %	2.380 €
Y	5.950 €	80 %	4.760 €
Z	29.750 €	10 %	2.975 €
Summe	47.600 €		10.115 €

Für die Ermittlung der Einzelwertberichtigungen stellt stets der Netto-Betrag der Forderungen (Bruttobetrag der Forderungen abzüglich der Umsatzsteuer) die Bemessungsgrundlage dar.

Ermittlung der Höhe des Wertberichtigungspostens:

Kunde X: 20 % vom Nettobetrag	$= \dfrac{11.900}{1,19}$	= 10.000 x 20 %	= 2.000 €
Kunde Y: 80 % vom Nettobetrag	$= \dfrac{5.950}{1,19}$	= 5.000 x 80 %	= 4.000 €
Kunde Z: 10 % vom Nettobetrag	$= \dfrac{29.750}{1,19}$	= 25.000 x 10 %	= 2.500 €
Summe			=8.500 €

Der Wertberichtigungsposten der Einzelwertberichtigungen hat eine Höhe von 8.500 €.

Beispiel: Bewertung und Abschreibungen von Forderungen aLuL

Der Bruttoforderungsbestand beträgt am Bilanzstichtag 330.000 €. Im Rahmen der vorzubereitenden Abschlussarbeiten erfolgt eine Aussonderung von zweifelhaften Forderungen in Höhe von 23.800 €. Die Korrespondenz ergibt, dass von den zweifelhaften Forderungen insgesamt 4.760 € uneinbringlich sind.

Zunächst werden die zweifelhaften Forderungen kontenmäßig gesondert erfasst. Es bedarf aus Gründen der Bilanzklarheit der buch- und bilanzmäßigen Trennung dieser zweifelhaften Forderungen von den sogenannten einwandfreien Kundenforderungen. Dies geschieht mithilfe des Kontos „Dubiose" (oder zweifelhafte Forderungen).

Zunächst erfolgt die Umbuchung der zweifelhaften Forderungen:

1)	Dubiose		23.800	an	Forderungen aLuL		23.800

10

Buchung des effektiven Forderungsausfalls der uneinbringlichen zweifelhaften Forderungen mithilfe der direkten Abschreibung:

2)	Abschreibung auf Forderungen	4.000	an	Dubiose	4.760
	Umsatzsteuer	760			

Abschlussbuchungen:

3)	GuV-Konto	4.000	an	Abschreibung auf Forderungen	4.000
4)	SBK	325.240	an	Forderungen aLuL	306.200
			an	Dubiose	19.040

S	Forderungen aLuL		H		S	Dubiose		H
AB	330.000	1)	23.800		1)	23.800	2)	4.760
		4) **Saldo**	306.200				4) **Saldo**	19.040

S	Abschreibungen auf Forderungen		H		S	Umsatzsteuer		H
2)	4.000	3) **Saldo**	4.000		2)	760		

S	Schlussbilanzkonto (SBK)		H		S	GuV-Konto		H
4)	325.240				3)	4.000		

Sollte eine abgeschriebene Forderung wider Erwarten in späteren Geschäftsjahren doch noch eingehen, würde ein **„sonstiger Ertrag"** entstehen, während die Umsatzsteuer erneut berichtigt werden müsste.

Beispiel: Eingang einer bereits abgeschriebenen Forderung

Auf eine im Jahr 01 voll abgeschriebene Forderung einschließlich 19 % USt an den Kunden Kunz geht wider Erwarten im Jahr 02 ein Betrag in Höhe von 1.428 € ein. Der Netto-Zahlungseingang in Höhe von 1.200 € unterliegt der Umsatzsteuer und ist entsprechend zu buchen.

1)	Bank	1.428	an	Erträge aus abgeschriebenen Forderungen	1.200
			an	Umsatzsteuer	228

S	Bank		H		S	Erträge aus abgeschriebenen Ford.		H
1)	1.428						1)	1.200

S	Umsatzsteuer früherer Jahre		H
		1)	228

Indirekte Abschreibung

Falls am Bilanzstichtag bei einer Forderung aLuL ein Verlust zu erwarten ist, so muss in Höhe des vermuteten (geschätzten Ausfalls) eine entsprechende Abschreibung vorgenommen werden. Aus Gründen der Klarheit und Übersichtlichkeit wird diese Abschreibung nicht direkt über das Konto „Dubiose" sondern indirekt über das passive Bestandskonto **„Einzelwertberichtigungen auf Forderungen (EWB)"** gebucht.

Als Bemessungsgrundlage ist immer der Nettobetrag der Forderungen (= Bruttobetrag der Forderungen abzüglich der Umsatzsteuer) anzusetzen.

Die indirekte Abschreibung gewährleistet eine bessere Abstimmung der Debitorenkonten mit den Sachkonten „Forderungen aLuL" und „Dubiose".

Beispiel: Einzelwertberichtigung von Forderungen aLuL

Der Bruttoforderungsbestand beträgt am Bilanzstichtag 330.000 €. Im Rahmen der vorzubereitenden Abschlussarbeiten erfolgt die Aussonderung von 23.800 € als zweifelhafte Forderungen. Die Korrespondenz ergibt, dass von den zweifelhaften Forderungen 4.760 € mit Sicherheit und 7.140 € vermutlich uneinbringbar sind.

Buchungssätze für die indirekte Verbuchung der Abschreibungen:

Umbuchung auf das Konto „Dubiose" (zweifelhafte Forderungen):

1)	Dubiose	23.800	an	Forderungen aLuL	23.800

Indirekte Abschreibung des vermuteten Forderungsausfalls:

2)	Abschreibungen auf Forderungen	6.000	an	EWB auf Forderungen	6.000

Wie ermittelt man den Abschreibungsbetrag in Höhe von 6.000 €?

Der Bruttoforderungsbetrag in Höhe von 7.140 € (inklusive der 19 % Umsatzsteuer) wird durch 1,19 dividiert, so erhält man den Nettoforderungsbetrag, d. h. den Abschreibungsbetrag in Höhe von 6.000 €.

Direkte Abschreibung der uneinbringlichen Forderung mit Berichtigung der Umsatzsteuer

Effektiver Forderungsausfall:

3)	Abschreibung auf Forderungen Umsatzsteuer	4.000 760	an	Dubiose	4.760

Die indirekte Abschreibung auf Forderungen wird nicht angewendet, wenn am Bilanzstichtag feststeht, dass die zweifelhafte Forderung uneinbringlich geworden ist.

Abschlussbuchungen:

4)	SBK	325.240	an an	Forderungen aLuL Dubiose	306.200 19.040
5)	EWB auf Forderungen	6.000	an	Schlussbilanzkonto	6.000
6)	GuV-Konto	10.000	an	Abschr. auf Forderungen	10.000

S	Forderungen aLuL		H
AB	330.000	1)	23.800
		4)	306.200

S	Dubiose		H
1)	23.800	3)	4.760
		4)	19.040

S	Abschreibung auf Forderungen		H
2)	6.000	6)	10.000
3)	4.000		

S	EWB auf Forderungen		H
5)	6.000	2)	6.000

S	Umsatzsteuer	H
(3)	760	

S	Schlussbilanzkonto		H
(4)	306.200	(5)	6.000
(4)	19.040		

S	GuV-Konto	H
(6)	10.000	

> **Merke**
>
> Zum Bilanzstichtag werden **zweifelhafte Forderungen** in Höhe des geschätzten Forde-rungsverlusts **indirekt** in Form von **Einzelwertberichtigungen (EWB)** auf Forderungen abgeschrieben.

Vorteile der indirekten Abschreibung

Der Bestand der zweifelhaften Forderungen wird zum Bilanzstichtag in kompletter Höhe ausge-wiesen und stimmt mit dem **Kontostand im Hauptbuch** und im **Kontokorrentbuch (Debito-renkonten) überein**, während die „**Wertberichtigungen**" zu den dubiosen Forderungen insge-samt die **Höhe des zu erwartenden Verlusts** ausweisen. Die indirekte Abschreibung auf Forde-rungen zum Bilanzstichtag entspricht dem Grundsatz der Klarheit. Außerdem ist eine **bessere Abstimmung der Debitorenkonten mit den Sachkonten** „Forderungen aLuL" und „Dubiose" gewährleistet.

Vorgehensweise im neuen Geschäftsjahr:

Steht im nächsten Geschäftsjahr nach Eingang aller Zahlungen der Forderungsausfall endgültig fest, so ist wie bei den direkten Abschreibungen auf Forderungen zu verfahren. Zusätzlich ist noch die Wertberichtigung aufzulösen. Dabei bietet sich folgende Vorgehensweise an:

1. Buchen des Zahlungseingangs,
2. Buchen der Umsatzsteuerberichtigung,
3. Auflösen der Wertberichtigung und
4. Buchen des **Unterschiedsbetrags** zwischen Einzelwertberichtigung und Forderungsverlust.

Zahlungseingänge aus Dubiosen in späteren Geschäftsjahren

Bezüglich des geschätzten Forderungsausfalls und des tatsächlichen Forderungsverlusts gibt es im Hinblick auf den Zahlungseingang drei Möglichkeiten:

- Der tatsächliche Forderungsverlust stimmt mit der Einzelwertberichtigung überein,
- der tatsächliche Forderungsverlust ist kleiner als die Einzelwertberichtigung,
- der tatsächliche Forderungsverlust ist größer als die Einzelwertberichtigung.

Wenn die Entgeltminderung endgültig feststeht, muss die **Umsatzsteuer korrigiert** werden.

Beispiel: Zahlungseingänge aus Dubiosen

Es werden die Daten vom vorherigen Beispiel übernommen. Im vergangenen Jahr hatten die Dubiosen einen Wert von 19.040 €. Davon wurden 7.140 € inkl. 19 % Umsatzsteuer als vermutlich uneinbringbar eingeschätzt.

Fall a: Der Forderungsverlust entspricht dem vorab geschätzten Betrag.

Es werden von den Dubiosen (zweifelhafte Forderungen) 11.900 € auf unserem Bankkonto gutgeschrieben.

	Dubiose (zweifelhafte Forderungen)	19.040 €
-	Zahlungseingang	- 11.900 €
=	tatsächlicher Forderungsausfall (brutto, d. h. inkl. 19 % Umsatzsteuer)	= 7.140 €
-	Umsatzsteueranteil (19 %)	- 1.140 €
=	**tatsächlicher Ausfall (netto)**	**= 6.000 €**
-	geschätzter Ausfall (Einzelwertberichtigung)	- 6.000 €
=	sonstige Aufwendungen oder sonstige Erträge	= 0 €

Buchungssätze

Bank	11.900			
Umsatzsteuer (19 %)	1.140			
EWB auf Forderungen	6.000	an	Dubiose	19.040

Die Realisierung des erwarteten Forderungsausfalls ist jetzt erfolgsunwirksam, da die Aufwandsbuchung bereits im vergangenen Geschäftsjahr stattgefunden hat.

Fall b: Der Forderungsverlust ist geringer als erwartet:

Es werden von den Dubiosen (zweifelhafte Forderungen) 14.280 € auf unserem Bankkonto gutgeschrieben.

	Dubiose (zweifelhafte Forderungen)	19.040 €
-	Zahlungseingang	- 14.280 €
=	tatsächlicher Forderungsausfall (brutto, d. h. inkl. 19 % Umsatzsteuer)	= 4.760 €
-	Umsatzsteueranteil (19 %)	- 760 €
=	**tatsächlicher Ausfall (netto)**	**= 4.000 €**
-	geschätzter Ausfall (Einzelwertberichtigung)	- 6.000 €
=	sonstige Erträge	= 2.000 €

10

Buchungssätze

Bank	14.280			
Umsatzsteuer (19 %)	760			
EWB auf Forderungen	6.000	an	Dubiose	19.040
		an	sonstige Erträge	2.000

Wie können Sie die obigen Werte berechnen?

a) Zunächst ermitteln Sie den **tatsächlichen Zahlungsausfall**. Dazu subtrahieren Sie den Zahlungseingang von den dubiosen Forderungen: 19.040 € - 14.280 € = **4.760 €**

b) Aus dem **tatsächlichen Zahlungsausfall** rechnen Sie die Umsatzsteuer heraus, um den **Nettozahlungsausfall** zu erhalten.

Nettozahlungsfall = $\frac{4.760\ €}{1,19}$ = 4.000 €

Als nächstes ermitteln Sie die zu korrigierende Umsatzsteuer:
4.000 € x 0,19 = **760 €**

c) Ausbuchung der Einzelwertberichtigung (EWB) des letzten Geschäftsjahres:
Im letzten Geschäftsjahr wurde eine EWB in Höhe von 6.000 € gebildet. Von den 6.000 € werden aber nur 4.000 € benötigt, so dass die restlichen 2.000 € in Form eines „sonstigen Ertrages" aufgelöst werden müssen.

Fall c: Der Forderungsverlust ist größer als erwartet:

Es werden von den Dubiosen (zweifelhafte Forderungen) 10.710 € auf unserem Bankkonto gutgeschrieben.

	Dubiose (zweifelhafte Forderungen)	19.040 €
-	Zahlungseingang	- 10.710 €
=	tatsächlicher Forderungsausfall (brutto, d. h. inkl. 19 % Umsatzsteuer)	= 8.330 €
-	Umsatzsteueranteil	- 1.330 €
=	**tatsächlicher Ausfall (netto)**	**= 7.000 €**
-	geschätzter Ausfall (Einzelwertberichtigung)	- 6.000 €
=	sonstige Aufwendungen	= 1.000 €

Buchungssätze

Bank	10.710			
Umsatzsteuer (19 %)	1.330			
EWB auf Forderungen	6.000			
sonstige Aufwendungen	1.000	an	Dubiose	19.040

Wie ermitteln Sie die obigen Werte?

a) Zunächst berechnen Sie den tatsächlichen Zahlungsausfall. Dazu subtrahieren Sie den Zahlungseingang von den dubiosen Forderungen.
19.040 € - 10.710 € = **8.330 €**

b) Aus dem tatsächlichen Zahlungsausfall rechnen Sie die Umsatzsteuer heraus, um den Nettozahlungsausfall zu erhalten.

Nettozahlungsausfall = $\frac{8.330\,€}{1,19}$ = 7.000 €

Als nächstes berechnen Sie die zu korrigierende Umsatzsteuer:

7.000 € x 0,19 = **1.330 €**

c) Ermittlung des zusätzlichen Wertberichtigungsbedarfs:
Im letzten Geschäftsjahr wurde eine Einzelwertberichtigung (EWB) in Höhe von 6.000 € gebildet. Aufgrund des höheren Zahlungsausfalls von 7.000 €, anstatt der vorgesehenen 6.000 €, müssen Sie jetzt zusätzlich einen „sonstigen Aufwand" in Höhe von 1.000 € buchen.

Übungsaufgabe 10.7: Indirekte Abschreibung

Am 28.11.01 haben wir erfahren, dass unser Kunde M. Müller in Liquiditätsschwierigkeiten steckt. Unsere Forderung beträgt 5.950 € inkl. 19 % MwSt. Zum 31.12.01 wird mit einem Forderungsausfall von 70 % gerechnet. Geben Sie die Buchungssätze zum 28.11.01 und zum 31.12.01 an.

Tragen Sie bitte die Buchungssätze in die unten stehende Tabelle ein.

Datum	Soll-Konto		an	Haben-Konto	
28.11.01		€	an		€
31.12.01		€	an		€

Die Lösung finden Sie unter www.uvk-lucius.de/schritt-fuer-schritt

10.3.2.2 Pauschalwertberichtigung auf Forderungen aLuL

Pauschalwertberichtigungen dürfen wegen des **allgemeinen Ausfallrisikos** gebildet werden, sofern nicht bereits Einzelwertberichtigungen vorgenommen wurden. Die Höhe der voraussichtlichen Forderungsausfälle muss geschätzt werden. Das allgemeine Ausfallrisiko wird dabei durch einen bestimmten Prozentsatz der Forderungen zum Ausdruck gebracht. Als Bemessungsgrundlage ist stets der Nettobetrag der Forderungen (Bruttobetrag der Forderungen abzüglich der Umsatzsteuer) anzusetzen.

Berechnung der Pauschalwertberichtigung auf Forderungen (PWB):

	Gesamtforderungsbestand
-	uneinbringliche Forderungen
-	zweifelhafte Forderungen (in ursprünglicher Höhe)
-	staatsverbürgte Forderungen (öffentliche Hand)
-	gesicherte Forderungen
=	Berechnungsgrundlage (brutto)
-	Umsatzsteuer
=	**Bemessungsgrundlage für Pauschalwertberichtigung** (PWB)
x	PWB-Satz
=	**Pauschalwertberichtigung** (PWB)

10

Die **Pauschalwertberichtigung (PWB)** erfolgt aus Gründen der Klarheit **indirekt**. Der Abschreibungsbetrag wird zunächst im **Soll des Aufwandskontos**

Einstellung in die Pauschalwertberichtigung

gebucht. Die entsprechende Habenbuchung erscheint auf dem **Passivkonto**

Pauschalwertberichtigung auf Forderungen.

Beispiel: Pauschalwertberichtigung

Der betriebliche Erfahrungssatz für das allgemeine Kreditrisiko beträgt 3 %, der Forderungsbestand 119.000 € einschließlich 19 % Umsatzsteuer.

Buchungssätze

Buchung der Pauschalwertberichtigung:

Einstellung in PWB	3.000	an	PWB auf Forderungen	3.000

Wie ermitteln Sie die PWB auf Forderungen in Höhe von 3.000 €?

Den Bruttoforderungsbetrag in Höhe von 119.000 € dividieren Sie durch 1,19, so erhalten Sie den Nettoforderungsbetrag in Höhe von 100.000 €. Die Pauschalwertberichtigung wird in Höhe von 3 % auf den Nettoforderungsbetrag (100.000 €) gebildet, d. h. die Pauschalwertberichtigung beträgt 3.000 €.

Abschlussbuchungen:

Schlussbilanzkonto	119.000	an	Forderungen aLuL	119.000
PWB auf Forderungen	3.000	an	Schlussbilanzkonto	3.000
GuV-Konto	3.000	an	Einstellung in PWB	3.000

Die Pauschalwertberichtigung ist regelmäßig nur vom Nettobetrag der Forderungen vorzunehmen, da der Ausfall der Umsatzsteuer zu einem entsprechenden Erstattungsanspruch gegenüber dem Finanzamt führt (§ 17 Abs. 2 UStG). Allerdings kann eine Umsatzsteuerberichtigung erst dann durchgeführt werden, wenn ein Forderungsausfall tatsächlich eingetreten ist.

> **Merke**
>
> Ein auf Schätzung beruhendes Ausfallrisiko berechtigt noch nicht zur Umsatzsteuerberichtigung. Durch die indirekte Wertberichtigung über das Konto „EWB" werden die rechtlich in voller Höhe bestehenden Forderungen weiterhin ungekürzt auf der Aktivseite der Bilanz ausgewiesen.

Übungsaufgabe 10.8: Berechnung der Einzel- und Pauschalwertberichtigung

Die gesamten Forderungen aLuL betragen am 31.12.01 insgesamt 119.000 € (inkl. 19 % Umsatzsteuer). Davon sind 3.570 € uneinbringlich und es entfallen auf den Kunden X und den Kunden Y 4.760 € und 7.140 €. Der geschätzte Forderungsausfall beträgt bei Kunde X = 40 % und bei Kunde Y = 70 %. Der Pauschalwertberichtigungssatz beläuft sich auf 2 %. Ermitteln Sie zunächst die Höhe der Pauschalwertberichtigung und anschließend die Höhe der beiden Einzelwertberichtigungen. Benutzen Sie bitte die folgende Tabelle:

	gesamte Forderungen aLuL (brutto)	
-	uneinbringliche Forderungen (brutto)	
-	Forderungen des Kunden X (brutto)	
-	Forderungen des Kunden Y (brutto)	
=	**Restforderungen** (noch nicht berichtigt) (brutto)	
-	19 % Umsatzsteuer	
=	**Nettobetrag für Pauschalwertberichtigung**	
	davon 2 % Pauschalwertberichtigungssatz	
	Ermittlung der Einzelwertberichtigungen	
	Forderung an Kunde X (netto)	
-	erwartete Zahlung (60 %)	
=	**Einzelwertberichtigung** Kunde X	
	Forderung an Kunde Y (netto)	
-	erwartete Zahlung (30 %)	
=	**Einzelwertberichtigung** Kunde Y	

Die Lösung finden Sie unter www.uvk-lucius.de/schritt-fuer-schritt

Zuführung und Herabsetzung des Wertberichtigungskontos

Der Anfangs- und der Endbestand des Wertberichtigungspostens „PWB" werden gegenübergestellt. Durch die erfolgswirksame Buchung des Differenzbetrages wird das Konto Pauschalwertberichtigung dem aktuellen Stand angepasst. Die Buchungssätze lauten in den folgenden Fällen wie folgt:

Fall a: Anfangsbestand kleiner als Endbestand

Einstellung in PWB	an	PWB auf Forderungen

Fall b: Anfangsbestand größer als Endbestand

PWB auf Forderungen	an	Erträge aus Herabsetzung PWB

10

Beispiel: Anpassung des Pauschalwertberichtigungskontos

Der Gesamtbestand der Forderungen aLuL beträgt am 31.12.02 **297.500 €** (250.000 € + 47.500 € MwSt.). Die Forderungsausfälle im Jahr 01 wurden direkt abgeschrieben. Der Pauschalwertberichtigungssatz wird im Vergleich zum Jahr 01 von 5 % auf 6 %, in Folge des Insolvenzanstiegs und der höheren Forderungsausfälle im vergangenen Jahr, erhöht. Die Pauschalwertberichtigung betrug am 31.12.01 insgesamt 10.000 €.

Berechnung der Zuführung der Pauschalwertberichtigung:

	Pauschalwertberichtigung am 31.12.02 (6 % von 250.000 €)	15.000 €
-	Pauschalwertberichtigung am 31.12.01 (5 % von 200.000 €)	- 10.000 €
=	Zuführung zur Pauschalwertberichtigung	= 5.000 €

Buchungssatz:

1) Einstellung in PWB	5.000	an	PWB auf Forderungen	5.000

S	Einstellung in PWB	H	S	PWB auf Forderungen	H
1)	5.000			AB	10.000
				1)	5.000

Das Konto **Pauschalwertberichtigung** auf Forderungen weist durch die **Zuführung** den geschätzten Forderungsverlust in Höhe von **15.000 €** aus.

Kombinierte Einzel- und Pauschalwertberichtigung

In den meisten Unternehmen werden die Forderungen aLuL zum Bilanzstichtag sowohl einzeln als auch pauschal bewertet und berichtigt. Bei der Berechnung der Pauschalwertberichtigung (PWB) werden vom Gesamtbestand der Forderungen aLuL die Summe der zweifelhaften Forderungen und die Summe der uneinbringlichen Forderungen abgezogen und auf den Restbestand der Forderungen die Pauschalwertberichtigung vorgenommen.

Die tatsächlichen Forderungsverluste des laufenden Geschäftsjahres werden direkt abgeschrieben. Dabei ist es unerheblich, ob für diese Forderungen eine Pauschalwertberichtigung gebildet wurde oder nicht.

10.3.2.3 Zusammenfassung

Einzel- und Pauschalwertberichtigungen auf Forderungen kommen regelmäßig nebeneinander zur Anwendung (**gemischtes Verfahren**). Die Forderungen werden zunächst individuell auf ihre Vollwertigkeit hin geprüft und – soweit als **dubios** erkannt – **einzelwertberichtigt**. Der verbleibende Bestand **einwandfreier Forderungen** wird **pauschalwertberichtigt**, wobei aufgrund der gegenseitigen Ausschließlichkeit der beiden Vorgehensweisen die bereits durch Einzelabschreibungen abgedeckten hohen Risiken bei der Bemessung des Durchschnittssatzes zu berücksichtigen sind. Das Mischverfahren kommt immer dann zur Anwendung, wenn einzelne, betragsmäßig ins Gewicht fallende Forderungen größere Ausfälle erwarten lassen und für den Bestand der übrigen Forderungen das allgemeine Ausfallrisiko Berücksichtigung finden soll.

Übungsaufgaben 10.9 bis 10.18

Alle Aufgaben und Lösungen finden Sie unter www.uvk-lucius.de/schritt-fuer-schritt

10.4 Periodengerechte Erfolgsabgrenzung

Die Ermittlung des Ergebnisses (Gewinn oder Verlust) hat entsprechend dem **Grundsatz der periodengerechten Erfolgsermittlung** zu erfolgen. Der Erfolgsermittlungszeitraum ist die Geschäftsperiode. Gemäß § 252 Abs. 1 Nr. 5 HGB sind Aufwendungen und Erträge des Geschäftsjahrs unabhängig von den Zeitpunkten der entsprechenden Zahlungen im Jahresabschluss zu berücksichtigen.

Periodengerechte Erfolgsabgrenzung

Die periodengerechte Abgrenzung dient dazu, die Aufwendungen und Erträge eines Geschäftsjahres richtig zu erfassen. Aufwendungen und Erträge sind nur insoweit zu berücksichtigen, als sie auch tatsächlich in der betrachteten Abrechnungsperiode verursacht wurden bzw. entstanden sind.

Für Zwecke der **zeitlichen Abgrenzung** enthält die Handelsbilanz folgende **Posten**:

- Aktiver Rechnungsabgrenzungsposten (ARAP),
- Passiver Rechnungsabgrenzungsposten (PRAP),
- Sonstige Vermögensgegenstände (Sonstige Forderungen),
- Sonstige Verbindlichkeiten und
- Rückstellungen.

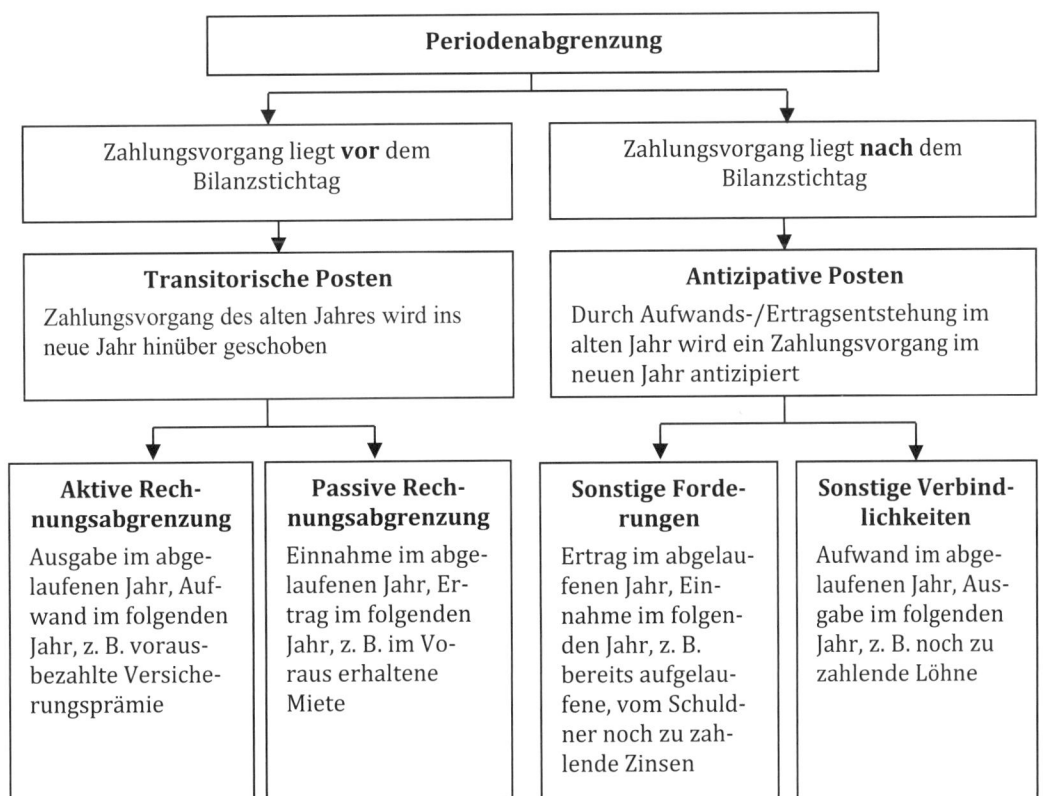

Abb. 10.8: Periodenabgrenzung

10.4.1 Transitorische Rechnungsabgrenzung

Eine Betriebseinnahme oder Betriebsausgabe des laufenden Geschäftsjahrs stellt meistens auch einen Ertrag beziehungsweise einen Aufwand desselben Geschäftsjahrs dar. In bestimmten Fällen muss aber ein solcher Geldzufluss beziehungsweise Geldabfluss für betriebliche Zwecke **wirtschaftlich** der folgenden Rechnungsperiode ganz oder zum Teil zugerechnet werden. Dann handelt es sich um einen **transitorischen** (lat. transire = hinüberführen) **Vorgang**, der in das folgende Geschäftsjahr hineinreicht.

Die transitorischen Rechnungsabgrenzungsposten werden im Jahr der Ein- bzw. Auszahlung gebucht und in der/den folgenden Periode(n) bei Eintritt des Ertrags bzw. Aufwands erfolgswirksam aufgelöst.[41]

Des Weiteren lässt sich die transitorische Abgrenzung in aktive und passive Rechnungsabgrenzungsposten (RAP) unterteilen.

10.4.1.1 Aktive Rechnungsabgrenzung

Aktive Rechnungsabgrenzungsposten (ARAP) sind für Ausgaben zu bilden, die bis zum Abschlussstichtag geleistet werden, aber **Aufwand** für eine **bestimmte** Zeit nach dem Abschlussstichtag darstellen.

> **Merke**: Aktive RAP sind an folgende Voraussetzungen gebunden:
>
> 1) an eine **Ausgabe (Auszahlung) vor** dem Abschlussstichtag,
>
> 2) an die **Erfolgswirksamkeit** dieses Vorgangs **nach** dem Abschlussstichtag und
>
> 3) daran, dass es sich um einen **Aufwand** für eine **bestimmte Zeit nach** dem Abschlussstichtag handelt.

Beispiel: Aktiver Rechnungsabgrenzungsposten

Wir bezahlen per Banküberweisung am 1. Dezember 01 die Miete für Dezember 01, Januar 02 und Februar 02 in Höhe von insgesamt 6.000 €. Das Kalenderjahr ist auch das Geschäftsjahr.

Buchung im Auszahlungszeitpunkt (01.12.01):

Mietaufwendungen	6.000	an	Bank	6.000

Buchungssätze zum 31.12.01 des Geschäftsjahres:

aktive RAP	4.000	an	Mietaufwendungen	4.000
GuV-Konto	2.000	an	Mietaufwendungen	2.000
Schlussbilanzkonto	4.000	an	aktive RAP	4.000

Buchungssätze am Anfang des neuen Geschäftsjahres 02:

---

[41] Bieg, H.: Buchführung, 5. Auflage 2008, S. 142.

| aktive RAP | 4.000 | an | Eröffnungsbilanzkonto | 4.000 |
| Mietaufwendungen | 4.000 | an | aktive RAP | 4.000 |

Buchungssatz am Ende des neuen Geschäftsjahres 02:

| GuV-Konto | 4.000 | an | Mietaufwendungen | 4.000 |

10.4.1.2 Passive Rechnungsabgrenzung

Passive Rechnungsabgrenzungsposten sind für Einnahmen zu bilden, die bis zum Abschluss-stichtag zugeflossen sind, aber erfolgsrechnerisch ganz oder teilweise einen **Ertrag** für das folgende Geschäftsjahr darstellen.

> **Merke**: Passive RAP sind an folgende Voraussetzungen gebunden:
>
> 1) an eine **Einnahme (Einzahlung) vor** dem Abschlussstichtag,
> 2) an die **Erfolgswirksamkeit** dieses Vorgangs **nach** dem Abschlussstichtag und
> 3) daran, dass es sich um einen **Ertrag** für eine **bestimmte Zeit nach** dem Abschlussstichtag handelt.

Beispiel: Passiver Rechnungsabgrenzungsposten

Wir erhalten am 1. Dezember 01 die Miete für Dezember 01, Januar 02, Februar 02 und März 02 in Höhe von 8.000 € per Bankgutschrift. Das Kalenderjahr ist gleichzeitig das Geschäftsjahr.

Buchung im Einzahlungszeitpunkt (01.12.01):

| Bank | 8.000 | an | Mieterträge | 8.000 |

Buchungen zum Abschlussstichtag des Geschäftsjahres 01:

Mieterträge	6.000	an	passive RAP	6.000
Mieterträge	2.000	an	GuV-Konto	2.000
passive RAP	6.000	an	Schlussbilanzkonto	6.000

Buchungssätze am Anfang des neuen Geschäftsjahres 02:

| Eröffnungsbilanzkonto | 6.000 | an | passive RAP | 6.000 |
| passive RAP | 6.000 | an | Mieterträge | 6.000 |

Buchungssatz am Ende des neuen Geschäftsjahres 02:

| Mieterträge | 6.000 | an | GuV-Konto | 6.000 |

Falls die in den aktiven bzw. passiven Rechnungsabgrenzungsposten eingestellten Beträge mehrere künftige Geschäftsjahre betreffen, dürfen diese Rechnungsabgrenzungsposten jeweils nur in

10

dem Umfang aufgelöst werden, in dem im Laufe des betreffenden Geschäftsjahres tatsächlich Aufwendungen bzw. Erträge verursacht werden.[42]

10.4.2 Antizipative Rechnungsabgrenzung

Die antizipativen Rechnungsabgrenzungen werden buchungstechnisch wie Forderungen und Verbindlichkeiten behandelt.[43]

Falls eine Leistung schon im abgelaufenen Geschäftsjahr erbracht worden ist, aber die Geldzahlung erst in einer späteren Rechnungsperiode erfolgt, haben wir es mit einem sogenannten antizipativen Vorgang zu tun. Die Betriebseinnahme oder Betriebsausgabe im Zeitpunkt des Geldflusses gehört hier wirtschaftlich in das vorangegangene Geschäftsjahr. Das heißt der Aufwand oder Ertrag muss gleichsam dort vorweggenommen werden (anticipare = vorwegnehmen).

Hier wird noch näher unterschieden in „Sonstige Forderungen" (Sonstige Vermögensgegenstände) beziehungsweise in „Sonstige Verbindlichkeiten".

10.4.2.1 Sonstige Forderungen

Unter einer **Sonstigen Forderung** versteht man einen Ertrag, der bereits erwirtschaftet wurde (im laufenden Geschäftsjahr), wobei die Einnahme aber erst im folgenden Geschäftsjahr erfolgt. Man spricht hierbei von einer **Geldforderung**.

> **Merke**
>
> Ertrag vor dem Abschlussstichtag, Einnahme (Einzahlung) nach dem Abschlussstichtag = Sonstige Forderungen.

Beispiel: Sonstige Forderungen

Ein Einzelunternehmer hat ein Wertpapier gekauft. Der Zinszahlungszeitraum eines festverzinslichen Wertpapiers im Nennwert von 40.000 € läuft vom **30.09.01 bis 31.03.02**. Das Wertpapier ist mit 4 % p.a. zu verzinsen. Bilanzstichtag ist der **31.12.01**.

Zum 31.12.01 sind die **Zinsen in Höhe von 400 € brutto** aufgelaufen.

Bilanzstichtag		
		Einnahme 02 = 800 €
30.09.01	31.12.01	31.03.02
Zinsertrag 01 = 400 €		

Die **Zinsen** einschließlich der Steuergutschrift stellen einen **Ertrag** des Geschäftsjahres 01 dar und sind daher buchmäßig im abgelaufenen Geschäftsjahr zu erfassen. Da die entsprechende Einnahme erst nach dem Abschlussstichtag erfolgt, besteht am Abschlussstichtag eine „Sonstige Forderung" (Sonstiger Vermögensgegenstand).

---

[42] Bieg, H.: Buchführung, 5. Auflage, 2008, S. 144.

[43] Bieg, H.: Buchführung, 5. Auflage, 2008, S. 144.

Buchungssatz zum 31.12.01:

Sonstige Forderungen	400	an	Zinserträge	400

Bankabrechnung zum 01.04.02:

	Bruttozinsen (4 % von 40.000 € für ½ Jahr)	800,00 €	100,000 %
-	KapESt (25 % von 800 €)	- 200,00 €	- 25,000 %
-	SolZ (5,5 % von 200 €) (5,5 % x 25 % = 1,375 %)	- 11,00 €	- 1,375 %
=	Nettozinsen (Bankgutschrift)	= 589,00 €	= 73,625 %

Buchungssatz zum 01.04.02:

Bank	589,00			
Privatsteuern	211,00	an	Sonstige Forderungen	400,00
		an	Zinserträge	400,00

Das Konto „Sonstige Forderungen" wird über das SBK abgeschlossen. Zu den „Sonstigen Forderungen" (Sonstigen Vermögensgegenstände) gehören neben den antizipativen Posten auch noch andere Posten, wie z. B. Guthaben bei Lieferanten, Forderungen an Personal, Steuerüberzahlungen und kurzfristige Darlehensforderungen.

10.4.2.2 Sonstige Verbindlichkeiten

Die „**Sonstigen Verbindlichkeiten**" bilden einen **Sammelposten;** hierunter werden alle Schulden erfasst, die keinem anderen Posten der Verbindlichkeiten zugeordnet werden können. Hierzu zählen neben den Verbindlichkeiten gegenüber den Sozialversicherungsträgern, Finanzbehörden, Mitarbeitern sowie Guthaben und Anzahlungen von Kunden auch antizipative Abgrenzungsposten.

Sonstige Verbindlichkeiten sind **Aufwendungen**, die am Geschäftsjahresende **noch nicht** zu einer **Ausgabe geführt** haben, sondern erst **nach** dem Abschlussstichtag.

> **Merke**
> Aufwand vor dem Abschlussstichtag, Ausgabe (Auszahlung) nach dem Abschlussstichtag = Sonstige Verbindlichkeiten.

Beispiel: Sonstige Verbindlichkeiten

Der Gastwirt Müller, dessen Geschäftsjahr mit dem Kalenderjahr übereinstimmt, hat ein Bistro gemietet. Er zahlt die Monatsmiete für Dezember 01 in Höhe von 2.000 € erst am 02.01.02 durch Banküberweisung.

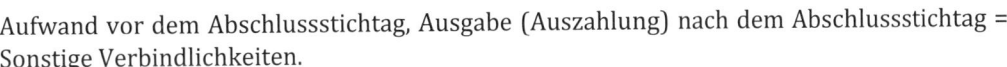

10

Die **Miete** stellt einen **Aufwand** des Geschäftsjahres 01 dar und muss daher buchmäßig im abgelaufenen Geschäftsjahr erfasst werden. Da die entsprechende Ausgabe (Auszahlung) erst im folgenden Geschäftsjahr erfolgt, hat Herr Müller am Abschlussstichtag eine „Sonstige Verbindlichkeit" auszuweisen.

Buchungssatz zum 31.12.01:

| Mietaufwand | 2.000 | an | Sonstige Verbindlichkeiten | 2.000 |

Das Konto „Sonstige Verbindlichkeiten" wird über das SBK abgeschlossen.

Buchungssatz am 02.01.02:

| Sonst. Verbindlichkeiten | 2.000 | an | Bank | 2.000 |

Übungen zur periodengerechten Abgrenzung

Übungsaufgabe 10.19: Sachverhalt 1

Die Maschinenbau AG zahlt ihre monatlichen Abschlagszahlungen an den Energieversorger in Höhe von 8.000 € in der Regel per Banküberweisung zum 25. des Monats. Aufgrund mangelnder Liquidität hat die Maschinenbau AG den Abschlag für den Dezember 01 erst am 10. Januar 02 überwiesen. Wie ist dieser Sachverhalt zum Abschlussstichtag, d. h. den 31.12.01 zu bewerten und zu buchen?

Buchungssatz am 31.12.01:

		an		

Die Lösung finden Sie unter www.uvk-lucius.de/schritt-fuer-schritt

Übungsaufgabe 10.20: Sachverhalt 2

Wir haben am 01.11.01 für November 01 bis einschließlich April 02 des nächsten Jahres eine Mietvorauszahlung in Höhe von 12.000 € erhalten. Bilden Sie die Buchungssätze am 01.11.01 und am 31.12.01.

Buchungssatz am 01.11.01:

		an		

Buchungssatz am 31.12.01:

		an		

Die Lösung finden Sie unter www.uvk-lucius.de/schritt-fuer-schritt

Übungsaufgabe 10.21: Sachverhalt 3

Die Dezembergehälter 01 in Höhe von 200.000 € wurden erst am 10.01.02 per Banküberweisung bezahlt.

Unserem Handelsvertreter wird die Provision für das vierte Quartal 01 erst Anfang Januar 02 überwiesen. Die Provisionsrechnung weist folgende Posten aus: 8.000 € Provision zuzüglich 1.520 € Umsatzsteuer = 9.520 €. Geben Sie die Buchungssätze zum 31.12.01 an.

Buchungssatz für Gehälter am 31.12.01

		an		

Buchungssatz für Gehälter am 10.01.02

		an		

Buchungssatz für Provision am 31.12.01

		an		
		an		

Die Lösung finden Sie unter www.uvk-lucius.de/schritt-fuer-schritt

Übungsaufgabe 10.22: Sachverhalt 4

Am 1. Dezember 01 haben wir Büroräume für eine Monatsmiete in Höhe von 3.000 € gemietet. Gemäß Mietvertrag zahlen wir die Miete immer halbjährlich im Voraus. Bilden Sie die Buchungssätze für den 01.12.01 und für den 31.12.01.

Buchungssatz am 01.12.01

		an		

Buchungssatz am 31.12.01

		an		

Die Lösung finden Sie unter www.uvk-lucius.de/schritt-fuer-schritt

Übungsaufgabe 10.23: Sachverhalt 5

Wir vermieten Lagerräume für monatlich 5.000 €. Die Miete ist jeweils vierteljährlich nachträglich zu zahlen. Das Mietverhältnis beginnt am 01.11.01. Die erste Zahlung erhalten wir per Banküberweisung am 01.02.02 in Höhe von 15.000 €. Geben Sie die Buchungssätze für den 31.12.01 und für den 01.02.02 aus der Sicht des Vermieters an.

Buchungssatz am 31.12.01

		an		

Buchungssatz am 01.02.02

		an		
		an		

Die Lösung finden Sie unter www.uvk-lucius.de/schritt-fuer-schritt

10

10.4.3 Rückstellungen

Ebenso wie die transitorischen und antizipativen Rechnungsabgrenzungen dienen die Rückstellungen der periodengerechten Erfolgsermittlung. Rückstellungen sind zu bilden für bestehende oder hinreichend sicher erwartete künftige Belastungen des Vermögens, die auf einer wirtschaftlichen oder rechtlichen Verpflichtung eines Unternehmens beruhen und in das Abschlussjahr gehören, aber in ihrer Höhe und/oder Fälligkeit noch nicht feststehen.

> **Merke**
>
> **Rückstellungen** sind **ungewisse Verpflichtungen** für Aufwendungen, die dem Grunde nach dem abgelaufenen Geschäftsjahr zuzurechnen sind, aber deren genaue Höhe und/oder Fälligkeit am Abschlussstichtag noch nicht feststehen und die noch nicht zu Auszahlungen oder Mindereinzahlungen geführt haben.

Gegenüber den Verbindlichkeiten unterscheiden sich Rückstellungen dadurch, dass jene der Höhe und der Fälligkeit nach genau feststehen, während die Rückstellungen geschätzt werden müssen.

Rückstellungen haben im Jahresabschluss eine besondere Bedeutung, wegen ihres **erheblichen bilanzpolitischen Gestaltungsspielraums**. Somit gestaltet sich folgendes **Grundproblem**:

▦ Konkret absehbare Belastungen müssen berücksichtigt werden, auch wenn Bestehen, Höhe und Fälligkeit noch ungewiss sind. Grundsätzlich gilt: Durch Einstellung einer „Rückstellung" auf die Passivseite der Bilanz werden die ungewissen, drohenden Belastungen in geschätzter Höhe erfasst.

▦ Der Bewertungsmaßstab für Rückstellungen ist der Erfüllungsbetrag, der nach vernünftiger kaufmännischer Beurteilung notwendig ist (§ 253 Abs. 1 Satz 2 HGB).

▦ Die Bildung der Rückstellung erfolgt zu Lasten eines Aufwandskontos; dadurch wird das Ergebnis des Geschäftsjahres entsprechend gemindert.

▦ Es ist das Aufwandskonto zu wählen, das bei sofortiger Bezahlung des Betrags betroffen wäre, gegebenenfalls „sonstiger betrieblicher Aufwand".

▦ Die Auflösung ist, soweit effektive Belastung (Zahlung) und Rückstellung sich entsprechen, erfolgsneutral; Differenzen sind außerordentlicher Aufwand (falls die Rückstellung zu gering war) oder außerordentlicher Ertrag (falls die Rückstellung zu hoch war).

Die Rückstellungen lassen sich in **zwei wesentliche Kategorien** einteilen, die durch unterschiedliche Art der Verpflichtung charakterisiert werden:

▦ **Verbindlichkeitsrückstellungen** sind Rückstellungen aufgrund einer Verpflichtung gegenüber Dritten oder dem Staat (Außenverpflichtungen). Es besteht eine Passivierungspflicht für
  – ungewisse Verbindlichkeiten gemäß § 249 Abs. 1 Satz 1 HGB,
  – drohende Verluste aus schwebenden Geschäften gemäß § 249 Abs. 1 Satz 1 HGB,
  – Kulanzleistungen gemäß § 249 Abs. 1 Satz 2 Nr. 2 HGB.

▦ **Aufwandsrückstellungen** sind Rückstellungen ohne konkrete Verpflichtung gegenüber Dritten, sondern aufgrund einer wirtschaftlichen Verpflichtung, die ein Unternehmen gegenüber sich selbst zu erfüllen hat (Innenverpflichtung). Diese sogenannten Eigenverpflichtungen erstrecken sich für künftige Ausgaben, die wirtschaftlich von abgelaufenen Geschäftsjahren verursacht wurden. Die Bildung von Aufwandsrückstellungen wird sehr restriktiv gehandhabt, daher sind gemäß § 249 Abs. 1 Satz 2 Nr. 1 HGB nur die zwei folgenden Aufwandsrückstellungen zulässig, die an folgende Voraussetzungen gebunden sind:

- im Geschäftsjahr unterlassene Aufwendungen für Instandhaltung, die im folgenden Geschäftsjahr innerhalb der ersten drei Monaten nachgeholt werden oder
- unterlassene Abraumbeseitigung (insbesondere für die Entfernung von Erde und Gestein bei Gewinnung von Rohstoffen im Tagebau), die im folgenden Geschäftsjahr nachgeholt werden.

Die folgenden Gruppen von Rückstellungen lassen sich unterscheiden.

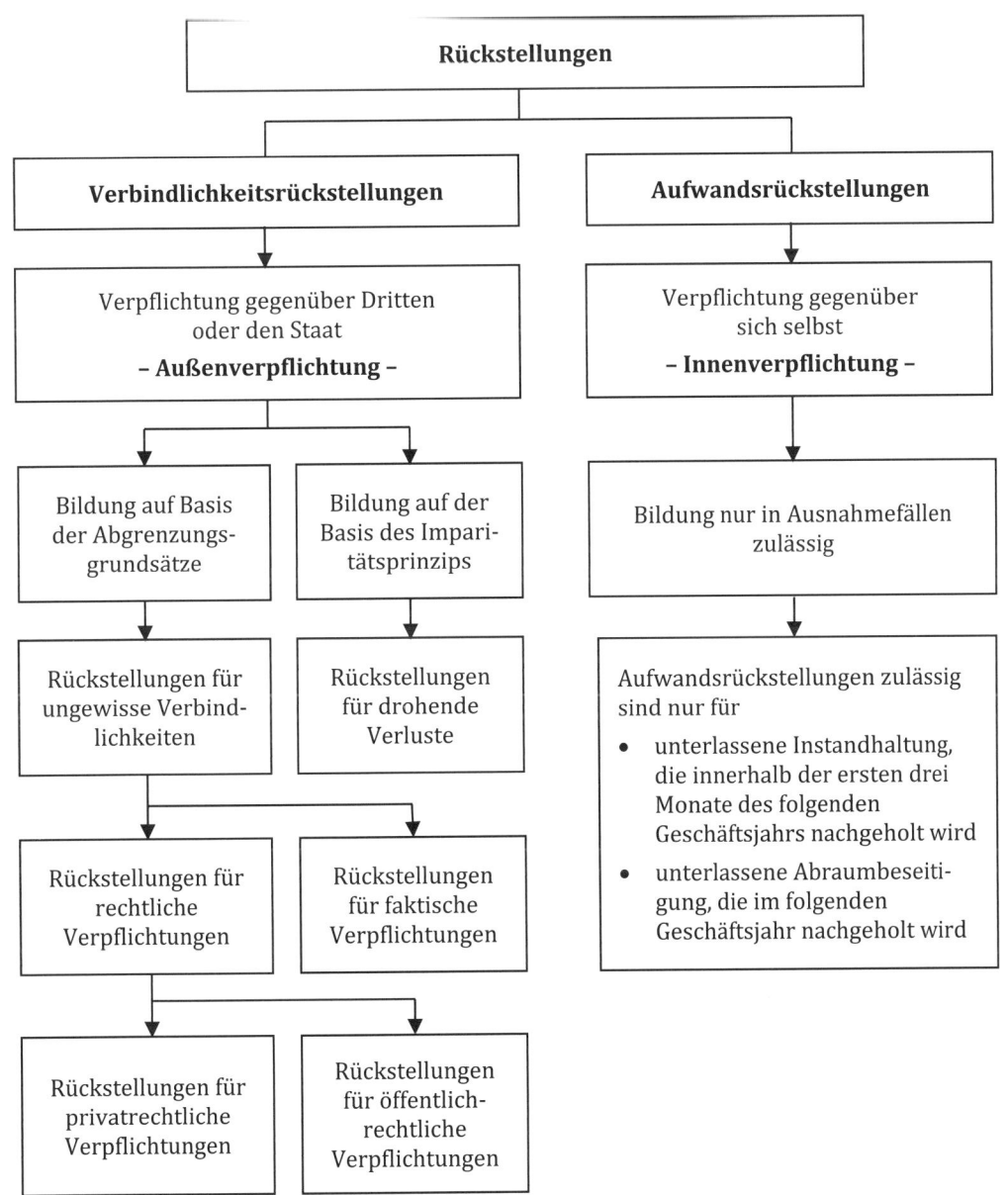

Abb. 10.9: Unterteilung von Rückstellungen anhand ihres Verpflichtungscharakters[44]

---

[44] In Anlehnung an Baetge, Kirsch, Thiele: Bilanzen, 12. Auflage, 2012, S. 420.

10.4.3.1 Rückstellungsarten

Rückstellungen kommen aus den verschiedensten Gründen in Betracht. Eine beispielhafte, aber keineswegs erschöpfende Aufzählung soll deren große Bedeutung verdeutlichen. Man unterscheidet beispielsweise bei den Verbindlichkeitsrückstellungen:

- Pensionsrückstellungen
- Steuerrückstellungen
- Sonstige Rückstellungen, z. B.:
    - Rückstellungen für Prozesskosten
    - Rückstellungen wegen Verletzung fremder Patent- oder Urheberrechte
    - Rückstellungen für Pachterneuerungsverpflichtungen
    - Rückstellungen für Jahresabschlusskosten
    - Rückstellungen für Gewährleistungen (Garantierückstellungen und Produkthaftung)
    - Rückstellungen für nicht genommenen Urlaub und für Verpflichtungen aus Überstunden
    - Rückstellungen für Altersteilzeit
    - Rückstellungen für Provisionen, Gratifikationen, Tantiemen, Gewinnbeteiligungskosten
    - Rückstellungen aus Sozialplanverpflichtungen
    - Rückstellungen für Beiträge zur Berufsgenossenschaft
    - Rückstellungen für Rekultivierungsverpflichtungen
    - Rückstellungen für Rückbauverpflichtungen
    - Rückstellungen für Restrukturierungsverpflichtungen
    - Rückstellungen für Altlastbeseitigung und Sanierungsrückstellung
    - Rückstellungen für noch nicht erhaltene Rechnungen
    - Rückstellung für drohende Verluste aus schwebenden Geschäften

10.4.3.2 Voraussetzung für die Bildung von Rückstellungen

Die künftig erwarteten Ausgaben müssen **wahrscheinlich** sein. Dabei ist nicht erforderlich, dass eine Verbindlichkeit am Bilanzstichtag bereits rechtlich entstanden ist. Es genügt, wenn mit ihrem Entstehen sicher gerechnet werden muss und sie wirtschaftlich im abgelaufenen Geschäftsjahr verursacht, d. h. mit Ereignissen dieses Jahres ursprünglich verbunden ist.

Da die Bildung einer Rückstellung in gleicher Höhe eine Aufwandserfassung (= Ergebnisauswirkung) bedeutet, ist eine willkürliche Bildung zu verhindern.

Nach § 253 HGB sind Rückstellungen nur in der Höhe des **Erfüllungsbetrags** anzusetzen, der nach vernünftiger kaufmännischer Beurteilung notwendig ist. Außerdem schreibt der Gesetzgeber in § 249 HGB vor, welche Rückstellungen gebildet werden müssen (Passivierungspflicht).

Eine Passivierungspflicht besteht gemäß § 249 Abs. 1 HGB für

- ungewisse Verbindlichkeiten (z. B. zu erwartende Garantieverpflichtungen, Prozesskosten, Gewerbesteuernachzahlungen, Pensionszusagen);
- drohende Verluste aus schwebenden Geschäften (z. B. Marktpreis sinkt unter den vereinbarten Beschaffungspreis oder Verlustauftrag);
- Kulanzleistungen (Gewährleistungen, die ohne rechtliche Verpflichtung erbracht werden);
- unterlassene Instandhaltung bei Nachholung innerhalb von drei Monaten im folgenden Geschäftsjahr;
- Abraumbeseitigungen, die im folgenden Geschäftsjahr nachgeholt werden.

Beispiele für Rückstellungen aufgrund privatrechtlicher Verpflichtungen:

- Verpflichtungen aufgrund von Gewährleistungsverträgen,
- Verpflichtungen zur Produkthaftung,
- Pensionsverpflichtungen,
- Abrechnungsaufwendungen von Bauaufträgen nach § 14 VOB/B,
- drohende Inanspruchnahme aus Bürgschaften und Wechselobligo,
- Haftungsansprüche Dritter,
- Prozessaufwendungen und
- ausstehende Urlaubsansprüche von Arbeitnehmern.

Beispiele für Rückstellungen aufgrund von öffentlich-rechtlichen Außenverpflichtungen:

- Beiträge zur Berufsgenossenschaft, soweit gesetzlich vorgeschrieben,
- Aufwendungen der Betriebsprüfung,
- Gewerbe-, Körperschaftssteuer- und sonstige Steuernachzahlungen,
- Aufwendungen der handelsrechtlich vorgeschriebenen Jahresabschlusserstellung und Jahresabschlussprüfung,
- Aufwendungen für vorgeschriebene Sicherheitsinspektionen und
- Aufwendungen für Umweltschutz, z. B. für Umweltschutzauflagen oder Altlastensanierung.

Buchung von Rückstellungen

Durch die Buchung **„Aufwandskonto an Rückstellungskonto"** werden die (wahrscheinlichen) künftigen Ausgaben gewinnmindernd bereits im Jahr ihrer wirtschaftlichen Zugehörigkeit erfasst.

Beispiel: Rückstellung für Prozesskosten

Für einen am Abschlussstichtag, den 31.12.01 schwebenden Prozess aus betrieblichen Gründen ist mit Prozesskosten in Höhe von ca. 3.000 € zu rechnen, falls das Unternehmen in diesem Rechtsstreit unterliegt. Der Ausgang des Prozesses ist zu diesem Zeitpunkt völlig offen. Es liegt dem Grunde und der Höhe nach eine ungewisse Verpflichtung vor, die bei Erstellung des Jahresabschlusses wie folgt zu berücksichtigen ist.

Buchungssätze:

1)	Prozesskostenaufwand	3.000	an	Sonstige Rückstellungen	3.000
2)	GuV-Konto	3.000	an	Prozesskostenaufwand	3.000
3)	Sonstige Rückstellungen	3.000	an	Schlussbilanzkonto	3.000

Im Geschäftsjahr 02 verliert das Unternehmen den Prozess endgültig. Die tatsächlichen Prozesskosten belaufen sich auf 3.400 €, die das Unternehmen per Banküberweisung bezahlt.

Buchungssatz:

| 1) | Sonstige Rückstellungen | 3.000 | | | |
| | Sonstiger Aufwand | 400 | an | Bank | 3.400 |

10

Eine gebildete Rückstellung ist aufzulösen, sobald die Voraussetzungen für ihre Bildung (die „Ungewissheit") entfallen sind. Da der Rückstellungsbetrag auf einer Schätzung beruht, weicht der später tatsächlich anfallende Aufwand in der Regel von der ursprünglich geschätzten Höhe nach oben oder unten ab. Der Differenzbetrag ist dann buchmäßig im Geschäftsjahr der Beseitigung der Ungewissheit über die Konten „sonstiger Aufwand" bzw. „sonstiger Ertrag" zu erfassen.

Falls die endgültigen Prozesskosten für den Unternehmer im obigen Beispiel nur 2.800 € betragen würden, müsste im Geschäftsjahr 02 wie folgt gebucht werden:

Buchungssatz:

| 1) | Sonstige Rückstellungen | 3.000 | an | Bank | 2.800 |
| | | | an | sonstiger Ertrag | 200 |

 Beispiel: Ermittlung der Höhe einer Drohverlustrückstellung

Ein Handelsunternehmen kalkuliert die Selbstkosten wie folgt:

	Anschaffungskosten der Handelsware am 30.11.01	35.000 €
+	noch anfallende Verwaltungs- und Vertriebskosten	+ 4.000 €
=	**Selbstkosten**	**= 39.000 €**

Mit einem Kunden wurde ein Kaufvertrag für eine schwerverkäufliche Handelsware abgeschlossen. Die Handelsware wird am 20.01.02 für einen Nettoverkaufspreis von 30.000 € geliefert.

Ermittlung der Höhe der zu bildenden Drohverlustrückstellung:

	kalkulierte Selbstkosten	39.000 €
-	vereinbarter Nettoverkaufspreis	- 30.000 €
=	**Rückstellung für drohende Verluste aus schwebenden Geschäften**	**= 9.000 €**

Buchungssatz am 31.12.01

| 1) | sonstige betriebliche Aufwendungen | 9.000 | an | Drohverlustrückstellung | 9.000 |

Buchungssätze am 20.01.02

1)	Bank	35.700	an	Umsatzerlöse	30.000
			an	Umsatzsteuer	5.700
2)	Drohverlustrückstellung	9.000	an	Erträge aus der Auflösung der Rückstellung	9.000

Erfolgsmäßige Darstellung im Geschäftsjahr 02:

| | Verbuchung des Nettoverkaufspreises bei Lieferung am 20.01.02 | 30.000 € |
| - | Anschaffungskosten der Handelsware | - 35.000 € |

=	**Rohverlust aus dem Verkauf**	**= - 5.000 €**
-	Verwaltungs- und Vertriebskosten	- 4.000 €
=	**Reinverlust aus dem Absatzgeschäft**	**= - 9.000 €**
+	Auflösung der Drohverlustrückstellung	+ 9.000 €
=	**Erfolgsbezogene Auswirkung des Absatzgeschäftes in 02**	**= 0 €**

Der Verlust wurde in dem Geschäftsjahr erfasst, indem er verursacht wurde, d. h. im Geschäftsjahr 01.

Merke

Rückstellungen werden für Aufwendungen, Verbindlichkeiten oder Verluste gebildet, die hinsichtlich ihrer Fälligkeit und/oder ihrer Höhe nach ungewiss sind und wirtschaftlich in die Abrechnungsperiode oder in eine frühere Periode gehören.

Vorgehensweise in der Praxis

Ähnlich wie bei der Bewertung der Forderungen aLuL gibt es bei den Rückstellungen nicht nur eine Einzelbewertung, sondern auch die Möglichkeit der **pauschalen Bewertung**. So werden beispielsweise bei Garantierückstellungen die ermittelten Prozentsätze auf den Umsatz bezogen. Die tatsächlich **in Anspruch genommenen Garantieleistungen** werden nicht auf dem Konto Garantierückstellungen, sondern auf dem **Konto Garantieaufwendungen** gebucht. Daraus ergibt sich, dass das Konto Garantierückstellung am Ende des folgenden Geschäftsjahres noch denselben Betrag ausweist wie zu Beginn des Jahres. Aus diesem Grunde wird das Konto am 31.12. des Folgejahres auf der Basis des aktuellen Umsatzwertes und einer eventuellen Veränderung des Prozentsatzes für Garantierückstellung an die neue Situation angepasst. Es erfolgt entweder eine Erhöhung oder eine Verminderung der Rückstellung.

Übungsaufgabe 10.24: Rückstellungen

1) Erklären Sie den Unterschied zwischen Rückstellungen und sonstigen Verbindlichkeiten.

2) Wie wirkt sich die Bildung einer Rückstellung auf das Ergebnis aus?

3) In welcher Höhe müssen Rückstellungen für drohende Verluste aus schwebenden Geschäften gebildet werden?

Lösung:

1) _____

_____

2) _____

_____

3) _____

_____

Die Lösung finden Sie unter www.uvk-lucius.de/schritt-fuer-schritt

10

10.4.4 Zusammenfassung periodengerechte Erfolgsermittlung

Zeitliche Abgrenzung von Aufwendungen und Erträgen		
Arten der zeitlichen Abgrenzung	**vor** dem Abschlussstichtag	**nach** dem Abschlussstichtag
aktive Rechnungsabgrenzung	Ausgabe (Auszahlung)	Aufwand
passive Rechnungsabgrenzung	Einnahme (Einzahlung)	Ertrag
sonstige Forderungen	Ertrag	Einnahme (Einzahlung)
sonstige Verbindlichkeiten	Aufwand	Ausgabe (Auszahlung)
Rückstellungen	Aufwand (unbestimmt)	Ausgabe (Auszahlung)

Tabelle: Zeitliche Abgrenzung von Aufwendungen und Erträgen

> **Merke**
>
> Bei den **Rechnungsabgrenzungsposten** liegt die **Zahlung vor** dem **Abschlussstichtag**.
> Bei den **übrigen zeitlichen Abgrenzungen** (sonstige Forderungen, sonstige Verbindlichkeiten und Rückstellungen) liegt die **Zahlung** immer **nach** dem **Abschlussstichtag**.

Übungsaufgaben 10.25 bis 10.31

Alle Aufgaben und Lösungen finden Sie unter www.uvk-lucius.de/schritt-fuer-schritt

10.5 Latente Steuern

Abweichende Regelungen im Handels- und Steuerrecht führen dazu, dass die Wertansätze derselben Vermögens- bzw. Schuldposten in der Handels- und in der Steuerbilanz unterschiedlich hoch sein können. Des Weiteren werden einige Bilanzposten nur in der Handelsbilanz, aber nicht in der Steuerbilanz angesetzt.

Die latenten Steuern sind nach dem international üblichen **bilanzorientierten „Temporary Konzept"** abzugrenzen. Steuerabgrenzungen sind somit auf Differenzen zwischen den Bilanzansätzen in der Handels- und Steuerbilanz vorzunehmen. Dies hat zur Folge, dass auch auf **quasipermanente** Differenzen und auf erfolgsneutral entstandene Differenzen Steuerabgrenzungen anzusetzen sind.

Eine latente Steuerabgrenzung kommt nur bei der Erstellung der Handelsbilanzen in Betracht. Latente Steuern resultieren aus Ansatz- und Bewertungsunterschieden zwischen der Handels- und der Steuerbilanz. Daraus ergeben sich sowohl latente Steueransprüche (aktive latente Steuern) als auch latente Steuerschulden (passive latente Steuern). Aktive latente Steuern können außerdem aus ungenutzten steuerlichen Verlusten (Verlustvorträge) entstehen, wenn in den nächsten fünf Jahren eine Verlustverrechnung zu erwarten ist.

Überblick über die Entstehung von latenten Steuern nach HGB		
	aktive latente Steuern	passive latente Steuern
Aktiva		
HGB-Buchwert > Steuer-Buchwert		×
HGB-Buchwert < Steuer-Buchwert	×	
Passiva		
HGB-Buchwert > Steuer-Buchwert	×	
HGB-Buchwert < Steuer-Buchwert		×
Steuerliche Verlustvorträge	×	

Aktive und passive latente Steuern sind grundsätzlich zu saldieren, es besteht jedoch ein Wahlrecht für den Bruttoausweis.

Die nächste Tabelle zeigt Ihnen die Besonderheiten der latenten Steuern nach HGB im Einzelabschluss.

Latente Steuern nach HGB
Bilanzorientiertes Temporary-Konzept (Vergleich von Wertansätzen in der Handels- und Steuerbilanz)
Pflicht zur Passivierung von **passiven latenten Steuern**
Wahlrecht zur Aktivierung von **aktiven latenten Steuern** (Ausschüttungssperre) • Aktive latente Steuern auf Verlustvorträge – nur soweit eine Verlustverrechnung innerhalb der nächsten fünf Jahre zu erwarten ist. • Für den Ansatz eines Überhangs in der Bilanz besteht ein Aktivierungswahlrecht (§ 274 HGB)
Die Bildung latenter Steuern ist grundsätzlich auf große und mittelgroße Kapitalgesellschaften beschränkt, kleine Kapitalgesellschaften und Kleinstkapitalgesellschaften sind von der Anwendung befreit (§ 274a Nr. 5 HGB).
Der Ausweis kann entweder saldiert (netto) oder unsaldiert (brutto) in den Bilanzposten „aktive latente Steuern" (§ 266 Abs. 2 D. HGB) und „passive latente Steuern" (§ 266 Abs. 3 E. HGB) erfolgen.
Die Bewertung erfolgt zum unternehmensindividuellen Steuersatz im Zeitpunkt des Abbaus der Differenzen (§ 274 Abs. 2 HGB).
Keine Abzinsung von latenten Steuern

Abb. 10.10: Latente Steuern nach HGB

Merke

Latente Steuern auf der Aktivseite der Bilanz fallen einfach ausgedrückt dann an, wenn das Handelsbilanzergebnis niedriger ist als das Steuerbilanzergebnis (**Aktivierungswahlrecht**).

Ist umgekehrt das Handelsbilanzergebnis höher als das Steuerbilanzergebnis, muss eine Rückstellung für latente Steuern gebildet werden (**Passivierungspflicht**).

10

Mit der latenten Steuerabgrenzung im handelsrechtlichen Abschluss will man den Steueraufwand auf die Höhe des Handelsbilanzgewinnes abstimmen. Es wird einfach unterstellt, dass der Handelsbilanzgewinn Steuerbemessungsgrundlage ist (und nicht der Steuerbilanzgewinn).

10.5.1 Entstehungsmöglichkeiten für latente Steuern

Bei Vermögensgegenständen führt ein höherer Ansatz in der Steuerbilanz als in der Handelsbilanz zu aktiven latenten Steuern. In den zukünftigen Geschäftsjahren resultieren daraus höhere steuerliche Abschreibungen. Aufgrund dieser Tatsache ergibt sich eine steuerliche Entlastung zukünftiger, nach HGB ausgewiesener Gewinne.[45]

Bei Schulden (z. B. Rückstellungen) führt ein niedrigerer steuerlicher Ansatz zu aktiven latenten Steuern, weil die zukünftige Realisation dann zu einem zusätzlichen steuerlichen Aufwand führt (z. B. eine Drohverlustrückstellung nach HGB, die steuerlich nicht gebildet werden darf).[46]

Mögliche Gründe für die Entstehung von **aktiven** latenten Steuern:

▦ Die handelsrechtliche **Herstellungskostenermittlung** ist niedriger als die **steuerliche Herstellungskostenermittlung** (Ansatz der Herstellungskosten in der Handelsbilanz zu Teilkosten, während in der Steuerbilanz darüber hinaus die Verwaltungskosten und bestimmte Sozialkosten gemäß § 255 Abs. 2 Satz 4 HGB aktiviert werden),

▦ Verrechnung von **höheren Abschreibungen** in der Handelsbilanz als **steuerlich zulässig** (Nutzungsdauer, Abschreibungsverfahren),

▦ Durchführung einer **außerplanmäßigen Abschreibung auf Finanzanlagen** bei einer voraussichtlich nicht dauerhaften Wertminderung gemäß § 252 Abs. 3 Satz 4 HGB, steuerlich darf aber bei einer vorübergehenden Wertminderung keine außerplanmäßige Abschreibung vorgenommen werden,

▦ Festlegung einer kürzeren Abschreibungsdauer des entgeltlich erworbenen Geschäfts- oder Firmenwertes in der Handelsbilanz als in **der Steuerbilanz über 15 Jahre**,

▦ Wahl von Bewertungsvereinfachungsverfahren bei den Vorräten, die zu einer steuerlich nicht zulässigen niedrigeren Vorratsbewertung führen,

▦ Es wird eine **Drohverlustrückstellung** in der Handelsbilanz passiviert, die aber in der Steuerbilanz verboten ist,

▦ Die Barwertberechnung der **Pensionsrückstellung** in der Handelsbilanz erfolgt mit einem niedrigeren Marktzinssatz als die **steuerlich** vorgeschriebenen **6 Prozent,**

▦ Berücksichtigung von steuerlichen **Verlustvorträgen**,

▦ Nichtaktivierung des Disagios in der Handelsbilanz gemäß § 250 Abs. 3 Satz 1 HGB. In der Steuerbilanz muss das Disagio unter dem Rechnungsabgrenzungsposten aktiviert werden.

Der Ansatz aktiver latenter Steuern ergibt sich insbesondere, weil die Steuerabgrenzung auch für Verlustvorträge zu berücksichtigen ist. Es dürfen latente Steuern auf die steuerlichen Verlustvorträge nur in Höhe der innerhalb der nächsten fünf Jahre zu erwartenden Verlustverrechnung berücksichtigt werden. Für die **aktiven latenten Steuern** besteht nach § 268 Abs. 8 Satz 2 HGB eine **Ausschüttungssperre**.

---

[45] Grünberger, D.: IFRS 2013, 11. Auflage 2012, S. 233.

[46] Grünberger, D.: IFRS 2013, 11. Auflage 2012, S. 233.

Mögliche Gründe für die Entstehung von **passiven** latenten Steuern:

- Ein Vermögensgegenstand in der Handelsbilanz wird höher bewertet als in der Steuerbilanz.
- Bewertung von Vorräten in der Handelsbilanz bei steigenden Preisen mit der Fifo-Methode, Bewertung in der Steuerbilanz mit dem Durchschnittsverfahren.
- Aktivierung von selbst geschaffenen immateriellen Vermögensgegenständen in der Handelsbilanz, aber in der Steuerbilanz besteht ein Aktivierungsverbot.
- Zum Zeitwert bewertete Finanzinstrumente bei Finanz- und Kreditinstitutionen, die zu Handelszwecken erworben wurde. Der Zeitwert ist höher als die Anschaffungskosten waren. Die Anschaffungs- und Herstellungskosten stellen die Wertobergrenze in der Steuerbilanz dar.

Die folgende Abbildung zeigt die latenten Steuern sowohl nach HGB als auch nach IFRS:

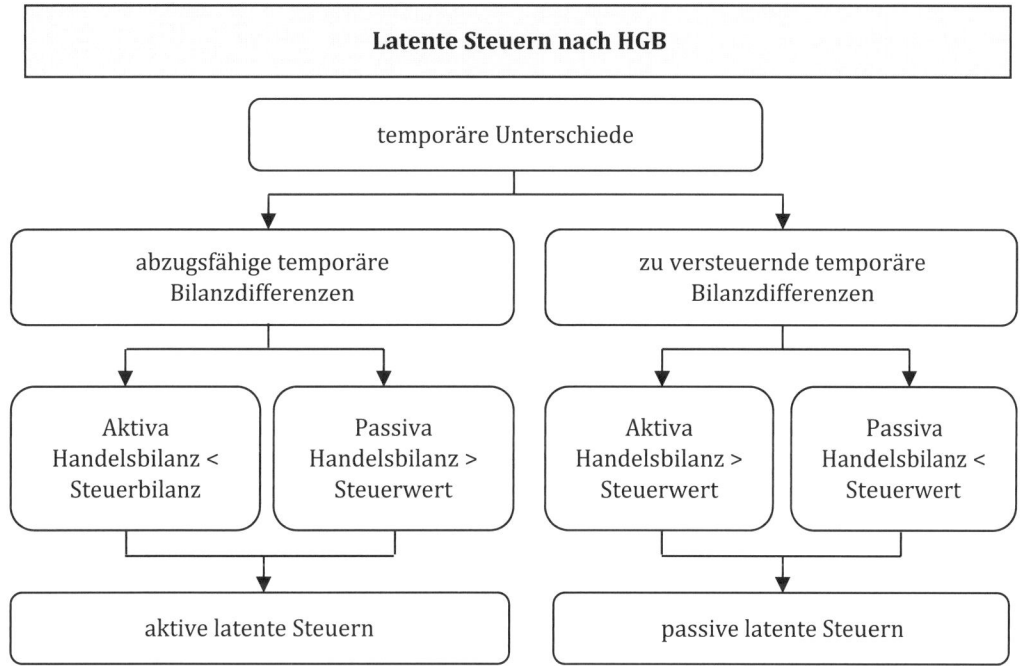

Abb. 10.11: Latente Steuern nach HGB und IFRS

Bei der Ermittlung der Steuerabgrenzung ist der unternehmensindividuelle Steuersatz im Zeitpunkt der Auflösung der Differenz heranzuziehen. Sind diese Steuersätze nicht bekannt, ist auf die am Bilanzstichtag gültigen individuellen Steuersätze abzustellen. Latente Steuern sind nicht abzuzinsen.

10.5.2 Verbuchung der latenten Steuern

Aktive latente Steuern

Zeitpunkt des Entstehens des Differenzbetrages:

| aktive latente Steuern | an | latenter Steuerertrag |

Auflösung des Postens:

| latenter Steueraufwand | an | aktive latente Steuern |

Passive latente Steuern

Zeitpunkt des Entstehens des Differenzbetrages:

latenter Steueraufwand	an	passive latente Steuern

Auflösung des Postens:

passive latente Steuern	an	latenten Steuerertrag

Beispiel: Passive latente Steuern

Eine große Kapitalgesellschaft aktiviert am Ende der Periode 01 Entwicklungsaufwendungen in Höhe von 60 T€ in der Handelsbilanz. Steuerrechtlich besteht bzgl. der Entwicklungsaufwendungen ein Aktivierungsverbot. Die aktivierten Entwicklungsaufwendungen werden in den Perioden 02 und 03 handelsrechtlich linear abgeschrieben. Der Ertragssteuersatz der GmbH beträgt 30 %.

Buchungssätze der Periode 01: Bildung der passiven latenten Steuern

immaterieller Vermögensgegenstand	60	an	Entwicklungsaufwand	60
latenter Steueraufwand	18	an	passive latente Steuern	18

Buchungssatz der Periode 02: Teilweise Auflösung der passiven latenten Steuern

passive latente Steuern	9	an	latenten Steuerertrag	9

Buchungssatz der Periode 03: Teilweise Auflösung der passiven latenten Steuern

passive latente Steuern	9	an	latenten Steuerertrag	9

10.5.3 Ausweisvarianten der latenten Steuern in der Bilanz

Es ergeben sich folgende Ausweisvarianten in der Bilanz:

1. **Bruttoausweis** = unsaldierter Ausweis der aktiven und passiven latenten Steuern,
2. **Nettoausweis** = saldierter Ausweis der aktiven und passiven latenten Steuern,
3. **unterbliebener Ausweis**, falls sich im Saldo eine aktive Latenz ergibt und das Ansatzwahlrecht für den Aktivsaldo nach § 274 Abs. 1 Satz 2 HGB nicht ausgeübt wird[47].

Folgende **Ausnahmen** sind zu beachten:

Bei nicht publizitätspflichtigen Einzelunternehmen und Personengesellschaften besteht die Verpflichtung zum Bruttoausweis, da der § 274 HGB nicht angewandt werden kann, muss auf § 249 Abs. 1 Satz 1 HGB zurückgegriffen werden und die latenten Steuern als Rückstellung passiviert werden; ansonsten würde gegen das Realisationsprinzip und das Saldierungsverbot verstoßen werden. Des Weiteren besteht ein Ansatzverbot für aktive latente Steuern bei diesen Unternehmen.

Übungsaufgabe 10.32

Alle Aufgaben und Lösungen finden Sie unter www.uvk-lucius.de/schritt-fuer-schritt

---

47 Brönner et al.: Die Bilanz nach Handels- und Steuerrecht, 10. Auflage, 2011, S. 678.

Schritt 11: Die Hauptabschlussübersicht

Lernziele

Sie lernen den Zweck und den Aufbau einer Hauptabschlussübersicht kennen. Nach erfolgreicher Bearbeitung dieses Kapitels besitzen Sie ein fundiertes Basiswissen. Mit Ihren erworbenen Fähigkeiten sollten Sie Korrekturbuchungen zum Ende des Abrechnungszeitraumes vornehmen, eine Hauptabschlussübersicht und einen Probeabschluss erstellen können.

Vor dem (endgültigen) Abschluss aller Konten führt man in der Praxis meist einen Probeabschluss außerhalb der Buchführung in Form einer tabellarischen Hauptabschlussübersicht aus. Sie ist eine Tabelle, in der alle Sachkonten (Bestandskonten, Erfolgskonten, Privatkonten) mit ihrem Buchführungsergebnis zusammengestellt werden.

11.1 Aufgabe der Hauptabschlussübersicht

- Die **Hauptabschlussübersicht** hat die Aufgabe, den Jahresabschluss vorzubereiten, indem sie die Ergebnisse der Finanzbuchhaltung und der Inventur zusammenführt und in übersichtlicher und kumulierter Form darstellt.
- Sie ist ein Hilfsmittel zur Jahresabschlusserstellung und kann auch als eine Art Bindeglied zwischen Finanzbuchhaltung und Bilanz bezeichnet werden.
- Mit der Hauptabschlussübersicht kann ein Probeabschluss durchgeführt werden, ohne gleichzeitig die einzelnen Konten abschließen zu müssen.

Man bezeichnet die Hauptabschlussübersicht auch als **Abschlusstabelle** oder als **Betriebsübersicht**. Damit möchte man vor allem Buchungsfehler rechtzeitig, d. h. vor dem Jahresabschluss, aufdecken und berichtigen sowie die vorbereitenden Abschlussarbeiten übersichtlich zusammenfassen. In der Betriebsübersicht können noch richtigstellende oder bilanzpolitische Umbuchungen durchgeführt werden, weil die einzelnen Konten unsaldiert mit ihren Soll- und Habensummen übernommen werden. Sie wird als statistische Übersicht außerhalb der eigentlichen Buchführung erstellt, steht also in keinem kontenmäßigen Zusammenhang mit dieser; die Buchführung liefert lediglich das zugrunde liegende Zahlenmaterial.

Die **Hauptabschlussübersicht** enthält neben der Kontenvorspalte mehrere Doppelspalten. Sie ist eine statistische Zusammenstellung aller Salden mit Soll-Haben-Vergleich als Rechenkontrolle, eine probeweise Ableitung von Bilanz und Erfolgsrechnung zur Überprüfung der richtigen Ermittlung des Geschäftsergebnisses und eine exakte Buchungsunterlage für die Abschlussbuchungen.

Vorgehensweise:

a) Im ersten Schritt werden die Bestände der Eröffnungsbilanz (= Endbestände des Vorjahres) erfasst und alle Zugänge und Abgänge während der Rechnungsperiode berücksichtigt.

b) Es werden alle T-Konten betrachtet und in jedem T-Konto wird die Soll- und Habenseite addiert und die Summen (Ergebnisse in der Summenbilanz) eingetragen.

c) Kontrolle der Summenbilanz, d. h. beide Seiten müssen gleich groß sein.

d) Es werden die Differenzen zwischen „Soll" und „Haben" in der Saldenbilanz I eingetragen. z. B.:

Maschinen 75.000 (Soll) u. 5.000 (Haben) → Saldenbilanz I 70.000 (Soll)

e) Im nächsten Schritt folgen die Umbuchungen:
   - Abschlussbuchungen
   - Korrekturbuchungen
   - Ausbuchungen

f) Saldenbilanz II wird erstellt.

g) Die Werte der Saldenbilanz II werden entweder in der Schlussbilanz oder der Gewinn- und Verlustrechnung übernommen, die den vorläufigen Abschluss darstellen.

Beispiel einer achtspaltigen Betriebsübersicht

Konten-bezeich-nung	Eröff-nungs-bilanz (AB)		Umsatz-bilanz		Sum-men-bilanz		Salden-bilanz I		Um-buchun-gen		Salden-bilanz II		Schluss-bilanz		Erfolgs-übersicht (GuV)	
	Aktiva	Passiva	Soll	Haben	Soll	Haben	Soll	Haben	Soll	Haben	Soll	Haben	Aktiva	Passiva	Aufwand	Ertrag
Summen	A = P		S = H		S = H		S = H		S = H		S = H		A	P	A	E
Gewinn (G), Ver-lust (V)													(V)	(G)	(G)	(V)
Summen													Aktiva = Passiva		Aufwand = Ertrag	

11.2 Summenbilanz (Probebilanz)

Die Spalte **Summenbilanz** übernimmt von allen Konten die unsaldierten Summen der Soll- und Habenseite. Die aufsaldierte Summenbilanz muss im Soll und Haben jeweils den gleichen Betrag aufweisen, da jeder Sollbuchung im Laufe des Geschäftsjahres eine Habenbuchung gegenübersteht.

Die Summenbilanz entspricht den Zahlen der Eröffnungsbilanz und der Umsatzbilanz.

	Eröffnungsbilanz
+	Umsatzbilanz
=	**Summenbilanz**

In der Summenbilanz sind die Anfangsbestände und alle laufenden Umsätze enthalten.

Eine ausgeglichene Summenbilanz ist allerdings keine Garantie für die fehlerfreie Erfassung der Geschäftsvorfälle. Nicht aufgedeckt werden beispielsweise Fehler, die dadurch entstanden sind, dass

▪ Buchungen sich im Soll und Haben ausgleichen, aber auf den falschen Konten erfasst worden sind,

▪ sich Fehler kompensieren,

▪ Buchungen unterlassen worden sind.

Nachdem alle laufenden Geschäftsvorfälle eines Geschäftsjahres im Hauptbuch gebucht worden sind, werden die Eintragungen auf den Soll- und Habenseiten je Konto addiert und in die entsprechenden Spalten der Summenbilanz übertragen.

Beispiel: Saldenbilanz I

S	Forderungen aLuL		H
AB	22.800	Bank	12.280
Erlöse	21.140	Bank	31.400
Erlöse	35.700	Bank	25.700
Erlöse	11.400		
	91.040		69.380

	Summenbilanz		Saldenbilanz I	
Konto	Soll	Haben	Soll	Haben
Forderungen aLuL	91.040	69.380	21.660	

11.3 Saldenbilanz (Überschussbilanz)

Wenn die Endsummen der Summenbilanz übereinstimmen, kann aus ihr die **Saldenbilanz I** entwickelt werden. **In ihr wird der Überschuss der größeren über die kleinere Kontoseite ausgewiesen.** Ist die Sollseite größer, ergibt sich ein Sollüberschuss (Sollsaldo); ist die Haben-seite größer, so handelt es sich um einen Haben-Überschuss (Habensaldo). Für jedes Konto wird damit der Sachkontostand (Überschuss) vor Durchführung des Jahresabschlusses aufgezeigt.

Beispiel: Saldenbilanz I

	Summenbilanz		Saldenbilanz I	
Konto	Soll	Haben	Soll	Haben
Geschäftsausstattung	70.400		70.400	
Rohstoffe	19.200	11.200	8.000	
Forderungen aLuL	91.040	69.380	21.660	
Bank	67.300	48.340	18.960	
Eigenkapital		89.520		89.520
Privat	12.000		12.000	
Verbindlichkeiten aLuL	22.490	47.590		25.100
Erlöse		71.000		71.000
Rohstoffaufwand	21.200		21.200	
Löhne	33.400		33.400	
Summe	337.030	337.030	185.620	185.620

11.4 Umbuchungen

Die Spalte Umbuchungen oder Korrekturbuchungen nimmt die vorbereitenden Abschlussbu-chungen auf. Dazu gehören z. B.

▨ bei Einzelunternehmungen und Personengesellschaften die **Korrektur von Erfolgskonten zur Abgrenzung zwischen Betriebs- und Privatsphäre**, wie z. B. Umbuchung des Eigen-verbrauchs aus Entnahmen, der Kosten aus der privaten Nutzung des betrieblichen Pkw oder des betrieblichen Telefons auf das Privatkonto;

▨ die Angleichung der Buch-Bestände auf den Konten an die Ist-Bestände laut Inventur ein-schließlich der Abwertung auf den niedrigeren Markt-, Börsen- oder Zeitwert am Bilanzstich-tag;

▨ die Buchung der Mehrbestände, z. B. „unfertige Erzeugnisse an Bestandsveränderungen" oder der Minderbestände mit der Buchung „Bestandsveränderungen an fertige Erzeugnisse";

▨ die **Buchung der Abschreibungen** auf Sachanlagen, auf immaterielle Vermögensgegenstän-de und auf Forderungen;

- die **periodengerechte Abgrenzung** der Aufwendungen und Erträge durch die Bildung von Rückstellungen, sonstigen Forderungen, sonstigen Verbindlichkeiten, aktiven und passiven Rechnungsabgrenzungsposten;

- die **Korrektur von Buchungsfehlern**, die bei der Erstellung der Betriebsübersicht erkannt worden sind;

- die Ermittlung der Zahllast oder des Vorsteuerüberhangs durch die Buchung „Umsatzsteuer an Vorsteuer";

- der Abschluss der Salden auf den Konten für Bezugskosten, Skontoerträge und den sonstigen Nachlässe-Konten zu den Konten Wareneingang bzw. Roh-, Hilfs- und Betriebsstoffe;

- die Buchung des Umsatzes zu Einstandspreisen;

- die Umbuchung der Erlösberichtigungen auf das Konto Umsatzerlöse;

- der **Abschluss des Privatkontos** zum Eigenkapitalkonto.

Beispiel: Saldenbilanz II

Erfassung der vorbereitenden Abschlussbuchungen „Abschreibungen auf Geschäftsausstattung" und „Abschluss des Privatkontos".

Buchungssätze:

Abschreibungen	9.400	an	Geschäftsausstattung	9.400
Eigenkapital	12.000	an	Privat	12.000

	Saldenbilanz I		Umbuchungen		Saldenbilanz II	
Konto	Soll	Haben	Soll	Haben	Soll	Haben
Geschäftsausstattung	70.400			9.400	61.000	
Eigenkapital		89.520	12.000			77.520
Privat	12.000			12.000	0	0
Abschreibungen			9.400		9.400	

Die jetzt entstandene Spalte in der Hauptabschlussübersicht stellt die **Saldenbilanz II** dar.

11.5 Schlussbilanz und Erfolgsübersicht

Die Salden der Saldenbilanz II werden in die Schlussbilanz und in die Erfolgsübersicht übertragen.

In der **Inventurbilanz** werden die **endgültigen Salden der Bestandskonten** erfasst. Bei der Addition von Aktiva und Passiva besteht **keine Summengleichheit**, weil das Eigenkapitalkonto noch nicht den Gewinn oder Verlust des entsprechenden Geschäftsjahrs enthält.

In der **GuV-Rechnung** (Erfolgsbilanz) werden die endgültigen Salden der Erfolgskonten erfasst. Bei der Addition der Aufwendungen und Erträge ergibt sich ebenfalls **keine Summengleichheit**. Der **Unterschiedsbetrag** zwischen **Aufwendungen und Erträgen** muss **genau so groß** sein wie der **Unterschiedsbetrag** zwischen **Aktiva und Passiva** der Schlussbilanz. Der **Unterschiedsbetrag** stellt den **Gewinn oder Verlust** der Rechnungsperiode dar.

11

Konto	Saldenbilanz II Soll	Saldenbilanz II Haben	Schlussbilanz Soll	Schlussbilanz Haben	Erfolgsübersicht Soll	Erfolgsübersicht Haben
Geschäftsausstattung	61.000		61.000			
Rohstoffe	8.000		8.000			
Forderungen aLuL	21.600		21.600			
Bank	18.960		18.960			
Eigenkapital		77.520		77.520		
Privat	0	0				
Verbindlichkeiten aLuL		25.100		25.100		
Erlöse		71.000				71.000
Rohstoffaufwand	21.200				21.200	
Löhne	33.400				33.400	
Abschreibungen	9.400				9.400	
Summe	173.620	173.620	109.620	102.620	64.000	71.000
Gewinn				7.000	7.000	
			109.620	109.620	71.000	71.000

Sechsspaltige Hauptabschlussübersicht

Konten	Summenbilanz S / H	Saldenbilanz I S / H	Umbuchungen S / H	Saldenbilanz II S / H	Schlussbilanz Aktiva / Passiva	Erfolgsübersicht Aufwand / Ertrag
	Übernahme der Summen (getrennt nach Soll und Haben) aller in der Rechnungsperiode auf einzelnen Konten gebuchten Beträge.	Von jeder Kontenzeile der Summenbilanz wird der Saldo ermittelt und auf der größeren Seite in diese Spalte Saldenbilanz I eingetragen.	Diese Spalte nimmt die vorbereitenden Abschlussarbeiten auf, wie z. B. die Abschreibungen, Wertberichtigungen, Posten der Jahresabgrenzung und Bestandsdifferenzen. Die Buchungen in dieser	In dieser Spalte werden die Beträge aus der zweiten Spalte (Saldenbilanz I) und der dritten Spalte (Umbuchungen) saldiert und auf die jeweils größte Seite eingetragen. Diese Spalte – auch berichtigte Saldenbilanz	Diese Spalte übernimmt aus der Saldenbilanz II die Salden der Bestandskonten; deshalb ist sie die Schlussbilanz.	Diese Spalte übernimmt aus der Saldenbilanz II die Salden der Erfolgskonten; sie ist die Erfolgsübersicht (GuV-Rechnung).

			Spalte erfolgen nach den Grundsätzen der Doppik.	genannt – dient lediglich Kontrollzwecken.	Die Salden der Endsummen der Schlussbilanz und der GuV-Rechnung sind das Jahresergebnis; sie müssen gleich sein, jedoch auf verschiedenen Seiten auftreten.

Vorteile der Hauptabschlussübersicht

Die Hauptabschlussübersicht ermöglicht eine weitgehende Kontrolle der Richtigkeit der Buchführung. Während der Abschlussarbeiten werden Fehler aufgedeckt, die sich berichtigen lassen, bevor die betroffenen Konten abgeschlossen sind. Die Abschlussübersicht bereitet den Abschluss des Hauptbuches vor.

Die Auswirkungen der Bewertungswahlrechte im Handels- und im Steuerrecht können im Probeabschluss der Hauptabschlussübersicht dargestellt werden. Das heißt die Auswirkungen auf den Erfolg und das Bilanzbild mithilfe der bewertungs- und bilanzpolitischen Maßnahmen können simuliert werden.

Übungsaufgabe 11.1: Hauptabschlussübersicht

Ein Kleinunternehmer hat zum 31.12.01 die folgende Summenbilanz aufgestellt:

	Summenbilanz	
	Soll	Haben
Maschinen	4.150.000 €	
Betriebs- und Geschäftsausstattung (BGA)	2.850.000 €	
Rohstoffe	1.800.000 €	1.200.000 €
Fertigerzeugnisse	380.000 €	330.000 €
Forderungen aLuL	4.650.000 €	3.460.000 €
Vorsteuer	271.000 €	
Bank	6.110.000 €	5.850.000 €
Kasse	333.000 €	244.000 €
Eigenkapital		5044.000 €
Bankdarlehen	235.000 €	1.234.000 €
Verbindlichkeiten aLuL	3.465.000 €	4.060.000 €
Umsatzsteuer		412.000 €
Umsatzerlöse		10.280.000 €
Löhne und Gehälter	7.870.000 €	

Kontenbezeichnung	Summenbilanz		Saldenbilanz I		Umbuchungen		Saldenbilanz II		Schlussbilanz		Erfolgsübersicht	
	S	H	S	H	S	H	S	H	A	P	Aufw.	Ertrag
Maschinen												
BGA												
Rohstoffe												
Fertigerzeugnisse												
Forderungen aLuL												
Vorsteuer												
Bank												
Kasse												
Eigenkapital												
Privat												
Bankdarlehen												
Verbindlichkeiten aLuL												
Umsatzsteuer												
Umsatzerlöse												
Löhne und Gehälter												
Abschreibungen Maschinen												
Abschreibungen BGA												
Aufwendungen Rohstoffe												
Bestandsveränderungen												

Abschlussangaben:

Abschreibungen auf Maschinen: 560.000 €

Abschreibungen auf BGA: 220.000 €

Inventurbestände:
- Rohstoffe: 596.000 €
- Fertigerzeugnisse: 49.000 €

Erstellen Sie auf Basis der vorliegenden Summenbilanz und der Abschlussangaben die Hauptabschlussübersicht.

Die Lösung finden Sie unter www.uvk-lucius.de/schritt-fuer-schritt

Übungsaufgaben 11.2 bis 11.4

Alle Aufgaben und Lösungen finden Sie unter www.uvk-lucius.de/schritt-fuer-schritt

11

Eigene Notizen

Fallbeispiele

Fallbeispiel 1

Die Markenküche AG weist zum 31.12.01 folgende vorläufige Bilanz aus:

Aktiva (€)	vorläufige Bilanz 31.12.01 in T€		Passiva (€)
A. Anlagevermögen		A. Eigenkapital	
I. Immaterielle Vermögensgegenstände	200	I. Gezeichnetes Kapital	1.000
II. Sachanlagen		II. Kapitalrücklage	200
1. Grundstücke	1.000	III. Gewinnrücklagen	1.500
2. Gebäude	2.500	IV. Jahresüberschuss	600
3. Maschinen	800		
4. BGA	100	B. Rückstellungen	
III. Finanzanlagen		I. Pensionsrückstellungen	1.500
1. Beteiligung	500	II. Sonstige Rückstellungen	300
2. Wertpapiere des AV	300		
B. Umlaufvermögen		C. Verbindlichkeiten	
I. Vorräte		I. Darlehen	1.000
1. RHB-Stoffe	420	II. erhaltene Anzahlungen	150
2. Unfertige Erzeugnisse	140	III. Verbindlichkeiten aLuL	130
3. Fertigerzeugnisse	100		
II. Forderungen aLuL	210		
III. Bank	80	D. Passive RAP	20
C. Aktive RAP	50		
	6.400		6.400

Bei dieser Aufgabe werden **keine Mehrwertsteuer** und **keine Körperschaftssteuer** berücksichtigt.

Geschäftsvorfälle, die im Jahr 01 anfielen:

1. Die Markenküche AG erwirbt eine spezielle Fertigungslizenz und zahlt dafür 50.000 €.
2. Ein vereidigter Gutachter schätzt den Wert des Grundstücks auf 5 Mio. €.
3. Eine in diesem Jahr notwendig gewordene Dachreparatur soll im Januar 02 durchgeführt werden, der Kostenvoranschlag beläuft sich auf 400.000 €.
4. Eine Schleifmaschine fällt aus, sie erweist sich als nicht mehr reparierbar. Zu Buche steht sie noch mit 20.000 €, ihr Schrottwert ist null.
5. Die mit 500.000 € ausgewiesene Beteiligung an einer anderen Unternehmung erweist sich als ein Glücksfall. Der vergleichbare Marktwert ist doppelt so hoch.

6. Die Wertpapiere des Anlagevermögens erweisen sich allerdings als Flop. Der Börsenwert am 31.12.02 beläuft sich dauerhaft nur noch auf 200.000 €.

7. Die Inventur der Erzeugnisse liefert für die unfertigen Erzeugnisse einen Wert von 120.000 €, für die Fertigerzeugnisse kann von einem Marktwert von 180.000 € ausgegangen werden.

8. Der Preisverfall auf dem Rohstoffmarkt liefert gegenüber dem nach der Lifo-Methode ermittelten Wertansatz für die RHB-Stoffe statt den ausgewiesenen 420.000 € einen aktuellen Wert von 300.000 €.

9. Im Bankguthaben sind 50.000 € enthalten, die das Unternehmen als Anzahlung für Leistungen erhalten und schon verbucht hat, die aber erst im Jahr 02 erbracht werden.

10. Am Jahresende wurde die Gesellschaft in einen Prozess verwickelt, dessen Folgekosten mit ca. 20.000 € veranschlagt werden.

11. Pensionen, für die eine Rückstellung gebildet ist, werden zum Jahresende in Höhe von 70.000 € ausgezahlt.

12. Durch eine Kapitalerhöhung in nomineller Höhe von 100.000 € fließen der Gesellschaft 300.000 € an liquiden Mitteln zu.

13. Die Markenküchen AG möchte einen Bilanzgewinn von 200.000 € ausschütten (Buchungssatz kann erst gemacht werden, wenn die GuV erstellt worden ist und das Ergebnis bekannt ist).

Aufgaben

a) Führen Sie die erforderlichen Buchungen aus (Buchungssätze).

b) Erstellen Sie die endgültige Bilanz zum 31.12.01.

Die Lösung finden Sie unter www.uvk-lucius.de/schritt-fuer-schritt

Fallbeispiel 2

Von einem Handwerksunternehmen liegt folgende vorläufige Bilanz vor.

Aktiva (€)		Vorläufige Bilanz zum 31.12.20.	Passiva (€)
Fuhrpark	165.000	Eigenkapital	115.000
BGA	52.600	Hypothekardarlehen	94.600
RHB-Stoffe	18.400	Verbindlichkeiten aLuL	109.370
Forderungen aLuL	128.850	Postgiro	2.180
Bank	1.310	Verbindlichkeiten Sozialvers.	3.260
Kasse	570	Verbindlichkeiten Finanzamt	42.320
	366.730		366.730

Beachten Sie: Die angegebenen Werte sind stets netto, die Mehrwertsteuer beträgt 19 %.

Die nachstehenden Geschäftsvorfälle wurden noch nicht gebucht. Geben Sie für jeden Geschäftsvorfall den entsprechenden Buchungssatz an und erstellen Sie die Schlussbilanz.

Geschäftsvorfälle

1) Forderungseingang in Höhe von 62.500 € auf dem Postgirokonto.

2) Zahlung der im Vorjahr auf „Verbindlichkeiten Finanzamt" ausgebuchten Umsatzsteuer-Zahllast in Höhe von 40.900 € und Lohnsteuerverbindlichkeiten in Höhe von 1.420 € durch zwei Postgiroüberweisungen.

3) Banküberweisung der noch offenen Sozialversicherungsverbindlichkeiten aus dem Vorjahr.

4) Zahlung einer Verbindlichkeit für Rohstoffe von 12.850 € unter Abzug von 3 % Skonto per Banküberweisung.

5) Zahlung der Kfz-Steuer in Höhe von 4.800 € durch Postgiroüberweisung für ein Kalenderjahr im Voraus. Belegdatum: 01.04. des laufenden Jahres.

6) Einkauf von RHB-Stoffen auf Ziel im Nettowert von 13.200 € zzgl. MwSt.

7) Entnahme von Material (RHB-Stoffe) im Nettowert von 28.660 € für die Produktion.

8) Einem Kunden wird eine Rechnung für erbrachte Leistungen im Nettowert von 96.250 € zzgl. MwSt. zugeschickt.

9) Der Kunde von Geschäftsvorfall (8) zahlt 2.000 € in bar und 28.000 € durch Banküberweisung.

10) Lohnabrechnung der Arbeiter: 11.210 € brutto, davon 1.390 € Lohn-, Kirchensteuer und Solidaritätszuschlag; jeweils 1.860 € AG-SV und AN-SV (alle AN pflichtversichert). Der Nettolohn wird sogleich per Bank überwiesen.

11) Bankabbuchung der Miete durch den Vermieter: 8.500 € (USt-frei) und der Darlehenszinsen durch die Bank in Höhe von 6.100 €.

12) Der Fuhrpark (Nutzungsdauer = 6 Jahre) ist degressiv pauschal mit 25 % in maximal zulässiger Höhe abzuschreiben; das Konto BGA ist pauschal mit 25 % abzuschreiben. Die Abschreibung ist direkt zu verbuchen.

13) Eine studentische Aushilfe, mit der kein Arbeitsvertrag besteht (auch keine geringfügige Beschäftigung), hat ihren Aushilfslohn in Höhe von 400 € noch nicht abgerechnet und daher auch noch nicht bekommen. Die Leistung ist jedoch schon erbracht.

14) Vor dem Abschlussstichtag erfahren wir, dass ein Kunde, der uns 25.300 € inkl. USt schuldet, Insolvenz angemeldet hat.

15) Der Insolvenzverwalter gibt auf unsere Anfrage hinsichtlich des Kunden (Geschäftsvorfall (n)) die Auskunft, dass er für uns mit einer Quote von 20 % rechnet (d. h. wir bekommen noch 20 % des Geldes). Eine angemessene Wertberichtigung ist zu bilden.

16) Der Inhaber entnimmt 500 € aus der Kasse und 6.500 € in bar vom Postgirokonto.

Die Lösung finden Sie unter www.uvk-lucius.de/schritt-fuer-schritt

Eigene Notizen

Literaturverzeichnis

Baetge, J.; Kirsch, H.-J.; Thiele, S.: Bilanzen, 10. Auflage, Düsseldorf, 2009

Baetge, J.; Kirsch, H.-J.; Thiele, S.: Bilanzen, 12. Auflage, Düsseldorf, 2012

Bähr, G.; Fischer-Winkelmann, W.-F.; List, S.: Buchführung und Jahresabschluss, 9. Auflage, Wiesbaden, 2006

Berkau, C.: BWL-Crash-Kurs-Bilanzen, Konstanz, 2009

Beyer, M.; Haug, I.; Heyd, R.; Zorn, D.: Bilanzierung nach HGB in Schaubildern – Die Grundlagen von Einzel- und Konzernabschlüssen, München, 2014

Bieg, H.: Buchführung, 5. Auflage, Herne, 2008

Bieg, H.; Kußmaul, H.: Externes Rechnungswesen, 6. Auflage, München, 2012

Bieg, H.; Kußmaul, H.: Finanzierung, 2. Auflage, München , 2009

Bieg, H.; Kußmaul, H.; Waschbusch, G.: Externes Rechnungswesen in Übungen, München, 2012

Bitz, M.; Schneeloch, D.; Wittstock, W.: Der Jahresabschluss, 5. Auflage, München, 2011

BMF-Schreiben vom 19.4.1971 (BStBl I S. 264) - IV B/2 – S 2170 – 31/71

BMF-Schreiben vom 21.3.1972 (BStBl I S. 188) - F/IV B 2 – S 2170 – 11/72

BMF-Schreiben vom 22.12.1975 IV B/2 – S 2170 – 161/75

BMF-Schreiben vom 23.12.1991 (BStBl 1992 I S. 13) - IV B 2 – S 2170 – 115/91

Bordewin, A.; Tonner, N.: Leasing im Steuerrecht, 4. Auflage, Heidelberg, 2003

Bornhofen, M.; Bornhofen, M. C.: Buchführung 1 DATEV-Kontenrahmen 2013, 25. Auflage, Wiesbaden, 2013

Bornhofen, M.; Bornhofen, M. C.: Buchführung 2 DATEV-Kontenrahmen 2014, 26. Auflage, Wiesbaden, 2015

Bornhofen, M.; Bornhofen, M. C.: Lösungen zum Lehrbuch Buchführung 1 DATEV-Kontenrahmen 2013, 25. Auflage, Wiesbaden, 2013

Bornhofen, M.; Bornhofen, M. C.: Lösungen zum Lehrbuch Buchführung 2 DATEV-Kontenrahmen 2014, 26. Auflage, Wiesbaden, 2015

Brönner, H.; Bareis, P.; Hahn, K.; Maurer, T.; Schramm, U.: Die Bilanz nach Handels- und Steuerrecht, 10. Auflage, Stuttgart, 2011

Buchholz, R.: Grundzüge des Jahresabschlusses nach HGB und IFRS, 8. Auflage, München, 2013

Bussiek, J.; Ehrmann, H: Buchführung, 8. Auflage, Ludwigshafen, 2004

Coenenberg, A. G.; Haller, A.; Mattner, G.; Schultze, W.: Einführung in das Rechnungswesen, 5. Auflage, Stuttgart, 2014.

Coenenberg, A. G.; Haller, A.; Schultze, W.: Jahresabschluss und Jahresabschlussanalyse, 23. Auflage, Stuttgart, 2014

Döring, U.; Buchholz, R.: Buchhaltung und Jahresabschluss, 10. Auflage, Berlin, 2007

Eilenberger, G.; Toebe, M.; Scherer, F.: Betriebliches Rechnungswesen, 8. Auflage, 2014

Eisele, W.; Knobloch, A. P.: Technik des betrieblichen Rechnungswesens, 8. Auflage, München, 2011

Endriss, H. W. (Hrsg.): Bilanzbuchhalterhandbuch, 9. Auflage, Herne, 2013

Freidank, C.-C.; Velte, P.: Rechnungslegung und Rechnungslegungspolitik, 2. Auflage, München, 2013

Goeke, M.: Praxishandbuch Mittelstandsfinanzierung, Wiesbaden, 2008

Graumann, M.: Kostenrechnung und Kostenmanagement, 5. Auflage, Herne, 2013

Hahn, K.: BilMoG Kompakt, Weil, 2009

Heesen, B.: Bilanzgestaltung – Fallorientierte Bilanzerstellung und Beratung, Wiesbaden, 2009

Heyd, R.: Business Wissen A-Z – Bilanzierung, Wiesbaden, 2005

Hoffmann, W.-D.; Lüdenbach, N.: NWB Kommentar Bilanzierung, 5. Auflage, Herne, 2014

Hofmann, C.; Hofmann, Y. E.; Küpper, H.-U.: Übungsbuch zur Finanzbuchhaltung, München, 2004

Jung, H.: Allgemeine Betriebswirtschaftslehre, 12. Auflage, München, Wien, 2010

Kratzer, J.; Kreuzmair, B.: Leasing in Theorie und Praxis, 2. Auflage, Wiesbaden, 2002

Kresse, W.; Leuz, N.: Rechnungswesen, 12. Auflage, Stuttgart, 2010

Küting, K.; Pfitzer, N.; Weber, C.-P.: Das neue deutsche Bilanzrecht, 2. Auflage, Stuttgart, 2009

Meyer, C.: Bilanzierung nach Handels- und Steuerrecht, 24. Auflage, Herne, 2013

Mindermann, T., Brösel, G.: Buchführung und Jahresabschluss, Norderstedt, 2012

Plinke, W.: Plädoyer für eine funktions- und nutzenorientierte Rechnungswesendidaktik, Zeitschrift Erziehung und Beruf 1/2013, S. 14 – 31

Püttner: Geringwertige Wirtschaftsgüter 2010, BBK 2/2010, S. 66-71

Quick, R.; Wolz, M.: Bilanzierung in Fällen, 4. Auflage, Stuttgart, 2009

Quick, R.; Wolz, M.: Bilanzierung in Fällen, 5. Auflage, Stuttgart, 2012

Ratasiewicz, D.: Schnelleinstieg Finanzbuchhaltung, Freiburg, 2013

Rollwage, N.: Bilanzen, 5. Auflage, Köln, 2006

Schenk, G.: Buchführung schnell erfasst, 2. Auflage, Berlin und Heidelberg, 2007

Schierenbeck, H.; Wöhle, C.: Grundzüge der Betriebswirtschaftslehre, 18. Auflage, München, 2012

Schmolke, S.; Deitermann, M.: Industrielles Rechnungswesen, Braunschweig, 2014

Schöttler, J.; Spulak, R.: Technik des betrieblichen Rechnungswesens, 9. Auflage, München, 2003

Schöttler, J.; Spulak, R.: Übungsaufgaben, Technik des betrieblichen Rechnungswesens, 10. Auflage, München, 2010

Schüler, M.: Einführung in das betriebliche Rechnungswesen, Heidelberg, 2006

Thomsen, I.: Schwierige Geschäftsvorfälle richtig buchen, 8. Auflage, Freiburg, 2013

Vahs, D.; Schäfer-Kunz, J.: Einführung in die Betriebswirtschaftslehre, 6. Auflage, Stuttgart, 2012

Weber, J.; Weißenberger, B.: Einführung in das Rechnungswesen, 8. Auflage, Stuttgart, 2010

Weiss, M.: Praxishandbuch Leasingbilanzierung – Grundlagen und Praxis der Bilanzierung nach HGB und IFRS, 2006

Wöhe, G.; Döring, U.: Einführung in die Allgemeine Betriebswirtschaftslehre, 24. Auflage, München, 2010

Wöhe, G.; Kußmaul, H.: Grundzüge der Buchführung und Bilanztechnik, 5. Auflage, München, 2006

Wöltje, J.: ABC des Finanz- und Rechnungswesens, Freiburg, 2010

Wöltje, J.: Betriebswirtschaftliche Formelsammlung, 6. Auflage, Freiburg, 2012

Wöltje, J.: Bilanzen – lesen, verstehen, gestalten, 12. Auflage, Freiburg, 2015

Wöltje, J.: Buchführung und Jahresabschluss, 3. Auflage, Rinteln, 2012

Wöltje, J.: Fit für die Prüfung: Finanzbuchführung, Konstanz, 2014

Wöltje, J.: Schnelleinstieg Rechnungswesen, Planegg, 2008

Zdrowomyslaw, N.; Kuba, K.: Buchführung und Jahresabschluss, 3. Auflage München und Wien, 2002

Zschenderlein, O.: Buchführung 1 – Grundlagen, 7. Auflage, Herne, 2013

Zschenderlein, O.: Buchführung 2 – Vertiefung, 3. Auflage, Herne, 2014

Index